通信电路与通信原理综合实验

林善法　余燕平 编著

图书在版编目(CIP)数据

通信电路与通信原理综合实验 / 林善法，余燕平编著. — 杭州 ：浙江工商大学出版社，2012.10(2013.7 重印)

ISBN 978-7-81140-615-3

Ⅰ. ①通… Ⅱ. ①林… ②余… Ⅲ. ①通信系统—电子电路—实验—教材②通信原理—实验—教材 Ⅳ. ①TN91—33

中国版本图书馆 CIP 数据核字(2012)第 228285 号

通信电路与通信原理综合实验

林善法　余燕平 编著

责任编辑　孙一凡　祝希茜
责任校对　周敏燕
封面设计　王妤驰
责任印制　汪　俊
出版发行　浙江工商大学出版社
(杭州市教工路 198 号　邮政编码 310012)
(E-mail:zjgsupress@163.com)
(网址:http://www.zjgsupress.com)
电话:0571-88904980,88831806(传真)
排　　版　杭州朝曦图文设计有限公司
印　　刷　杭州恒力通印务有限公司
开　　本　787mm×1092mm　1/16
印　　张　12.75
字　　数　311 千
版 印 次　2012 年 10 月第 1 版　2013 年 7 月第 2 次印刷
书　　号　ISBN 978-7-81140-615-3
定　　价　29.00 元

浙江工商大学出版社营销部邮购电话　0571-88804227

前　言

《通信电路与通信原理综合实验》是为通信、电子类专业《通信电路》与《通信原理》实验课教学而编写的综合实验指导书。本实验指导书在多年实验教学的基础上对该类课程现有的各个重要的实验内容作了必要的调整、补充与更新。全书分为两篇。第一篇"通信电路实验"作为指导书的开头，在实验一中安排了高频仪器的使用实验，使学生能够在实验开始之前对高频仪器设备的使用方法有正确的了解。安排其中的设计性实验，先进行实验方案的自行设计，然后通过实验对设计方案进行验证。通过这种自主设计形式的实验教学，有效地提高了学生的学习主动性，很好地锻炼了学生的创新意识和创新能力。第二篇"通信原理实验"共安排了十六个经典实验，覆盖了通信电路教学中所涉及的主要内容。

本书课程所有实验内容均可在高频电子线路实验箱、通信原理综合实验箱与自制的万能实验板上完成。使学生既巩固了相关课程的理论基础知识，培养学生的实践技能、动手能力以及分析问题和解决问题的能力，又激发了学生的创新意识和创新思维潜力。

感谢2010年浙江省本科院校实验教学示范中心建设点"网络与通信技术实验教学中心"项目资助。由于本书编写时间比较仓促，难免有错，不足之处请谅解。

作　者

2012年7月

目　录

第一篇　通信电路实验

第二篇　通信原理实验

第一篇　通信电路实验

实验一　高频仪器的使用实验(验证性实验)

一、实验目的

1. 熟悉频率特性测试仪的使用方法
2. 掌握双踪示波器的使用方法
3. 掌握高频信号发生器的使用方法
4. 掌握调制度仪的使用方法
5. 了解超高频毫伏表的测试方法

二、实验内容

1. 频率特性测试仪的功能测试
2. 高频信号发生器的载波测试
3. 高频信号发生器的调幅测试
4. 高频信号发生器的调频测试

三、实验仪器

1. 频率特性测试仪	一台
2. 双踪示波器	一台
3. 高频信号发生器	一台
4. 调制度仪	一台

四、实验仪器的性能及操作规程

(一)频率特性测试仪

BT3 型频率特性测试仪为通用扫频仪,它利用矩形内刻度示波管作为显示器,直接显示被测设备的幅频特性曲线.应用该仪器可快速测量或调整甚高频段的各种有源、无源网络的幅频特性和驻波特性.

1. 技术参数

(1)扫频范围 1～300 MHz.

(2)中心频率 1～300 MHz.

(3)扫频输出电压大于 0.5V_{max}(75Ω).

(4)频率标记 50 MHz、10 MHz、1 MHz;外频标记 10 MHz、1 MHz 同时显示.

(5)输出阻抗 75Ω.

(6)输出衰减器－10dB×7 步进、－1dB×10 步进.

2. 频率特性测试仪功能检测与操作

(1)零频标识别.

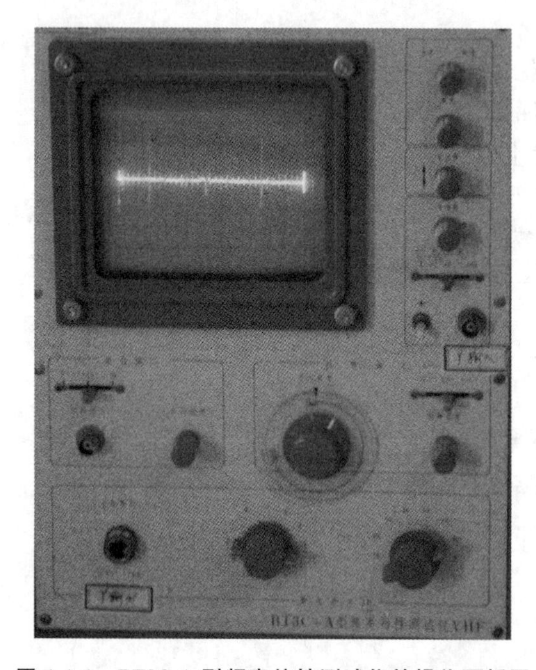

图 1-1-1 BT3C-A 型频率特性测试仪的操作面板图

如图 1-1-1 所示是 BT3C-A 型频率特性测试仪的面板图,开启电源,调节辉度钮可改变基线亮度,调节↑↓钮可改变水平扫频基线的位置,频标选择 1.10 MHz,顺时针调节频标幅度钮使频标出现,频段选择窄扫,调节扫频宽度钮有变化.

将扫频 Y 输出探头与扫频 Y 输入检波探头直接相连接,地与地相连接,调节中心频率钮使频标水平移动,观察水平两根扫频基线出现下凹处即为零频标.

(2)扫频输出增益.

在零频标识别的基础上,调节 Y 增益钮置最大,假设取 Y 输入衰减 10 倍加 Y 输出衰减器粗调置－10 dB、细调置 0 dB,观察水平出现上下两根扫频基线垂直为 6 格,此时读出 Y 输入衰减 10 倍加输出衰减器增益就等于－30 dB/6 格.

(3)中心频率钮.

中心频率钮的调节频率范围为 1～300 MHz,调节它可以使扫频频标左右移动.

(4)频标.

频标调节方式选择开关置在 1.10 挡功能是指扫频频标最小间隔为 1 MHz,最大间隔为 10 MHz. 适当调节扫频宽度钮. 如何读频标要先找到零频标，在零频标的右边开始以每小间隔为 1 MHz、大间隔为 10 MHz，通过调节中心频率钮可以使扫频频标往左移，一边读频标 10 MHz，20 MHz，30 MHz，…，一边调节中心频率钮，最大能读到 300 MHz. 在零频标的左边为镜频频标. 频标调节方式选择开关置在 50 挡是指扫频频标间隔为 50 MHz. 在零频标的右边开始以每隔为 50 MHz，通过调节中心频率钮可以使扫频频标往左移，一边调节一边读频标 50 MHz，100 MHz，150 MHz，…，最大同样能读到 300 MHz. 频标调节方式选择开关置在外档功能是指扫频频标由外部输入的频率显示.

(二)高频信号发生器

1. 主要技术参数

(1)RF 输出频率范围 0.3～300 MHz.

(2)分辨率 1 kHz.

(3)RF 输出电平范围 0.112 μV～316 mV.

(4)衰减范围 0 ～－120 dB.

(5)AM 调幅范围 0～80%.

(6)外调幅带宽 EXT 30 Hz ～ 10 kHz.

(7)调频最大频偏 0～100 kHz.

五、实验步骤

(一)频率特性测试仪

1. 检测频率特性测试仪的扫频输出增益

参照频率特性测试仪扫频输出增益操作步骤，求扫频输出增益 G. 增益输出扫频实测图形见图 1-1-2 所示，实验记录画在图 1-1-3 中.

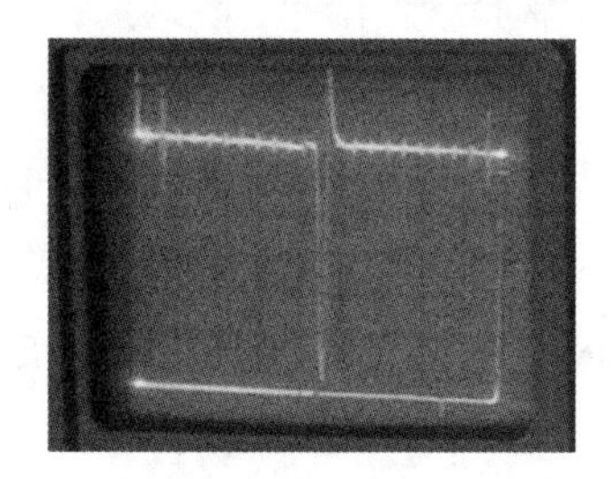

图 1-1-2　实际扫频观察到增益输出示例图形

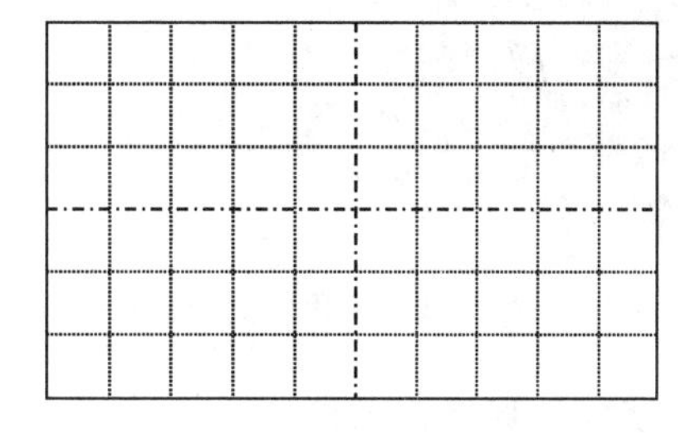

图 1-1-3　实验增益输出图形

2. 验证频率特性测试仪的扫频范围

频率特性测试仪的扫频调节方式开关置在窄扫功能，适当调节扫频宽度钮，然后调节中心频率钮找到零频标位置，记录零频标的左边的镜频扫频范围，记录零频标的右边的镜频扫频范围.

3. 验证频率特性测试仪的点频输出频率

先找到零频标位置，频率特性测试仪的扫频选择开关置窄扫挡，调节中心频率钮找到1 MHz频标，后置点频挡，通过示波器计频器测量频率特性测试仪的输出频率范围. 选择输出衰减为－10 dB，调节中心频率，通过频率计示波器观察点频输出频率．注意观察点频输出的频率是通过中心频率钮调节，点频输出的电压幅度是通过输出衰减器开关控制．观察频率特性测试仪的扫频选择方式开关三挡功能：全扫、窄扫、点频的各功能作用有什么不同．

（二）高频信号发生器

1．检测 RF 输出频率和电平幅度

将高频信号发生器的衰减电平开关选择 100 mV 挡，调制开关置 OFF 挡，通过调节 FINE 钮满足量程，然后设置 RF 输出频率如表 1-1-1 所示，采用示波器测量观察 RF 输出电平幅度和频率参数．当 RF 输出频率为 5 MHz 时，通过调节 FINE 钮使 RF 输出幅度为 100 mV_{P-P}．分析 RF 输出电平幅度会随输出频率上升而下降的原因．

表 1-1-1　RF 输出频率变化和电平幅度关系

RF 输出频率/ MHz	5	10	20	30	40	50	60
RF 输出幅度/ mV_{P-P}							

2．AM 调幅输出检测

将高频信号发生器的载波频率设为 10 MHz，衰减电平开关选择 100 mV 挡．发生器的调制选择开关置 AM 挡，调制度开关选择 100％，音频调制信号选择 1kHz，然后调节 AM/FM钮满足调制度 90％，采用示波器测量观察 RF 输出 AM 调幅输出，适当调节 FINE 钮、AM/FM 钮观察表头指针，同时观察示波器 AM 信号．调幅波的特点是频率与载波信号的频率相等，幅度随输入信号幅度的变化而变化，实测波形见图 1-1-4 所示．

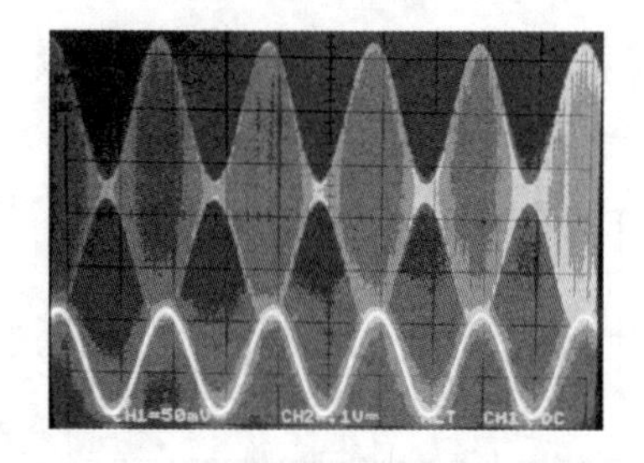

图 1-1-4　AM 调幅和音频信号波形

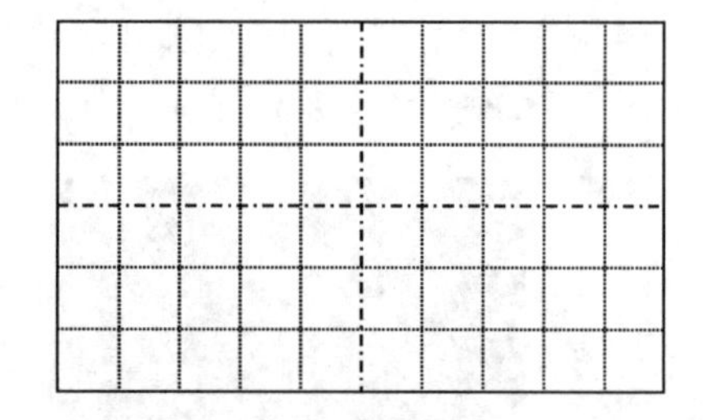

图 1-1-5　记录实验中 AM 调幅和音频信号波形

3．FM 调频输出检测

将高频信号发生器的载波频率设为 10 MHz，衰减电平开关选择 100 mV 挡．发生器的调制选择开关置 FM 挡，调制度开关选择 100 kHz，音频调制信号选择 1 kHz，然后调节 AM/FM 钮满足调频最大频偏等于 100 kHz．采用调制度仪测量高频信号发生器的 RF 输出 FM 调频输出．调频波的特点是幅度与载波信号的幅度相等，频率随输入信号幅度的变化而变化；调相波的特点是幅度与载波信号的幅度相等，相位随输入信号幅度的变化而变化．调幅波和调频波的示意图如图 1-1-6 所示．

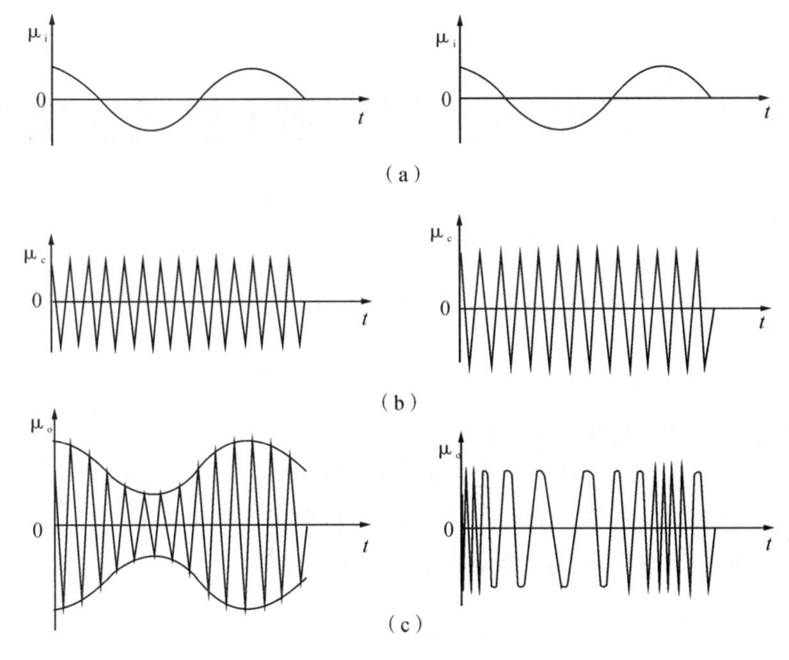

图 1-1-6　调幅波和调频波

图 1-1-6 的(a)音频信号;图(b)载波信号,图(c)调幅波和调频波信号.

六、思考题

1. 描述 BT3C-A 频率特性测试仪的各调节钮作用.
2. 描述 QF1055A 高频信号发生器的各调节钮的作用.

实验二　调谐放大器实验(验证性实验)

一、实验目的

1. 熟悉电子元器件和高频电路实验箱
2. 熟悉谐振回路的幅频特性——通频带与选择性
3. 熟悉信号源内阻及负载对谐振回路的影响,从而了解频带扩展
4. 熟悉和了解小信号放大器的动态范围及其测试方法

二、实验内容

1. 静态工作点测量与分析
2. 单调谐回路谐振放大器幅频特性的扫频法和点测法测量与调试
3. 单调谐回路谐振放大器的动态范围测量与研究
4. 双调谐回路谐振曲线扫频法测量与调试

三、实验仪器

1. 双踪示波器　一台
2. 频率特性测试仪　一台
3. 高频信号发生器　一台
4. 高频毫伏表　一台
5. 数字万用表　一台
6. 实验板 G1　一块

四、实验原理

(一)单调谐小信号谐振放大器

单调谐小信号谐振放大器是通信接收机的前端电路,主要用于高频小信号或微弱信号的线性放大和选频.实验电路如图 1-2-1 所示,图中 L_1、C_4、C_5 为 π 型滤波电路,其作用是为了减少交流高频信号对直流电源的影响. +12 V 电源、R_1、R_2 和 R_e 为放大电路提供直流静

态工作点，C_2 为发射极旁路电容. L、C 和 C_T 为选频回路（也称为谐振回路），改变 C_T 的值，可以改变回路的谐振频率. 三极管 V 及其输出阻抗相当于谐振回路的信号源和信号源内阻，C_1、C_3 为隔直电容，它能够有效防止不同放大级之间直流信号的相互影响，又可使交流信号顺利通过. 若忽略三极管输出电容和负载电容的影响，谐振频率为 $\frac{1}{2\pi\sqrt{LC}}$，对于放大电路而言，L、C、C_T 回路相当于负载，当发生谐振时，选频回路的阻抗最大，为纯电阻性，这时放大电路的电压放大倍数最大；改变信号源频率，选频回路就会失谐，其阻抗值迅速减小，电压放大倍数也迅速减小，通常小信号调谐放大器就工作在谐振频率处，它允许与其频率一致的信号通过并进行放大，对于与其谐振频率不一致的频率信号，则不进行放大而被禁止通过，这就是“选频”的含义. 改变电容 C_T，可以改变选频回路的谐振频率，从而使得不同频率的信号通过. R 是集电极（交流）电阻，它决定回路的 Q 值、带宽.

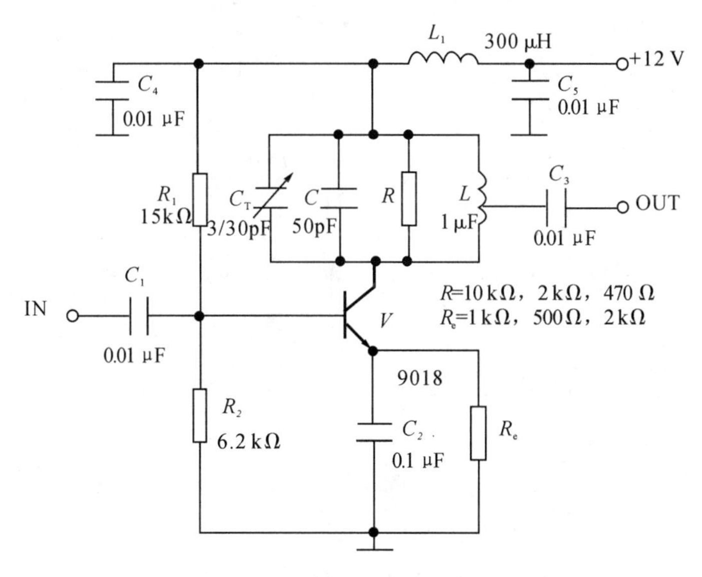

图 1-2-1　单调谐回路谐振放大器原理图

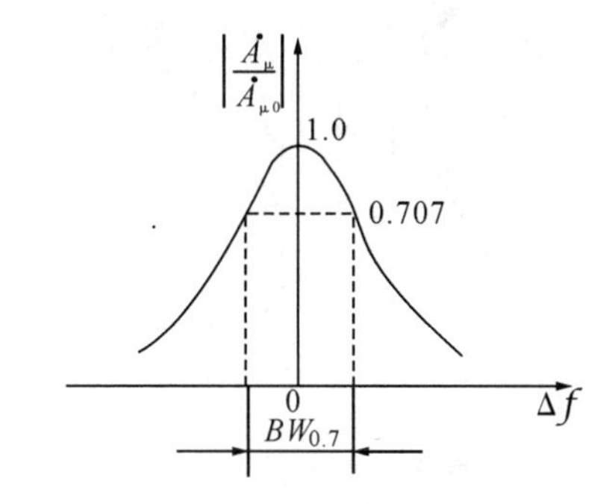

图 1-2-2　单调谐放大器增益频率特性曲线

（二）双调谐回路谐振放大器

单调谐回路的选择性好，但通频带太窄，频率特性曲线的矩形系数太差，所以实际电路上常采用双调谐回路来增加带宽，改善矩形系数. 双调谐回路通常有两种：互感耦合型和电容耦合型，本实验采用了电容耦合型，图 1-2-3 中，L_1、C_{T1}、C_3 为一个并联谐振回路，L_2、C_{T2}、C_4 为另一个并联谐振回路.可调电容 C 为两个谐振回路间的耦合电容，C 值大，其容抗小，两谐振回路之间的耦合作用强；C 值小，其容抗大，两谐振回路之间的耦合作用弱，所以调节 C 值，即可改变两个谐振回路之间的耦合系数，必须反复调整 C_{T1}、C_{T2} 和 C，使得频率特性曲线出现较为理想的双峰曲线，需要注意的是：双峰曲线中心频率处的幅度值不得小于最大值的 0.7 倍.双调谐放大器的其他部分工作原理同单调谐回路，不再详细说明.改变耦合电容就可以改变两个单调谐回路之间的耦合程度.通常用耦合系数来表征耦合程度，其定义为：耦合元件电抗的绝对值与初、次级回路中同性质元件电抗值的几何中项之比.是无量纲的常数，它对双调谐放大电路的频率特性有着直接的影响.电容耦合双调谐回路的耦合系数为：

$$k = \frac{C}{\sqrt{(C_1' + C)(C_2' + C)}} \tag{1-2-1}$$

式中 C_1' 与 C_2' 是等效到初、次级回路的全部电容之和.双调谐放大电路的分析方法与其他选频放大电路的分析方法相同.

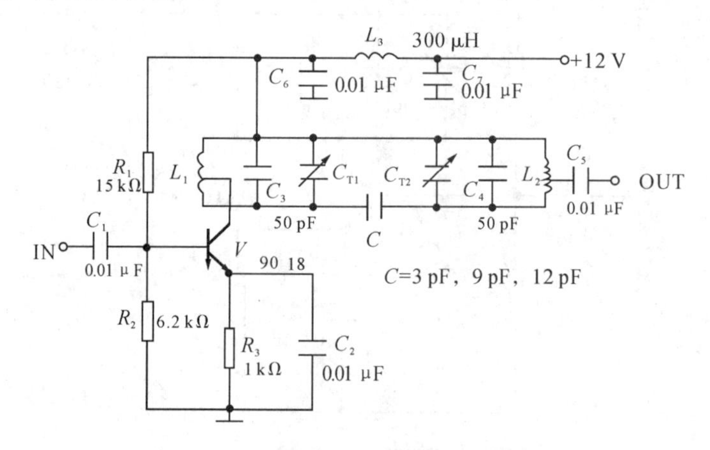

图 1-2-3　双调谐回路谐振放大器原理图

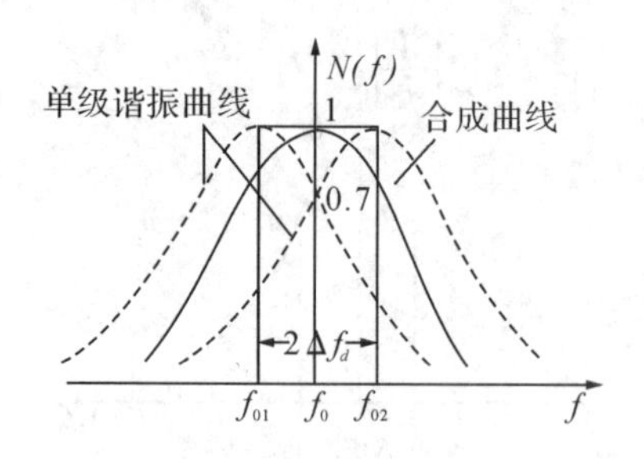

图 1-2-4　双调谐特性曲线

五、实验步骤

(一)静态测量

按如图 1-2-1 连接电路，取 R_e = 1 kΩ，注意接线前先测量+12V 电源电压，无误后，切断电源再接线.接线后仔细检查,确认无误后接通电源.数字万用表测量静态工作点,V_B、V_E、V_{EC}判断是否工作在放大区.

(二)单调谐回路谐振放大器幅频特性测量

测量幅频特性通常有两种方法,即扫频法和点测法.扫频法简单直观,使用扫频仪可直接观察到单调谐放大特性曲线.点测法,即保持输入信号幅度不变,改变输入信号的频率,测出与频率相对应的单调谐回路谐振放大器的输出电压幅度,然后画出频率与幅度的关系曲线,该曲线即为单调谐回路谐振放大器的幅频特性.

1. 扫频法测量幅频特性

选 $R=10\ \text{k}\Omega$、$R_e=1\ \text{k}\Omega$.将扫频仪输出探头接入单调谐回路谐振放大器电路的输入 V_i 端,电路的输出 V_0端接至扫频仪检波器探头输入端.观察回路谐振曲线,扫频仪输出衰减档取-30 dB 至-40 dB(根据实际情况来选择适当衰减),扫频仪输入衰减取 10 倍.调节扫频仪的中心频率钮使扫频频标 10 MHz 位于屏幕中心,再调节谐振回路电容 C_T 使特性曲线峰点的谐振中心频率 $f_0=10$ MHz.适当调节扫频宽度钮使坐标频率范围为 6 MHz～14 MHz.

记录谐振曲线上峰和下基线坐标之间高度为 6 格时谐振放大器输出增益 G_O,然后再求扫频仪的输入增益 G_{IN}(此时注意扫频仪的 Y 增幅钮不得再改动),将两者增益相减即为单调谐放大器谐振增益.

测算结果:特性曲线增益 G=输出增益 G_O-输入增益 G_{IN}(dB/6 格).

当 $R_e=1\ \text{k}\Omega$ 不变,而 $R=470\Omega$、$2\ \text{k}\Omega$ 时,观察回路谐振曲线.分析调谐放大器的通频带 B 与回路电阻 R 的关系.

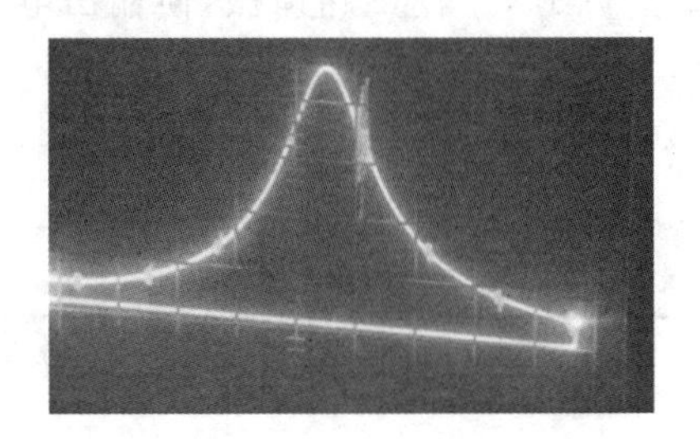

(a)　单调谐特性曲线

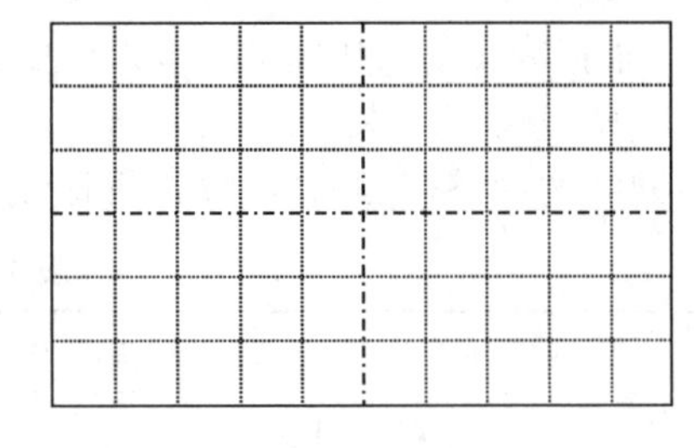

(b)　记录单调谐特性曲线

图 1-2-5　示例与实测特性比较

2. 点测法测量幅频特性

当回路电阻 $R=10\ \text{k}\Omega$、$2\ \text{k}\Omega$、$470\ \Omega$ 和 $R_e=1\ \text{k}\Omega$ 时测算通频带和 Q 值,选择正常放大区的输入电压 $V_i=30\ \text{m}V_{P-P}$,将高频信号发生器输出端接至电路输入端,保持输入信号幅度不变,改变输入信号的频率 f,测出与频率相对应的单调谐回路谐振放大器的输出电压幅度,然后画出频率与幅度的关系曲线图,该曲线即为单调谐回路谐振放大器的幅频特性.

将高频信号发生器输出端接至电路输入端,选择正常放大区的输入电压 $V_i=30\ \text{m}V_{P-P}$,调节频率 f 使其为 10 MHz,调节 C_T 使回路谐振,使输出电压幅度为最大,此时的回路谐振频率 $f_0=10$ MHz 为中心频率,然后保持输入电压 V_i 不变,改变频率 f 由中心频率向两边逐点偏离，测得在不同频率 f 时对应的输出电压 V_0，实验数据记录在表 1-2-1 中. 求输出电压 V_{0max} 时的 f_0、$0.707V_{0max}$ 的回路的通频带 $BW_{0.7}$ 和 Q 值.

根据表 1-2-1 数据描绘出调谐回路谐振放大器的三组幅频特性曲线，得出通频带 $BW_{0.7}$ 和 Q 值.

表 1-2-1　记录 f 对应的输出电压 V_0

f/MHz		5	6	7	8.2	9.4	9.6	9.8	10	10.2	10.4	10.6
V_0/V_{P-P}	R=10 kΩ											
	R=2 kΩ											
	R=470 Ω											

f/MHz		10.8	11	11.2	11.4	11.6	11.8	12	13	14	15
V_0/V_{P-P}	R=10 kΩ										
	R=2 kΩ										
	R=470 Ω										

(三)测量放大器的动态范围

选 R=10 kΩ，R_e=2 kΩ. 把高频信号发生器接到电路输入 V_i 端，用示波器(或者高频毫伏表)在线测量 V_i 端、V_0端. 选择正常放大区的输入电压 V_i，调节高频信号发生器频率 f 使其为 10 MHz，高频信号电压幅度取 50 mV_{P-P}，调节 C_T 使回路谐振，使输出电压幅度为最大. 根据表 1-2-2 中 V_i 由 0.02 V 变到 0.28 V，逐点记录 V_0 电压，并填入表中.

当 R_e 分别为 1 kΩ、500 Ω 时，重复上述过程，将结果填入表 1-2-2. 在同一坐标纸上画出 I_C 不同时的动态范围曲线，并进行比较和分析.

表 1-2-2　记录 V_0 电压

V_i/V_{P-P}		0.02	0.03	0.04	0.05	0.06	0.07	0.08	0.09	0.10
V_0/V_{P-P}	R_e=2 kΩ									
	R_e=1 kΩ									
	R_e=500Ω									

V_i/V_{P-P}		0.12	0.14	0.16	0.18	0.20	0.22	0.24	0.26	0.28
V_0/V_{P-P}	R_e=2 kΩ									
	R_e=1 kΩ									
	R_e=500Ω									

(四)扫频法测量双调谐回路谐振曲线

选 C=3 pF，将扫频仪输出探头接入双调谐回路谐振放大器电路的输入端，电路的输出

V_0 端接至扫频仪检波器探头输入端. 观察双调谐回路谐振曲线,扫频仪输出衰减档取 −20dB(根据实际情况来选择适当衰减),扫频仪输入衰减取 10 倍. 调节扫频仪的中心频率钮,再反复调整 C_{T1}、C_{T2} 使两回路谐振在 10 MHz. 测算求双调谐放大器增益 G.

分析与研究:当改变耦合电容 C 为 9 pF、12 pF 时,观察双调谐特性曲线和通频带变化.

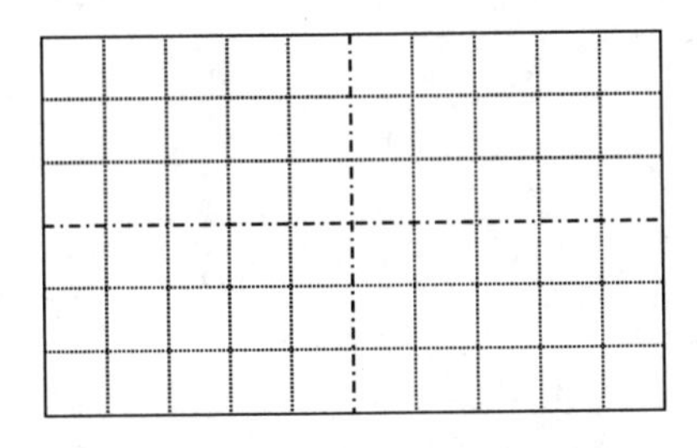

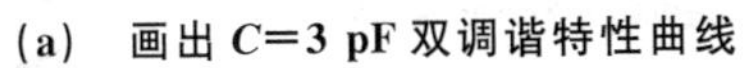

(a)　画出 C=3 pF 双调谐特性曲线

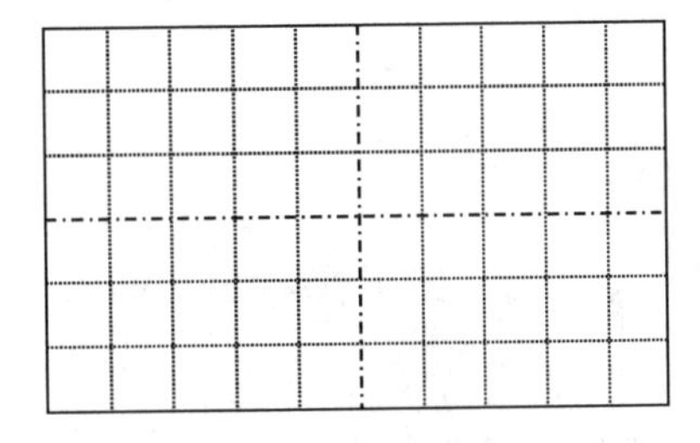

(b)　画出 C=9 pF 双调谐特性曲线

图 1-2-6　耦合电容 C 与带通关系图

六、思考题

1. 画出实验电路的交流等效电路.

2. 根据表 1-2-2 画出当 I_C(R_e=1 kΩ、500 Ω、2 kΩ)不同时的动态范围曲线,比较和分析放大器的动态范围是多少.

3. 画出单调谐回路接不同回路电阻时的幅频特性增益和通频带,整理并分析原因.

4. 双调谐回路耦合电容 C 对幅频特性、通频带的影响分析.

实验三　丙类高频功率放大器实验(验证性实验)

一、实验目的

1. 理解丙类功率放大器的基本工作原理,掌握丙类放大器的计算与设计方法
2. 理解电源电压 V_C 与集电极负载对功率放大器功率和效率的影响

二、实验内容

1. 6.5 MHz 调谐回路谐振特性与增益测算
2. 丙类功率放大器技术指标测算

三、实验仪器

1. 双踪示波器	一台
2. 扫频仪	一台
3. 高频信号发生器	一台
4. 万用表	一台
5. 实验板 G2	一块

四、实验原理

电路如图 1-3-1 所示,图中前级 V_1、V_2 为单调谐回路谐振放大器,两个调谐回路谐振在 6.5 MHz,V_3 为丙类功率放大器,丙类功放管 V_3 导通时间短,功耗小,所以效率高. 功放 V_3 管发射结为负偏置状态,负偏置来保证流过晶体管的电流为余弦脉冲波形,通过 A、B 间的谐振回络选出基波,回路调谐于基频.

V_{BB}设置 V_3 功率管的截止区,以实现丙类工作,丙类工作时集电极电流为尖顶脉冲,丙类功放导通角的选择,导通角越小,效率越高,导通角太小输出功率反而减小,兼顾输出功率和效率,半导通角 70°左右. 电路特点是大信号去激励 V_3 功放管,提供直流偏置,承受高电压、大电流、高截止频率,负载回路谐振在 6.5 MHz. 总结:高频功率放大器大多工作于丙

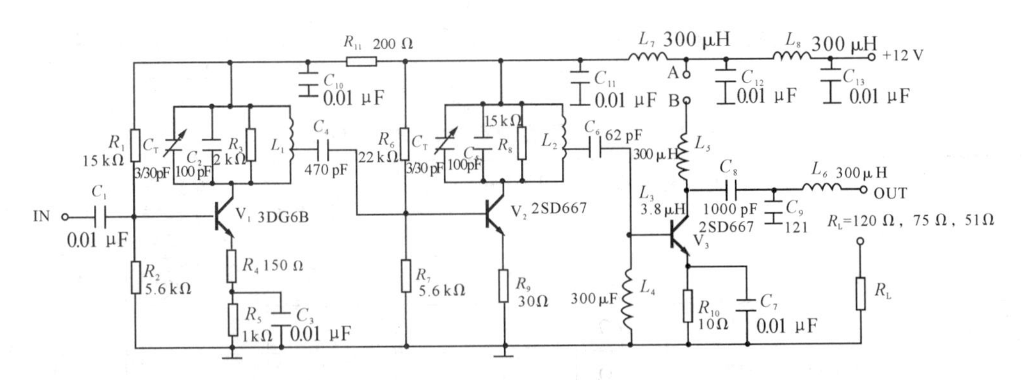

图 1-3-1　丙类功率放大器原理图

类.但丙类放大器的电流波形失真太大，因而不能用于低频功率放大，只能用于采用调谐回路作为负载的谐振功率放大.由于调谐回路具有滤波能力，回路电流与电压仍然接近于正弦波形，失真很小.

五、实验步骤

(一)丙类前置放大器调谐特性与增益测算

实验电路见图 1-3-1，按图接好实验板所需电源，将 A、B 两点短接，将扫频仪的输出探头接入丙类功率放大器电路的输入 IN 端，扫频仪的检波器探头接至 C_6 右端.扫频仪输出衰减档取－20dB(根据实际情况来选择适当衰减)，扫频仪输入衰减取 10 倍.调节扫频仪的中心频率钮，再反复调整 C_T 使两回路谐振在 6.5 MHz.

测算 V_1、V_2 特性增益 G＝输出增益 G_O－输入增益 G_{IN}，图 1-3-2 画出 6.5 MHz 调谐特性曲线.

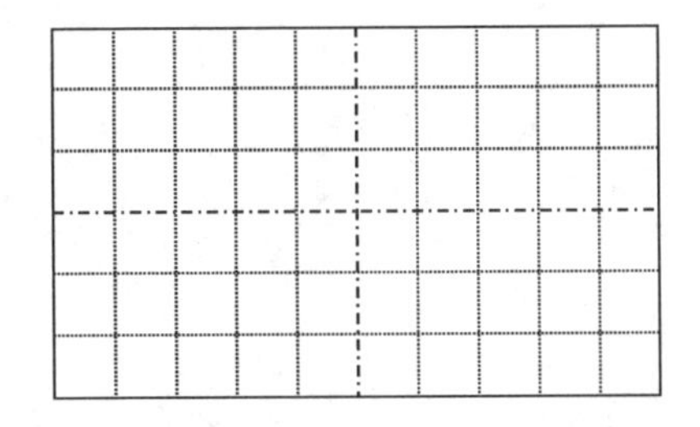

图 1-3-2　画出 6.5 MHz 扫频特性曲线

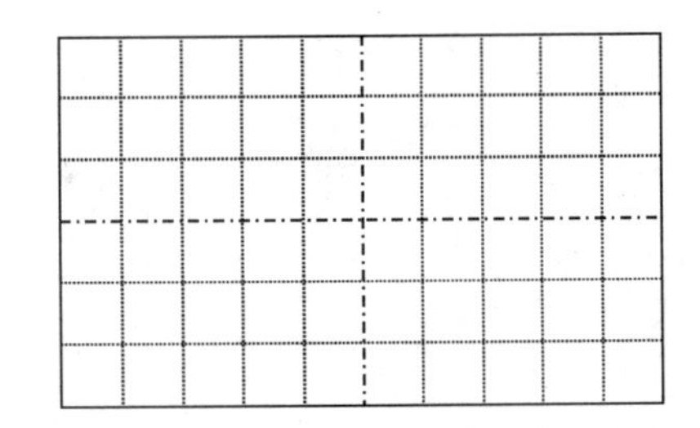

图 1-3-3　示波器测量 V_O

(二)丙类功率放大器技术指标测算

将高频信号发生器输出端接至电路输入端 IN，高频信号发生器频率为 6.5 MHz.信号幅度、工作电压、负载电阻的选择如表 1-3-1 所示.先测量电源给出总电流 I_0，然后测量 I_C 电流，$I_C=I_0-I'_0$，I'_0 的测量方法是在 I_0的基础上断开 A、B 两点短接连线后读电流值即可.同时用示波器测量输入 V_i、输出峰值电压 V_0.将表 1-3-1 中测量值填入表内，注意 I_c 不能直接测量.其表中：V_i为输入电压峰－峰值、V_0为输出电压峰－峰值、I_0 为电源给出总电流、P_i 为 V_3 功放级输入功率 $P_i=V_cI_c$、P_0 为输出功率 $P_0=V_0^2/R_L$、(其中 $V_0=(V_{P-P}/2)/$

$\sqrt{2}/2$)、P_a 为 V_3 管子损耗功率（$P_a=P_i-P_0$）、η 为 V_3 功放输出效率 $\eta=(P_0/P_i)100\%$、$P_i=V_cI_c$.

表 1-3-1　记录丙类功率放大器技术参数

$f=6.5$ MHz			总电流	V_1 V_2	V_3	实测计算				
			I_0	I'_0	V_{OUT}	I_C	P_i	P_0	P_a	η
			mA	mA′	V_{P-P}	mA	mW	mW	mW	%
$V_C=12$ V	$V_i=120$ mV	$R_L=50\ \Omega$								
		$R_L=75\ \Omega$								
		$R_L=120\ \Omega$								
	$V_i=84$ mV	$R_L=50\ \Omega$								
		$R_L=75\ \Omega$								
		$R_L=120\ \Omega$								

六、思考题

1. 丙类功率管有哪些要求？
2. 分析表 1-3-1 中不同 V_i、R_L 下的实验数据.
3. 分析实验中输出功放效率低，达不到丙类功放效率的原因.
4. 如何提高丙类功放输出功放效率？

实验四　LC 三点式振荡器实验(验证性实验)

一、实验目的

1. 掌握 LC 三点式振荡电路的工作原理
2. 掌握振荡回路 Q 值对频率稳定度的影响
3. 掌握振荡器反馈系数不同时,静态工作电流 I_{EQ}对振荡器起振及振幅的影响
4. 了解晶体振荡器的工作原理及特点
5. 掌握晶体振荡器的设计方法及参数计算方法

二、实验内容

1. 反馈系数影响振荡器的频率和幅度测量
2. 负载影响起振测量
3. LC 电容反馈式三点振荡与晶体振荡器频率和幅度稳定比较测量
4. 静态工作电流 I_{EQ}测量

三、实验仪器

1. 双踪示波器　一台
2. 频率计　一台
3. 万用表　一台
4. 实验板 G1　一块

四、实验原理

(一)LC 振荡器原理

LC 振荡器实质上是满足振荡条件的正反馈放大器.从交流等效电路可知:由 LC 振荡回路引出三个端子,分别接振荡管的三个电极,而构成反馈式自激振荡器,因而又称为三点式振荡器.如果反馈电压取自分压电感,则称为电感反馈 LC 振荡器或电感三点式振荡器;如果反馈电压取自分压电容,则称为电容反馈 LC 振荡器或电容三点式振荡器.在几种基本高频振荡回路中,电容反馈 LC 振荡器具有较好的振荡波形和稳定度,电路形式简单,适于

在较高的频段工作，尤其是以晶体管极间分布电容构成反馈支路时其振荡频率可高达几百MHz. 一个振荡器能否起振，主要取决于振荡电路自激振荡的两个基本条件，即：振幅起振平衡条件和相位平衡条件. LC 振荡器的静态工作点，对振荡器的稳定性及输出波形的好坏，有一定的影响，偏置电路一般是分压式电路. 当振荡器稳定工作时，振荡管工作在非线性状态，通常是依靠晶体管本身的非线性实现稳幅. 若选择晶体管进入饱和区来实现稳幅，则将使振荡回路的等效 Q 值降低，输出波形变差，频率稳定度降低. 因此，一般在小功率振荡器中总是使静态工作点远离饱和区，靠近截止区.

实验电路如图 1-4-1 所示，它是电容三点式 LC 振荡器，用瞬时极性法判断正负反馈时，三极管的输出电压，将 C、C'、C_T 串联后并联在 L_1 回路上分配. 电容支路是由 C 和 C' 串联后组成，其上电压与电容的容量成反比分配，反馈电压是从电容器 C' 上取出，即 C' 对地的电压，如果反馈电压不足，应适当减小电容量.

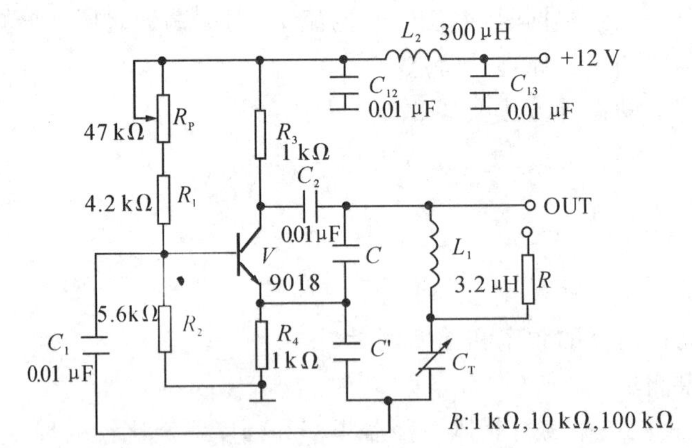

图 1-4-1　LC 电容反馈式三点式振荡器原理图

(二)晶体振荡器

如图 1-4-2 所示，是一种典型共基接法电容三点式振荡器. 工作频率由晶体决定，C_3、C_4 决定反馈系数. 晶体工作频率 $f_0=6$ MHz，C_2 是耦合隔直流电容，R_L 是负载电阻. 很显然，R_L 越小，负载越重，输出振荡幅度将越小. R_p 用以调整振荡器的静态工作点，主要影响起振条件.

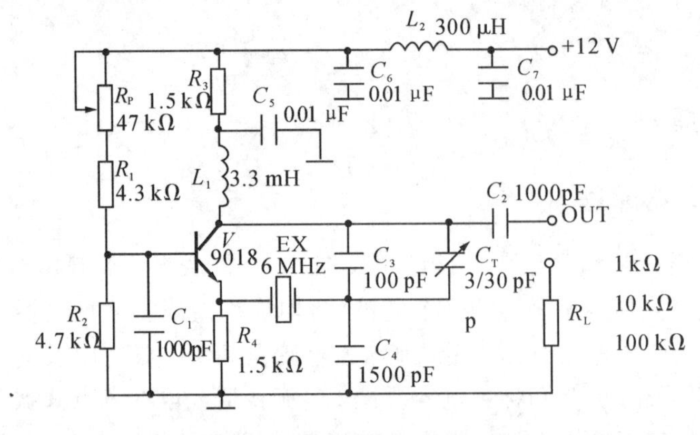

图 1-4-2　晶体振荡器原理图

五、实验步骤

根据图 1-4-1 所示原理图在实验板上找到相应器件及插孔.

(一)LC 振荡器

1. 检查静态工作点

在实验板+12 V 插孔上接入+12 V 直流电源,注意电源极性不能接反.改变电位器 R_P 测得晶体管 V 的发射极电压 V_E,V_E 可连续变化,记下 V_E 的最大值.

2. 计算 I_E 的值

设:$R_e=1\ \text{k}\Omega$

$$I_E=\frac{V_E}{R_E} \tag{1-4-1}$$

3. 反馈电容

当 $I_e=2$ mA、$C=120$ pF、$C'=680$ pF、$R_L=110$ kΩ,改变反馈电容 C_T 分别接为 50 pF、100 pF、150 pF 时.用示波器测量相应振荡频率、电压的峰—峰值 V_{P-P},并填入表 1-4-1,分析数据.

表 1-4-1　振荡器的频率和幅度

C_T	f/ MHz	V_{P-P}
50 pF		
100 pF		
150 pF		

4. 反馈系数

当取不同反馈系数 C、C'时.测量振幅与工作电流 I_{EQ}的关系,取 $R=110$ kΩ、$C=C_3=100$ pF、$C'=C_4=1200$ pF、$C_T=150$ pF,调电位器 R_P 使 I_{EQ}的静态值分别为表 1-4-2 所标各值.

用示波器测量输出振荡幅 V_{P-P}(峰一峰值),并填入表 1-4-2.取 $C=C_5=120$ pF、$C'=C_6=680$ pF、$C_T=150$ pF、$C=C_7=680$ pF、$C'=C_8=120$ pF、$C_T=150$ pF,分别重复测试表 1-4-2 的内容.分析振荡器输出波形失真与反馈系数 $F=C/C'$关系.

表 1-4-2　静态工作电流 I_{EQ}、振荡器振幅

I_{EQ}(mA) / V_{P-P}(V)	0.8	1.0	1.5	2.0	2.5	3.0	3.5	4.0	4.5	5.0
$C=100$ pF $C'=1200$ pF										
$C=120$ pF $C'=680$ pF										

续表

I_{EQ}(mA) / V_{P-P}(V)	0.8	1.0	1.5	2.0	2.5	3.0	3.5	4.0	4.5	5.0
$C=680$ pF $C'=120$ pF										

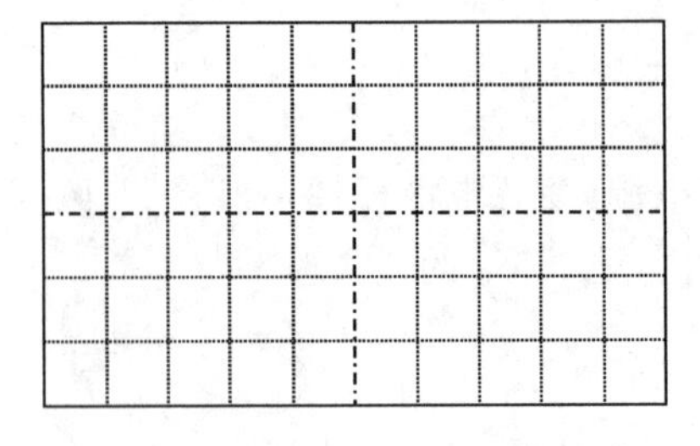

图 1-4-3 画出表 1-4-2 最理想波形

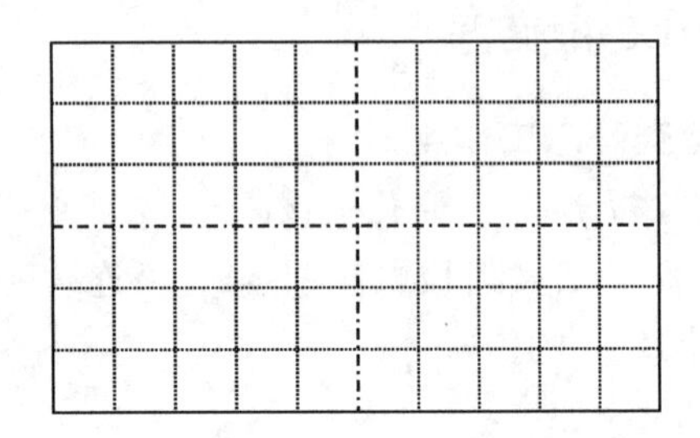

图 1-4-4 画出表 1-4-2 严重失真波形

5. 负载电阻

LC 回路 Q 变化影响频率稳定度测试，选择 $C/C'=100/1200$ pF、$I_{EQ}=3$ mA、C_T(50～150 pF)使振荡频率 $f=6.5$ MHz 附近、回路 LC 参数固定时，改变并联在 L 上的电阻 R 使等效 Q 值变化时，对振荡频率的影响. 当 R 分别为 1 kΩ、10 kΩ、110 kΩ 时，分别记录电路的振荡频率，并填入表 1-4-3，分析当负载电阻为 1 kΩ 时，引起可能停振的原因.

表 1-4-3 记录振荡频率稳定度、幅度

R	1 kΩ	10 kΩ	110 kΩ
f/ MHz			
V_{P-P}			

(二)晶体振荡器

1. 静态工作点测量

改变电位器 R_P 可改变振荡管的基极电压 V_b，并改变其发射极电压 V_e. 记下 V_e 的最大值、最小值，并计算相应的 I_{emax}、I_{emin} 值. 发射极电阻 $R_4=1.5$ kΩ.

2. 负载不同时对频率及输出电压的测试

当 $V_{CC}=12$V 时分别取 $R_L=110$ kΩ、10 kΩ、1 kΩ. 调节图中 R_P 使输出电压获得最大不失真波形 V_{max}. 负载 R_L 不同时测出电路振荡频率及输出电压，填入表 1-4-5 中分析负载不同时对频率的影响并与 LC 振荡器作比较.

表 1-4-5 记录振荡频率稳定度、幅度

R_L	110 kΩ	10 kΩ	1kΩ
f/ MHz			
V_0/V_{P-P}			

当 $V_{CC}=5V$ 时，负载 R_L 同表 1-4-6，测出晶体振荡电路的频率及输出电压，填入表中与 LC 振荡器 $V_{CC}=12$ V 时比较. 分析不同 V_{CC} 时对频率稳定度的影响并与 LC 振荡器作比较.

表 1-4-6　记录振荡频率稳定度、幅度

R_L	110 kΩ	10 kΩ	1 kΩ
f/ MHz			
V_0/V_{P-P}			

六、思考题

1. 分析负载 R_L 电阻的值为 1 kΩ 时对振荡器工作的影响.
2. 画出 LC 振荡器实验电路的交流等效电路.
3. 分析不同 C/C' 值下测得的三组数据与反馈系数 F 的关系.
4. 画出晶体振荡器实验电路的交流等效电路.
5. 比较晶体振荡器与 LC 振荡器带负载能力的差异和不同工作电压下的振荡频率差异，并分析原因.

实验五　振幅调制器实验(验证性实验)

一、实验目的

1. 掌握用集成模拟乘法器实现全载波调幅和抑制载波双边带调幅的方法与过程，并研究已调波与输入信号的关系
2. 掌握测量调幅系数的方法
3. 通过实验中波形的变换,学会分析实验现象

二、实验内容

1. AM 全载波振幅调制测量
2. DSB 抑制载波双边带调幅测量

三、实验仪器

1. 双踪示波器	一台
2. 高频信号发生器	一台
3. 万用表	一台
4. 实验板 G3	一块

四、实验原理

(一)振幅调制原理

幅度调制就是载波的振幅受调制信号的控制做周期性的变化. 载波变化的周期与调制信号的周期相同. 即载波的振幅变化与调制信号的振幅成正比. 通常称高频信号为载波信号,低频信号为调制信号,调幅器即为产生调幅信号的装置.

1. AM 调制器模型

AM 信号的表达式、频谱及带宽调制信号叠加直流后再与载波相乘,则输出的信号就是 AM 调制器模型,如图 1-5-1 所示.

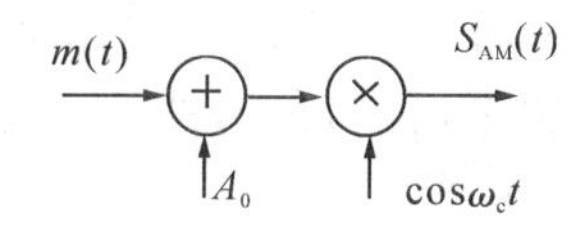

图1-5-1　AM 调制器模型

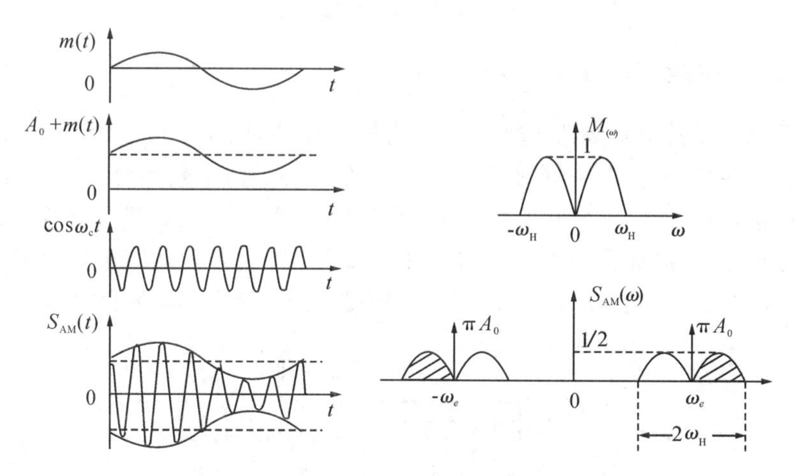

图 1-5-2　AM 信号的波形和频谱

AM 信号的时域和频域分别为：

$$S_{AM}(t) = [A_0 + m(t)]\cos\omega_c(t) \tag{1-5-1}$$

$$S_{AM}(\omega) = \pi A_0[\delta(\omega+\omega_c)+\delta(\omega-\omega_c)]+\frac{1}{2}[M(\omega+\omega_c)+M(\omega-\omega_c)] \tag{1-5-2}$$

式中，A_0 为外加的直流分量；$m(t)$可以是确知信号也可以是随机信号，但通常认为其平均值为 0，即$\overline{m(t)}=0$.

AM 信号波形的包络与输入基带信号 $m(t)$成正比，故用包络检波的方法很容易恢复原始调制信号.

2. DSB 信号频谱及带宽

在幅度调制的一般模型中，若假设滤波器为全通网络（$H(\omega)=1$），调制信号 $m(t)$中无直流分量，则输出的已调信号就是无载波分量的双边带调制信号，或称抑制载波双边带（DSB－SC）调制信号，简称双边带（DSB）信号. DSB 调制器模型如图 1-5-3 所示. 可见 DSB 信号实质上就是基带信号与载波直接相乘.

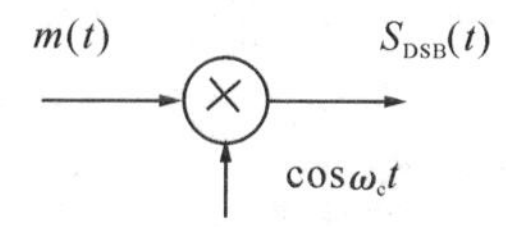

图 1-5-3　DSB 调制器模型

其时域和频域表示式分别为：

$$S_{DSB}(t) = m(t)\cos\omega_c t \tag{1-5-3}$$

$$S_{DSB}(\omega) = \frac{1}{2}[M(\omega+\omega_c)+M(\omega-\omega_c)] \tag{1-5-4}$$

DSB 信号的包络不再与 $m(t)$成正比，故不能进行包络检波，需采用相干解调；除不再含有载频分量离散谱外，DSB 信号的频谱与 AM 信号的完全相同，仍由上下对称的两个边带组成. 故 DSB 信号是不带载波的双边带信号，它的带宽与 AM 信号相同，也为基带信号带宽的两倍，即

$$B_{DSB}=B_{AM}=2B_m=2f_H \tag{1-5-5}$$

式中，$B_m=f_H$ 为调制信号带宽，f_H 为调制信号的最高频率.

(二)集成模拟乘法器 LM1496

本实验采用集成模拟乘法器 LM1496 来构成调幅器，图 1-5-4 为 LM1496 芯片内部电路图，它是一个四象限模拟乘法器的基本电路，电路采用了两组差动对由 V_1-V_4 组成，以反极性方式相连接，而且两组差分对的恒流源又组成一对差分电路，即 V_5 与 V_6，因此恒流源的控制电压可正可负，以此实现了四象限工作. D、V_7、V_8 为差动放大器，V_5、V_6 的恒流源. 进行调幅时，载波信号加在 V_1-V_4 的输入端，即引脚的⑧、⑩之间调制信号.

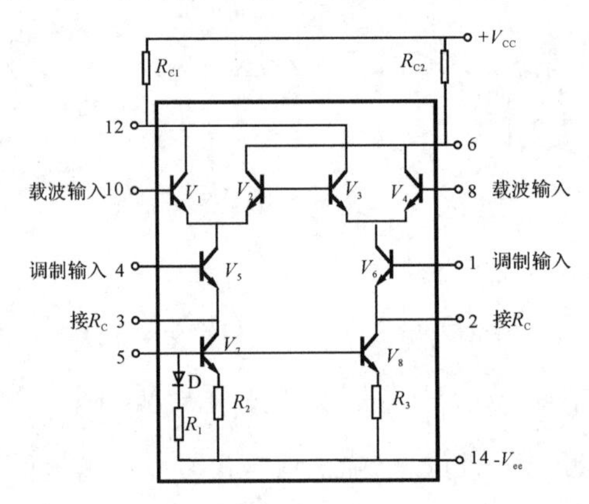

图 1-5-4　LM1496 芯片内部电路图

加在差动放大器 V_5、V_6 的输入端，即引脚的①、④之间，②、③脚外接 1 kΩ 电阻，以扩大调制信号动态范围，已调制信号取自双差动放大器的两集电极（即引出脚⑥、⑫之间）输出.

用 LM1496 集成电路构成的调幅器电路图如图 1-5-5 所示，图中 R_{P1} 用来调节引出脚①、④之间的平衡，R_{P2} 用来调节⑧、⑩脚之间的平衡，三极管 V 为射极跟随器，以提高调幅器带负载的能力.

五、实验步骤

(一)AM 全载波振幅调制

1. 载波平衡调整

载波输入端 IN1 不加信号，在调制信号输入端 IN_2 加 1 kHz 的正弦信号，音频 V_S 为 $200\mathrm{m}V_{P-P}$，用示波器测量调制输出端，调节 R_{P2} 电位器使信号幅度最小，使载波输入端达到平衡目的.

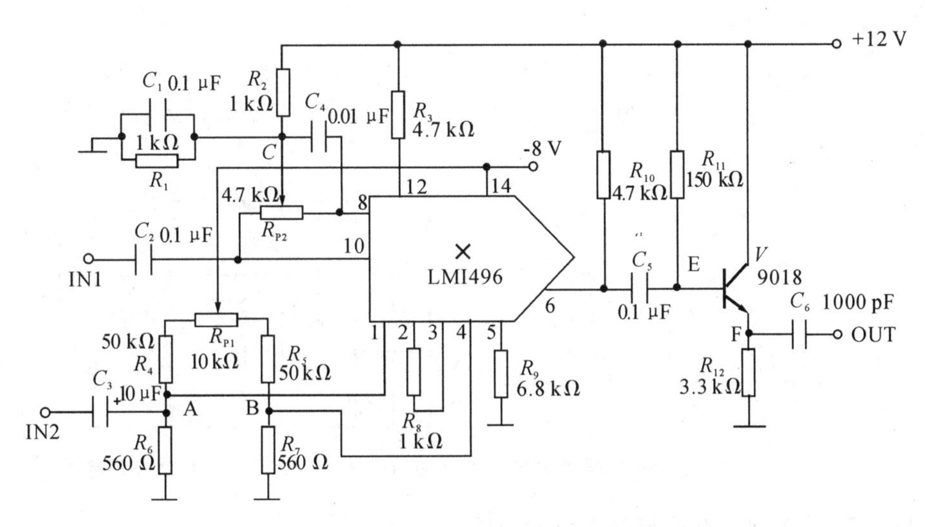

图 1-5-5　LM1496 集成电路构成的调幅器电路原理图

2. 调幅调制度 *m* 值测算

计算 m 值，即 $m=\frac{V_{mmax}-V_{mmin}}{V_{mmax}+V_{mmin}}$. 式中 V_{mmax} 为调幅波形峰—峰值；V_{mmin} 为调幅波形谷—谷值.

图 1-5-6 所示，m(t)音频信号输入端 IN2 加 1 kHz 正弦信号幅度 V_S 为 200 mV_{P-P}，$A_0+m(t)$通过调节 R_{P1} 使 A、B 之间的直流分量 V_{AB} 为 0.10 V，在载波输入端 IN1 加 100 kHz 的正弦信号幅度 V_C 为 20 mV_{P-P}，将音频信号、直流分量 V_{AB}、输入载波、AM 调幅波信号画在图 1-5-7 中.

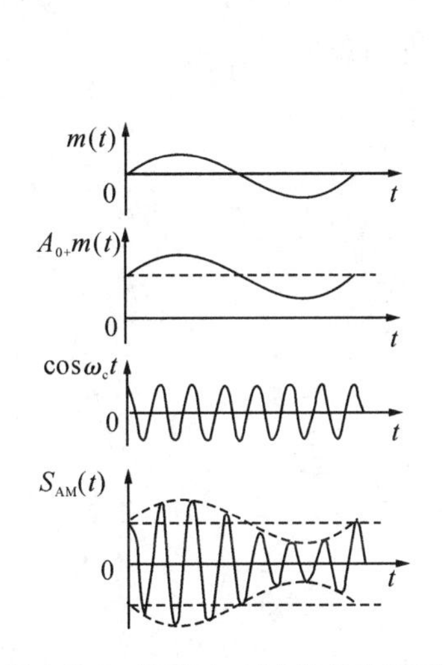

图 1-5-6　理论上 AM 信号的波形

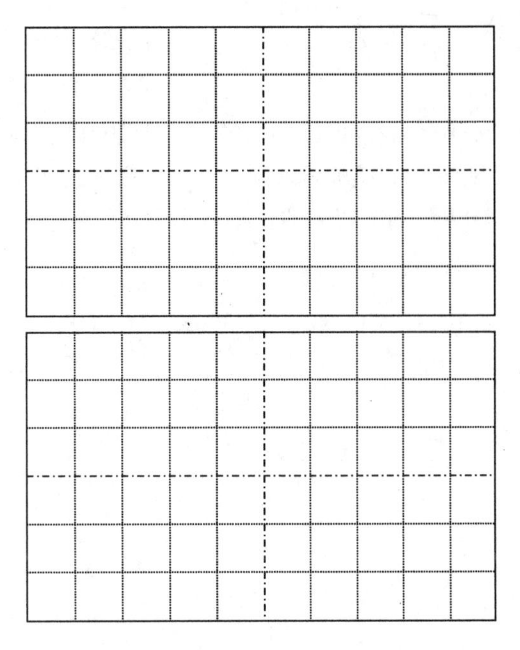

图 1-5-7　实测记录 AM 调幅波 AM 信号的波形

3. DSB抑制载波振幅调制

$V_S=200\ mV_{P-P}$、$V_C=20\ mV_{P-P}$，$V_{AB}=0$ V 通过调节 R_{P1} 使调制端平衡，观察并记录输出端产生DSB抑制载波振幅调制波形. 注意观察已调波在音频信号过零点附近载波相位开始180°突变，将实验结果画在图1-5-9中.

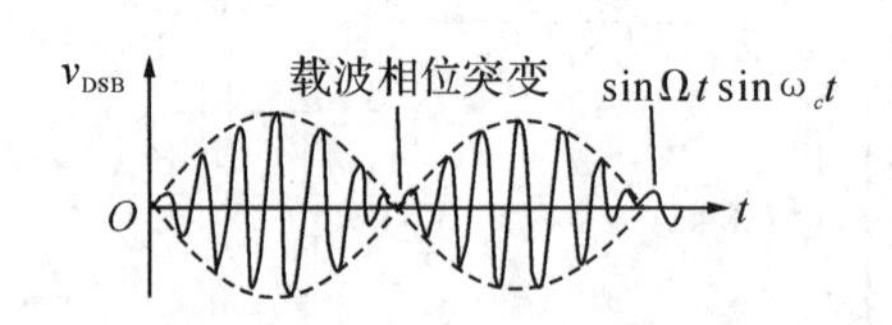

图1-5-8 理论上DSB信号的波形

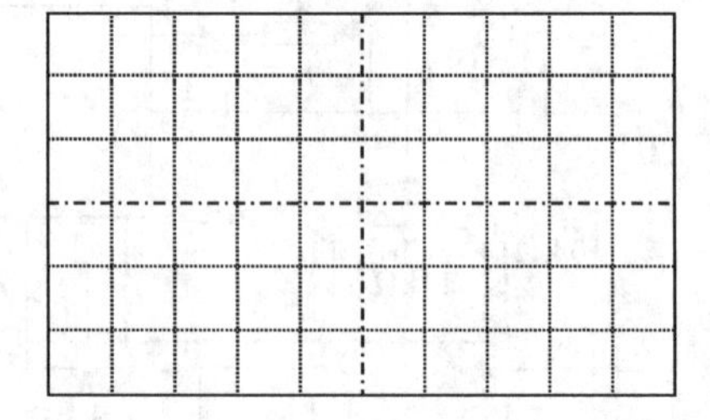

图1-5-9 实测记录DSB信号的波形

4. AM至DSB调制过程与观察研究分析

(1)AM至DSB调制过程. 所加载波信号和调制信号均不变，微调 R_{P1} 过程的同时观察 $m<1$ 全载波振幅调制和 $m=1$ 全载波振幅调制，当 $m>1$ 时，开始出现抑制载波振幅调制现象，由AM→DSB调制输出波形. 记录幅度和相位变化.

(2)DSB至AM调制过程. 分析 $V_{AB}=+0.20$ V至 -0.20 V变化，AM至DSB至AM调制过程.

(3)DSB至AM调制过程. 所加载波信号、调制信号频率仍然不变，然后改变音频信号 $V_S=0-250\ mV_{P-P}$ 范围观察调制过程分析.

六、思考题

1. 分析全载波振幅调制波形 $m=100\%$ 及抑制载波振幅调制波形，比较两者的区别.
2. 实现抑制载波调幅时改变 R_{P1} 后的输出波形，分析其现象.
3. 分析电路中 R_{P2} 的作用.

实验六　调幅波信号的解调实验(验证性实验)

一、实验目的

1. 进一步了解调幅波的原理,掌握调幅波的解调方法
2. 了解二极管包络检波的主要指标、检波效率及波形失真
3. 掌握用集成电路实现同步检波的方法

二、实验内容

1. 二极管包络检波测量
2. 同步检波解调测量
3. 滤波前输出波形测量

三、实验仪器设备

1 双踪示波器	一台
2. 高频信号发生器	一台
3. 万用表	一台
4. 实验板 G3	一块

四、实验原理

调幅波的解调是从调幅信号中取出调制信号的过程,通常称之为检波. 调幅波解调方法有二极管包络检波器、同步检波器.

(一)二极管包络检波器

包络检波器输出的信号如图 1-6-1 所示,通常含有频率为 ω_c 的波纹,可由 LPE 滤除. 本实验如图 1-6-1 所示,主要由二极管 D 及 RC 低通滤波器组成,它利用二极管的单向导电特性和检波负载 RC 的充放电过程实现检波. 所以 RC 时间常数选择很重要,RC 时间常数过大,会产生对角切割失真. RC 时间常数太小,高频分量会滤不干净.

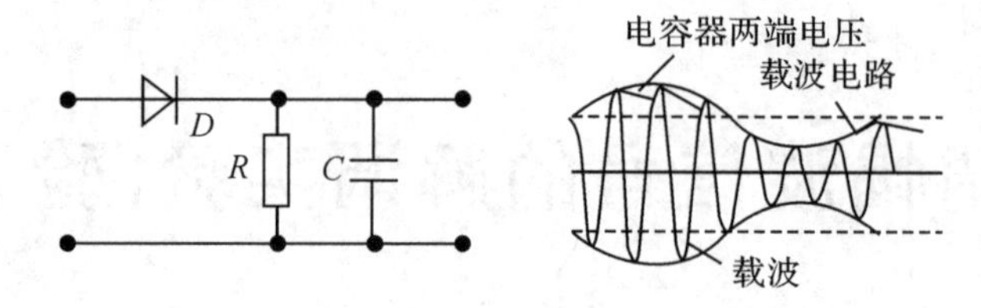

图 1-6-1　串联型包络检波器电路及其输出波形

包络检波器属于非相干解调法，电路简单，特别是接收端不需要与发送端同频同相位的载波信号，大大降低实现难度. 它具有电路简单，易于实现，适合于解调含有较大载波分量的大信号的检波.

RC 的选择满足下式：

$$\frac{1}{f_0} \ll RC \ll \frac{\sqrt{1-m^2}}{\Omega_m} \tag{1-6-1}$$

式中，m 为调幅系数，f_0 为载波频率，Ω 为调制信号角频率.

(二)同步检波器

AM 信号的解调调制过程的逆过程叫做解调. AM 信号的解调是把接收到的已调信号 $S_{AM}(t)$ 还原为调制信号 $m(t)$. AM 信号的解调方法有两种：相干解调和包络检波解调.

1. 相干解调的原理

由 AM 信号的频谱可知，如果将已调信号的频谱搬回到原点位置，即可得到原始的调制信号频谱，从而恢复出原始信号. 解调中的频谱搬移同样可用调制时的相乘运算来实现. 相干解调的原理框图如图 1-6-2 所示.

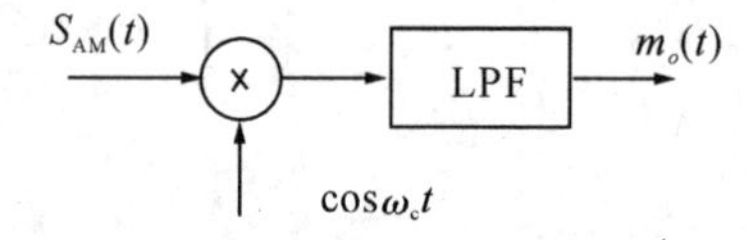

图 1-6-2　相干解调的原理框图

将已调信号乘上一个与调制器同频同相的载波，得：

$$S_{AM}(t) \cdot \cos\omega_c t = [A_0 + m(t)]\cos^2\omega_c t = \frac{1}{2}[A_0 + m(t)] + \frac{1}{2}[A_0 + m(t)]\cos 2\omega_c t \tag{1-6-2}$$

由上式可知，只要用一个低通滤波器，就可以将第 1 项与第 2 项分离，无失真地恢复出原始的调制信号.

2. LM1496 构成的解调器电路

利用一个和调幅信号的载波同频同相的载波信号与调幅波相乘，再通过低通滤波器滤除高频分量而获得调制信号. 本实验如图 1-6-3 所示，采用 LM1496 集成电路构成解调器，载波信号 V_C 经过电容 C_1 加在⑧、⑩脚之间，调幅信号 V_{AM} 经电容 C_2 加在①、④脚之间，相乘后信号由⑫脚输出，经 C_4、C_5、R_6 组成的低通滤波器，在解调输出端，提取调制信号.

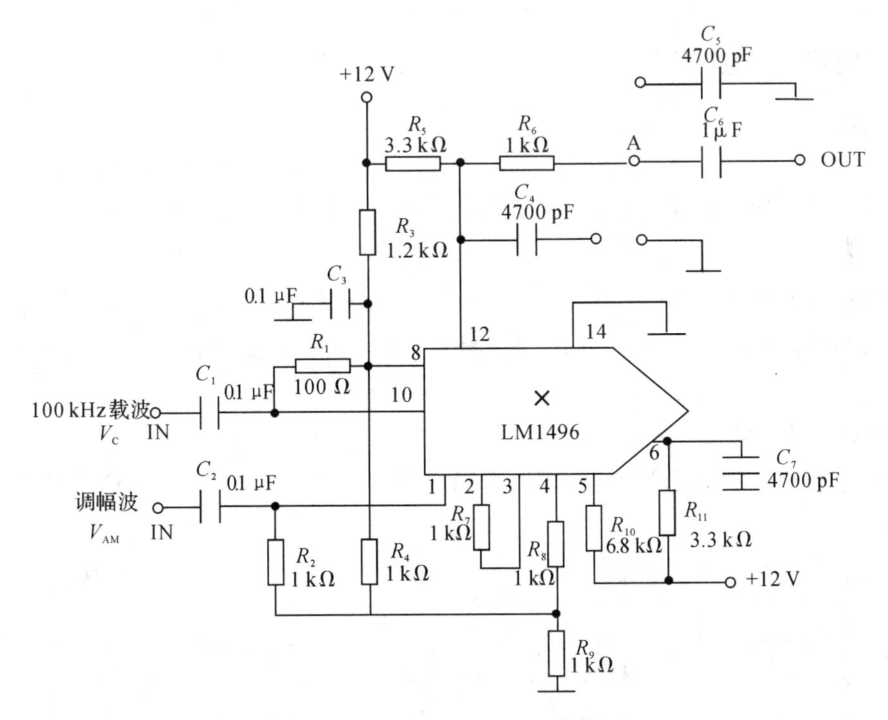

图 1-6-3　LM1496 构成的解调器原理图

五、实验步骤

(一)二极管包络检波器

1. AM 调幅信号测量

高频信号发生器选择载波信号频率为 100 kHz,由高频信号源产生 V_{AM} 调幅信号为 300 mV_{P-P},调制信号为 1 kHz,调制开关置在 AM,M 值 100%,调节 AM/FM 钮满足调制度 $m=80\%$,将 V_{AM} 信号加到二极管包络检波器的输入端,示波器测量 V_{OUT} 端. 记录包络检波器输出端波形. 改变载波信号频率为 500 kHz,其余条件不变,观察记录检波器输出端波形. 将电容 C_2 并联至 C_1,滤波电容增大时观察检波器输出波形的载波高频分量滤除情况和解调幅度,并与调制信号比较. 记录到图 1-6-4 中.

2. DSB 抑制载波的双边带调幅信号测量

做此实验之前需恢复实验五 DSB 调制内容. 将抑制载波的双边带调幅信号加至二极管包络检波器输入端,观察记录检波输出波形,并与调制信号相比较. 记录到图 1-6-5 中.

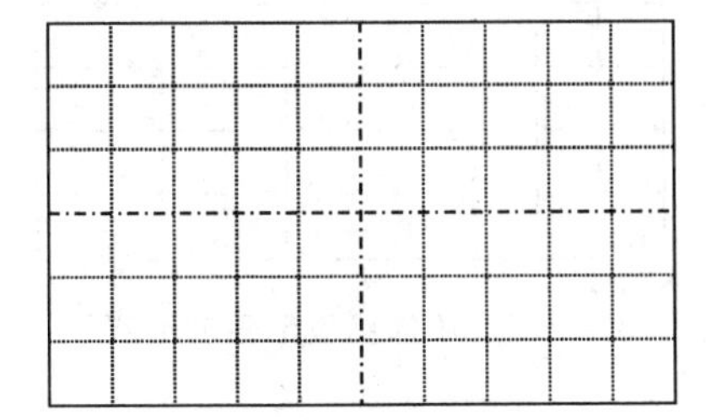

图 1-6-4　AM 调制度 $m=80\%$ 时检波器输出波形

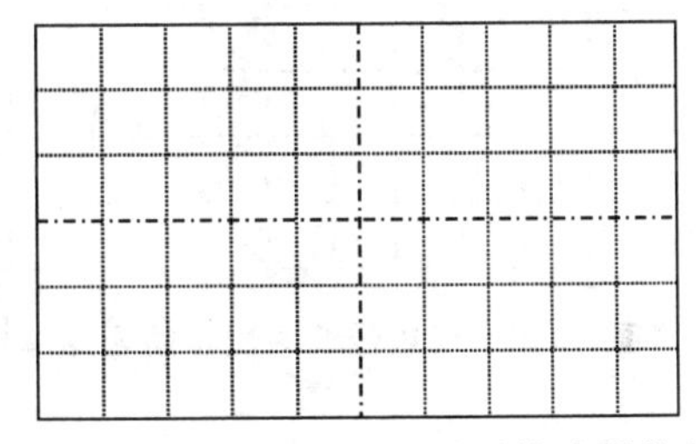

图 1-6-5　DSB 双边带调幅信号时检波器输出波形

(二)解调全载波信号

1. 操作

将图 1-6-3 中的 C_4 另一端接地,C_5 另一端接 A,按调幅实验中实验内容调制度 80%调幅波.将它们依次加至解调器 V_{AM}的输入端,并在解调器的载波输入端加上与调幅信号相同的载波信号.

2. 解调输出波形

观察记录解调输出波形,并与调制信号相比.在图 1-6-6 中画出同步解调器的输出波形.

3. 滤波前输出波形

去掉 C_4 和 C_5,观察记录调幅波输入时的解调器输出波形,并与调制信号相比较.然后使电路复原.

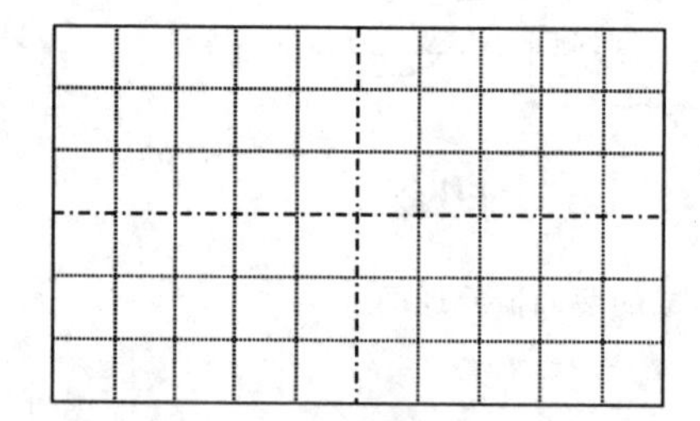

图 1-6-6 同步解调器输出波形

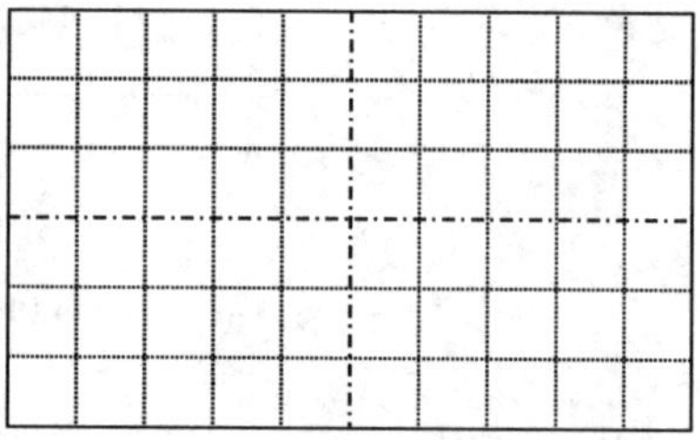

图 1-6-7 不加滤波电容输出波形

(三)解调抑制载波的双边带调幅信号

1. 操作

按调幅实验中实验内容获得抑制载波调幅波,并加至图 1-6-3 的 V_{AM}输入端,其他连线均不变.

2. 解调输出波形

观察记录解调输出波形,并与调制信号相比较.

3. 滤波前输出波形

去掉滤波电容 C_4 和 C_5,观察记录输出波形.分析载波分量.

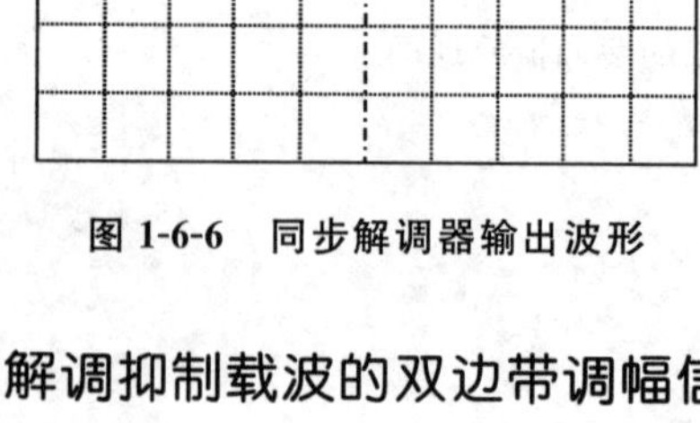

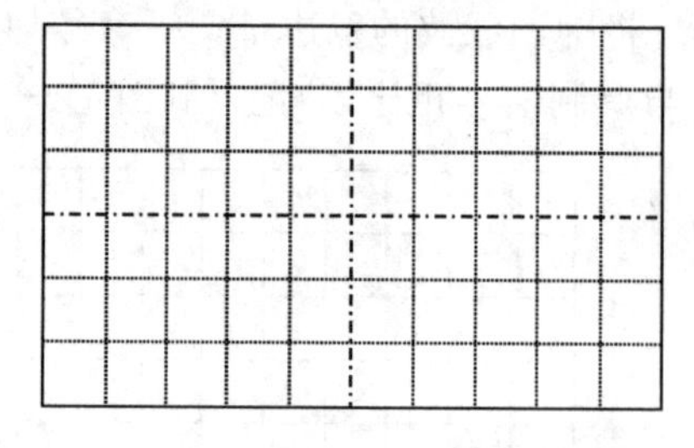

图 1-6-8 双边带调幅同步解调器输出波形

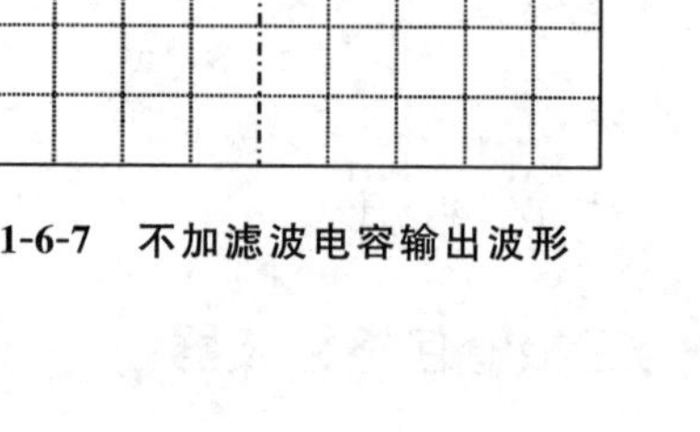

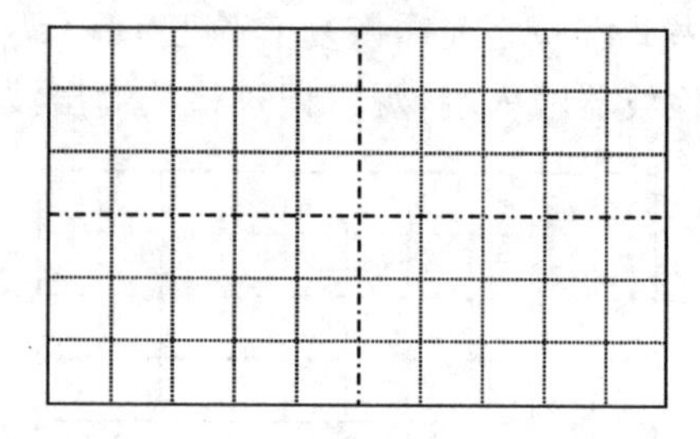

图 1-6-9 不加滤波电容输出波形

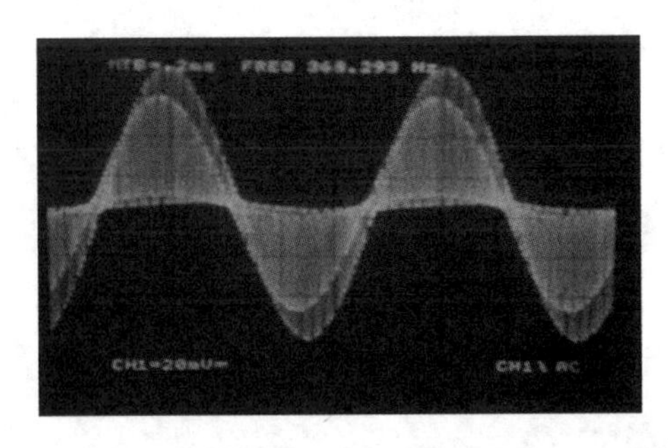

图 1-6-10　实际观察到不加滤波电容输出波形示例

六、思考题

1. 分析二极管包络检波与同步检波的两种检波结果的异同原因.

2. 同步检波解调全载波及抑制载波时去掉低通滤波器中电容 C_4、C_5 前后各是什么波形,并分析两者为什么有区别.

3. 分析二极管包络检波和同步检波的效率 η,并进行比较.

实验七　变容二极管调频振荡器实验(验证性实验)

一、实验目的

1. 了解变容二极管调频器电路原理
2. 了解调频器调制特性及测量方法
3. 观察寄生调幅现象,了解其产生原因及消除方法

二、实验内容

1. 静态调制特性测试
2. 动态调制测试频偏

三、实验仪器设备

1. 双踪示波器	一台
2. 频率计	一台
3. 毫伏表	一台
4. 万用表	一台
5. 实验板 G4	一块

四、实验原理

调频器分为直接调频和间接调频两类. 后一种用积分电路对调制信号积分,使其输出幅度与调制角频率 Ω 成反比,再对调相器进行调相,这时调相器的输出就是所需的调频信号. 间接调频的优点是载波频率比较稳定,但电路较为复杂,频移小,且寄生调幅较大,通常需要多次倍频使频率增加. 间接调频的调频器不受直流电压调制,故不能用在锁相环和自动频率控制环路中. 直接调频的工作原理是:用调制信号直接控制自激振荡器的电路参数或工作状态,使其振荡频率受到调制,变容二极管调频、电抗管调频和张弛调频振荡器等属于这一类. 在微波波段常用速调管作为调频器件.

实验电路如图 1-7-1 所示，加到变容二极管 D_c 上的直流偏置就是＋12V 经由 R_3、R_{P1}、R_2 提供的电压，因而调节 R_{P1} 即可调整偏压. 该调频器实际上是一个电容三点式振荡器(共集接法)，与振荡频率相关元件由 C_7、C_6、C_5、L_2、C_4、D_c 组成，C_2 对高频短路，因此变容二极管实际上与 C_4 串联后和 L_2 振荡电感相并联. 调整电位器 R_{P1}，可改变变容二极管的偏压，也即改变了变容二极管的容量，从而改变其振荡频率. 对输入音频信号而言，音频信号可加到变容二极管 D_c 上. 当变容二极管加有音频信号时，其等效电容按音频规律变化，因而振荡频率也按音频规律变化，从而达到了调频的目的. 图中，V_1 是调频振荡级，R_{P1} 是调节调频振荡中心频率，R_{P2} 是调节 V_1 管静态工作点，主要影响起振条件. V_2 是调频放大级，V_3 是调频射极输出级，R_{P3} 是用来调节调频输出幅度大小.

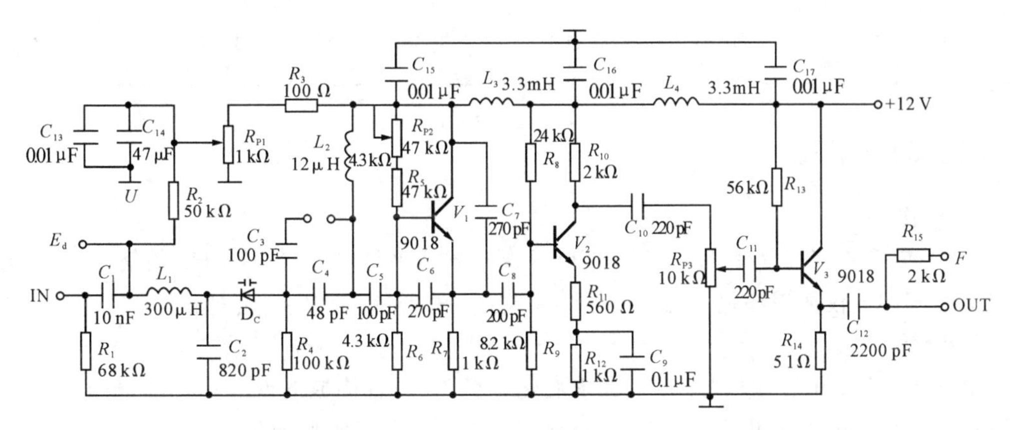

图 1-7-1　变容二极管构成的调频振荡器原理图

五、实验步骤

(一)静态调制特性测试

1. 操作

输入端不接音频信号，将示波器接到调频器的 OUT 端，调整 R_{P3} 置于中心位置，C_3＝100 pF 电容不接，调节 R_{P1} 使 E_d＝4 V，调节 R_{P2} 满足振荡输出波形失真最小，适当改变 E_d 使 f_0＝6.5 MHz.

2. 测量

根据表 1-7-1 中 E_d 范围内变化，测出变容二极管构成的调频振荡器输出对应的频率.

3. 求调制平均灵敏度

根据表 1-7-1 中 E_d(V)、f_0(MHz)的数据，在同一坐标纸上画出 C_3 接与不接时静态调制特性曲线，并求出其调制平均灵敏度.

$$K_0 = f_{max} - f_{min} / E_{dmax} - E_{dmin}\ (\mathrm{kHz/V}) \tag{1-7-1}$$

式中 f_{max} 和 f_{min} 为表 1-7-1 中的频率最大值和最小值，E_{dmax} 和 E_{dmin} 为调谐电压最大值和最小值.

表 1-7-1　记录调频振荡频率

E_d/V		0.5	1.0	1.5	2.0	2.5	3.0	3.5	4.0	4.5
f_0/ MHz	不接 C_3									
	接 C_3									
E_d/V		5.0	5.5	6.0	6.5	7.0	7.5	8.0	8.5	9.0
f_0/ MHz	不接 C_3									
	接 C_3									

(二)动态测试

1. 操作

当 C_3 电容不接时 $f_0=6.5$ MHz，自 IN 端口输入音频频率 $f=1$ kHz 的信号 V_m. 调频输出端接调制度仪的射频输入端，正确选择调制方式、射频频率、频偏量程.

2. 测量

根据表 1-7-2 中音频信号 V_m 范围内变化，变容二极管构成的调频振荡器输出对应的频偏 Δf 是通过调制度仪测得并填入表中. 接上 C_3 电容后重测对应的频偏 Δf.

表 1-7-2　记录频偏

V_m/V_{P-P}			0	0.2	0.4	0.6	0.8	1.0	1.2	1.4	1.6	1.8	2
不接 C_3	Δf/ kHz	+											
		−											
接 C_3	Δf/ kHz	+											
		−											

将调制度仪的中频输出和解调输出与示波器双踪相连观察记录，画在图 1-7-2、图 1-7-3 中. 调节 E_d，使解调输出音频最大. 注意解调输出音频幅度大小与调制度仪的频偏量程有关.

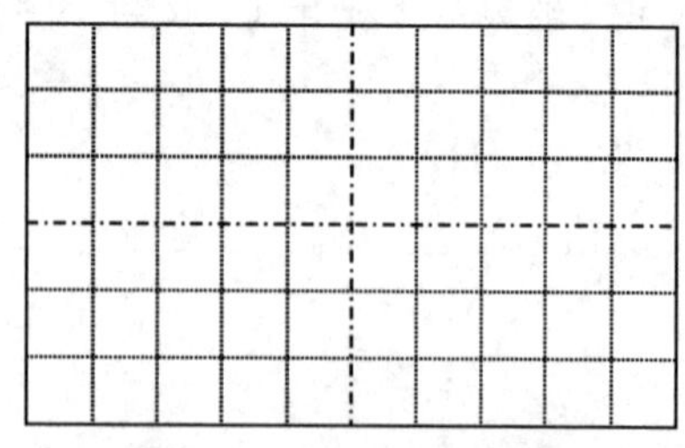

图 1-7-2　中频输出波形

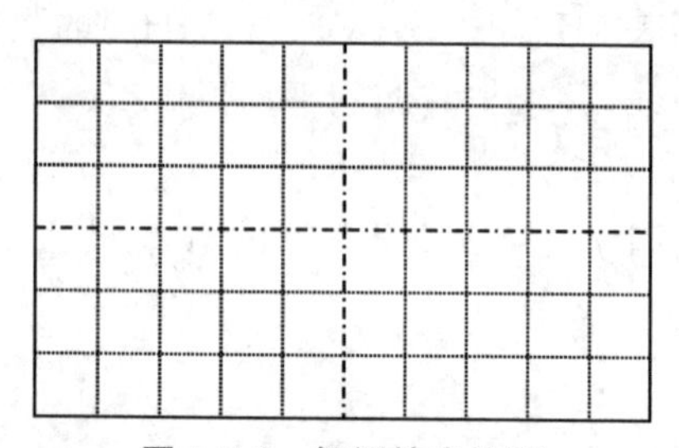

图 1-7-3　解调输出波形

3. 调频现象观察与测量

改变输入音频信号幅度为100 mV、3 V,用示波器测量振荡器输出波形,主要观察波形的扫描线宽度应该与输入音频信号幅度成正比的变化关系.

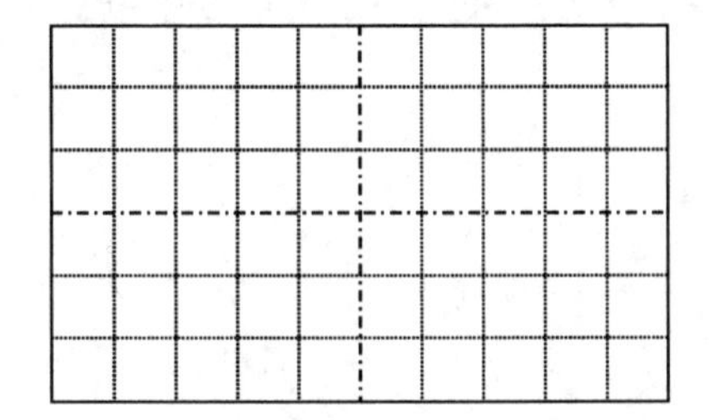

图 1-7-4　CH1 音频 100 mV CH2 振荡器输出波形

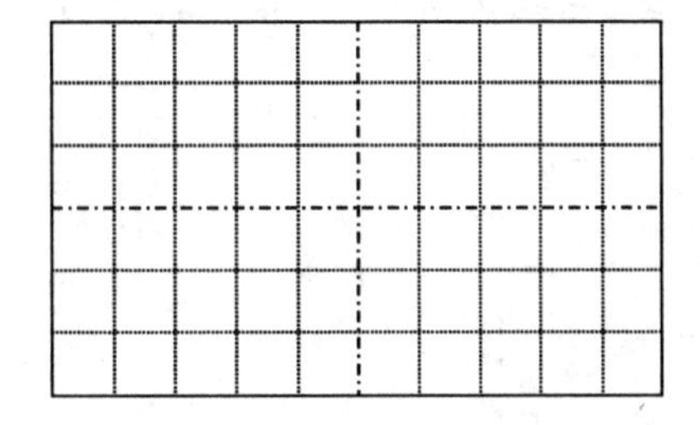

图 1-7-5　CH1 音频 3V CH2 振荡器输出波形

六、思考题

1. 画出调频振荡器的交流等效电路.
2. 分析如何提高调制灵敏度.
3. 调频动态频偏是如何产生的?

实验八　相位鉴频器实验(验证性实验)

一、实验目的

1. 熟悉相位鉴频电路的基本工作原理
2. 了解鉴频特性曲线(S 曲线)的正确调整方法
3. 将变容二极管调频器与相位鉴频器两实验板进行联机试验,进一步了解调频和解调全过程及整机调试方法

二、实验内容

1. 鉴频特性测量与调试
2. 调频器与鉴频器联机测量与试验
3. 高频信号发生器与鉴频器联机测量与试验

三、实验仪器设备

1. 双踪示波器	一台
2. 扫频仪	一台
3. 高频信号发生器	一台
4. 数字万用表	一台
5. 实验板 G4	一块

四、相位鉴频电路的基本工作原理

相位鉴频器是利用耦合电路的相频特性来实现将调频波变换为调幅调频波的,它是将调频信号的频率变化转换成两个电压之间的相位变化,再将相位变化转换为幅度变化,然后利用幅度检波器检出幅度的变化,从而可以取出调制信号来. 常用的相位鉴频器有电感耦合相位鉴频器和电容耦合相位鉴频器两种.

本实验电路采用的是电容耦合相位鉴频器,如图 1-8-1 所示的是电容耦合相位鉴频器实际电路,它广泛应用在小型调频台接收机中. 图中 L_1、L_2 是各自屏蔽的,相互之间是无互

感耦合，初、次级之间的耦合仅通过电容 C_7. 次级回路电压 U_2 是由初级回路电压 U_1 通过 C_7 耦合作用得到的. 通过 C_7 将初级回路的高频电压 U_1 经 L_2 的中心抽头分别加到上下两个检波二极管上. 相位鉴频器是模拟调频信号解调的一种最基本的解调电路，它具有鉴频灵敏度高、解调线性好等优点.

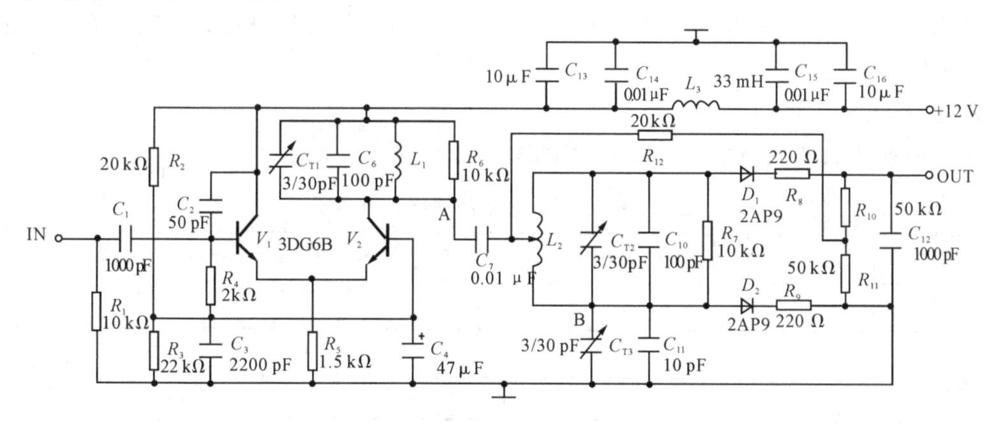

图 1-8-1　鉴频器原理图

五、实验步骤

(一)扫频法调试鉴频器的鉴频特性

1. 操作

将实验电路中 E、F、G 三个接点分别与半可调电容 C_{T1}、C_{T2}、C_{T3} 连接，将扫频仪输出信号接入到实验电路输入端 IN，其输出信号不宜过大，一般取 −40 dB 衰减，扫频频标用外频标信号源并采用高频信号发生器，其输出频率调到 6.5 MHz，此时在扫频仪上显示 6.5 MHz 频标. 扫频仪的输入探头选用开路电缆线，接至鉴频器输出端 OUT. 调节扫频仪的中心频率、为了使曲线符合要求，扫频宽度使扫频显示 5 MHz～8 MHz 的范围.

2. 测量鉴频特性 S 曲线增益

可通过适当调节 C_{T1} 使 S 曲线上下对称，调 C_{T2} 使 S 曲线为 6.5 MHz，调 C_{T3} 使 f_0 中心点附近的线性度调好后画出鉴频特性曲线图，求鉴频特性 S 曲线增益，记录上、下二峰点频率和二峰点之间高度，求输出总增益 dB/6 格. 再求扫频仪的输出增益 dB/6 格，此时注意扫频仪的输入开路电缆线改用检波探头，二者相减即为鉴频特性 S 曲线增益. 从鉴频特性 S 曲线中求 f_{max}、f_{min} 的频率值.

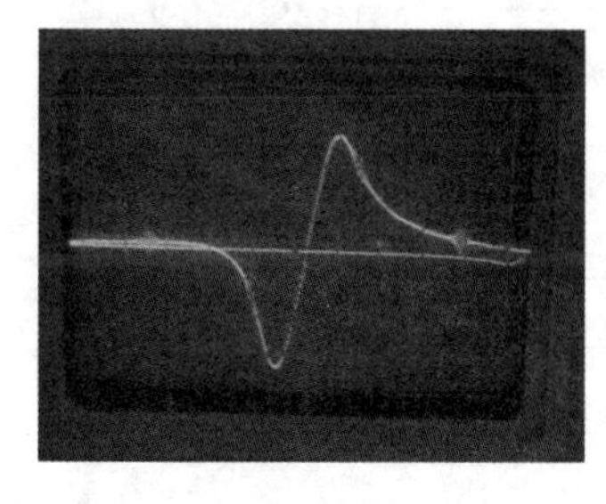

图1-8-2　实际观察到鉴频特性 S 曲线示例

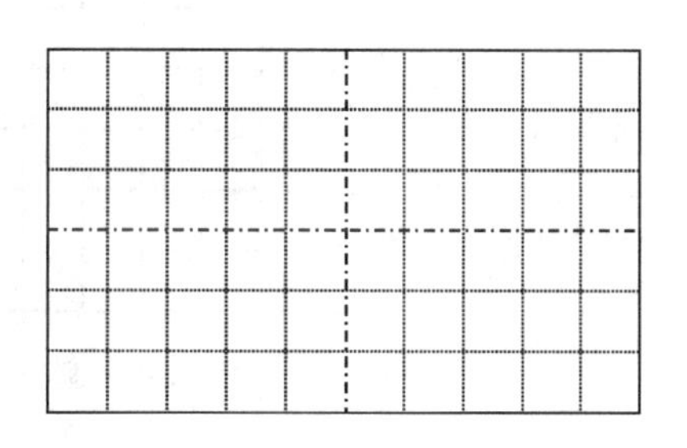

图 1-8-3　画出鉴频特性 S 曲线

(二)点测法测量鉴频特性

1. 操作

将高频发生器在5.5 MHz~7.5 MHz范围内逐点输入,如表1-8-1所示,其高频信号电压约为30 mV_{P-P},通过用万用表测鉴频器的输出直流电压,以每格0.2 MHz条件下测得相对应的输出电压并填入表中.

2. 作图

求S曲线正负两点频率 f_{max} 和 f_{min} 和曲线峰点带宽 $B_W = f_{max} - f_{min}$.

表1-8-1　记录鉴频器的输出直流电压

f/ MHz	5.5	5.7	5.9	6.1	6.3	6.5	6.7	6.9	7.1	7.3	7.5
V_0/ mV_{P-P}											

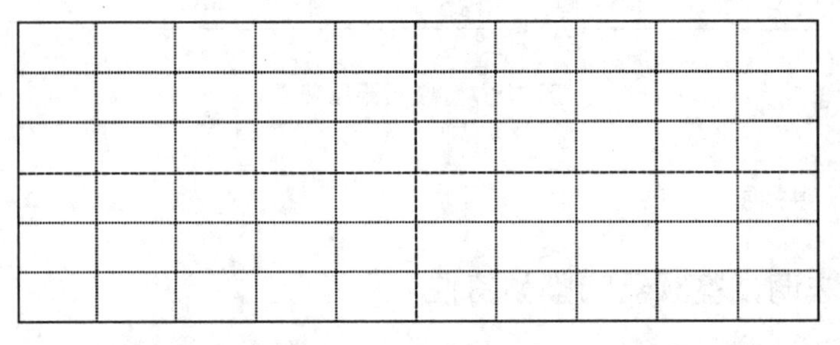

图1-8-4　根据表1-8-1逐点法作出鉴频特性S曲线图

(三)调频电路与鉴频电路连调

1. 操作

其目的是将调频调制模块与解调模块进行联机实验,要求调频电路的中心频率调为6.5 MHz,鉴频器中心频率也调谐在6.5 MHz,调频输出信号FM送入鉴频器输入端,将 f=1 kHz、V_s=400 mV的音频调制信号加至调频电路输入端进行调频.

2. 解调

用双踪示波器同时观测调制信号和解调信号,比较两者的异同,如输出波形不理想可调鉴频器 C_{T1}、C_{T2}、C_{T3}. 画出调制信号和解调信号两者的波形,并记录在图1-8-5中.

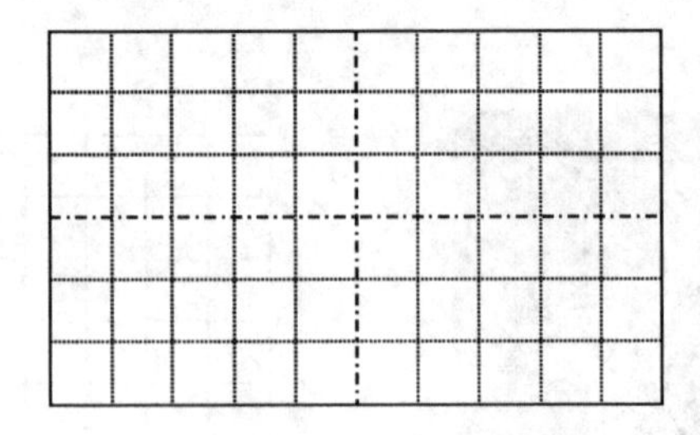

图1-8-5　画出调制信号和解调信号

3. 分析

将音频信号加大至 $V_s=1$ V、3 V，分别观察解调输出信号波形幅度是否同 V_s 成比例加大.

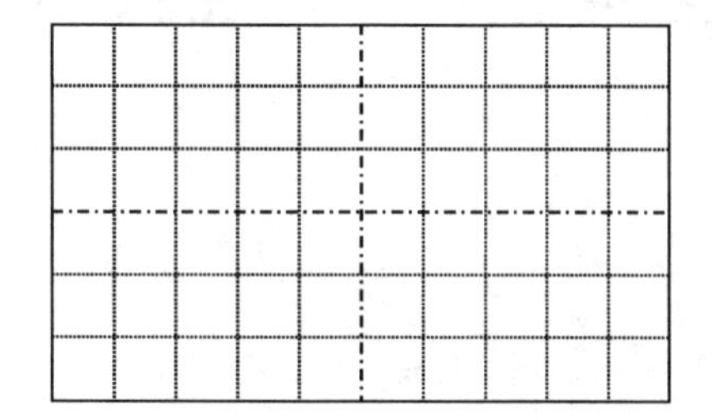

图 1-8-6　CH1 音频 $V_s=1$ V CH2 解调输出信号

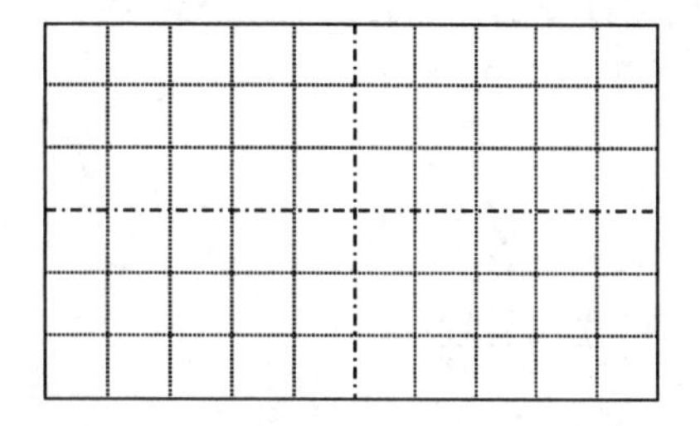

图 1-8-7　CH1 音频 $V_s=3$ V CH2 解调输出信号

六、思考题

1. 描述鉴频器幅度检波器工作原理.

2. 分析鉴频器 S 曲线的线性度与解调灵敏度的关系.

3. 调频电路和鉴频电路联机实验结果发现解调输出信号波形幅度很小时，请分析原因并提出解决办法.

实验九　压控频率调制器实验(验证性实验)

一、实验目的

1. 进一步了解压控振荡器及其实现频率调制的工作原理
2. 掌握 LM566 实现频率调制的工作原理

二、实验内容

1. 方波及三角波测量
2. 直流电压调制特性测量
3. 动态电压调制特性测量

三、实验仪器设备

1. 双踪示波器　一台
2. 频率计　一台
3. 万用表　一台
4. 实验板 G5　一块

四、实验原理

LM566 的内部电路及应用电路如图 1-9-1 所示，图中幅度鉴别器，其正向触发电平定义为 V_{SP}，反向触发电平定义为 V_{SM}，当电容 C 充电使其电压 V_7(LM566 管脚⑦对地的电压)上升至 V_{SP}，此时幅度鉴别器翻转，输出为高电平，从而使内部的控制电压形成电路的输出电压，该电压 V_0 为高电平；当电容 C 放电时，其电压 V_7 下降，降至 V_{SM} 时幅度鉴别器再次翻转，输出为低电平从而使 V_0 也变为低电平，用 V_0 的高、低电平控制 S_1 和 S_2 两开关的闭合与断开. V_0 为低电平时 S_1 闭合，S_2 断开，这时 $I_6=I_7=0$，I_0 全部给电容 C 充电，使 V_7 上升，由于 I_0 为恒流源，V_7 线性斜升，升至 V_{SP} 时 V_0 跳变为高电平，V_0 高电平时控制 S_2 闭合，S_1 断开，恒流源 I_0 全部流入 A 支路，即 $I_6=I_0$，由于电流转发器的特性，B 支路电流 I_7

应等于 I_6，所以 $I_7=I_0$，该电流由 C 放电电流提供，因此 V_7 线性斜降，V_7 降至 V_{SM} 时 V_0 跳变为低电平.

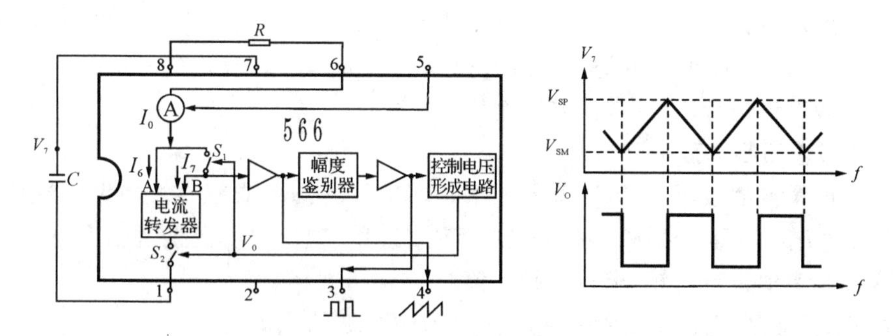

图 1-9-1　LM566 的功能框图及波形

如此周而复始循环下去，LM566 输出的方波及三角波的载波频率(或称中心频率)可用外加电阻 R 和外加电容 C 来确定.

$$f=\frac{(V_8-V_5)}{R\cdot C\cdot V_8}(\mathrm{Hz}) \tag{1-9-1}$$

式中，R 为时基电阻，C 为时基电容，V_8 是 LM566 管脚⑧至地的电压，V_5 是 LM566 管脚⑤至地的电压.

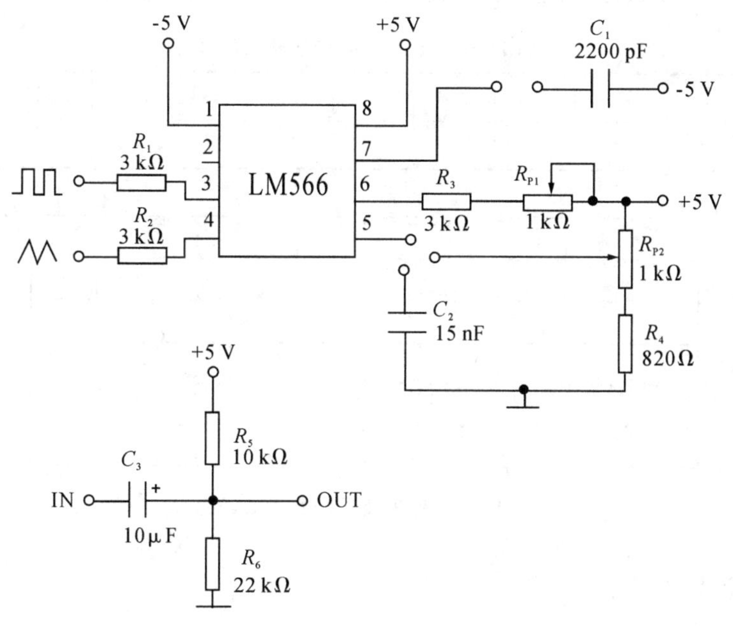

图 1-9-2　LM566 构成的调频器

五、实验步骤

(一)方波及三角波测量

1. 操作

如图 1-9-2 所示，将 LM566 管脚⑦接入 C_1 连线，观察 R、C_1 对频率的影响(其中 $R=R_3$

$+R_{P1}$).R_{P2}及C_2接至LM566管脚⑤;接通电源(±5V),调节R_{P2}使$V_5=3.5$V.

2. 方波输出频率范围测量

将频率计、示波器接至LM566管脚③输出端口,改变R_{P1}观察方波输出信号频率.记录当R为最大值R_{max}和最小值R_{min}时的输出频率f_{max}和f_{min}.计算这两种情况下的测量频率值,并与实际频率值进行比较,求误差频率值.

3. 三角波输出频率范围测量

将频率计、示波器接至LM566管脚④输出端口,改变R_{P1}观察方波输出信号频率.记录当R为最大值R_{max}和最小值R_{min}时的输出频率f_{max}和f_{min}。计算这两种情况下的测量频率值,并与实际频率值进行比较,求误差频率值.

用双踪示波器观察并记录$R=R_{min}$时方波及三角波的输出波形.

(二)直流电压调制特性测量

1. 操作

先调R_{P1}至最大,然后改变R_{P2}调整输入直流电压,当V_5在2.2 V~4.2 V变化时输出频率f的变化,V_5按0.2 V递增.将测得的结果填入表1-9-1中.

2. 求调制特性曲线

根据表1-9-1数据,作调制特性曲线图,分析V_5与f的线性关系.

表1-9-1 记录LM566③输出频率

V_5/V	2.2	2.4	2.6	2.8	3	3.2	3.4	3.6	3.8	4	4.2
f/ kHz											

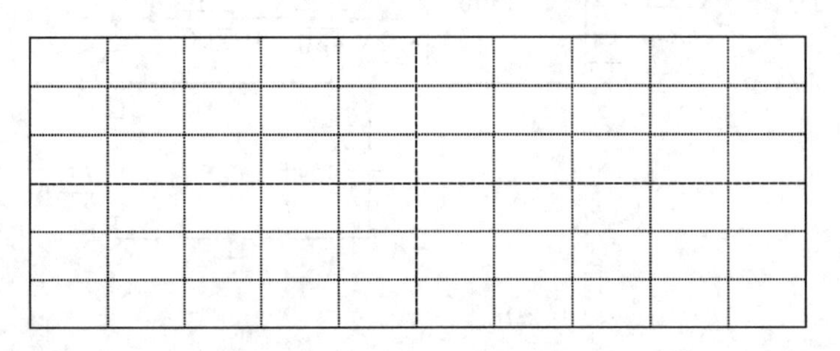

图1-9-3 作直流调制特性曲线图

(三)动态电压调制

1. 正弦波信号控制调频调制

(1)操作.仍将R_{P1}设置为最大,断开LM566⑤脚,将图1-9-2输入信号电路的输出OUT接至LM566的⑤脚,函数发生器输出置为正弦波$f=5$ kHz、$V_s=1$ V_{P-P}调制信号,然后接至输入信号电路IN端.

(2)测量.用双踪示波器同时观察输入信号V_s和LM566管脚③的调频(FM)方波输出信号,观察并记录当输入信号幅度V_{P-P}和频率有微小变化时,输出波形如何变化.注意:输入信号V_s的V_{P-P}不要大于1.3 V.为了更好地用示波器观察频率随电压的变化情况,可适

当微调调制信号 V_s 的频率，即可达到理想的观察效果．画出正弦波输入信号 V_s 和调频（FM）方波输出信号．二者波形记录在图 1-9-4 中．

2．方波信号控制调频调制

（1）操作．调制信号 V_s 改用方波信号，使其频率 $f_s=1$ kHz，$V_{P-P}=1$ V．

（2）测量．用双踪示波器观察并记录 V_s 和 LM566 管脚③的方波调制调频，人为微调 V_s 频率微小变化时，其输出调频波的调频现象非常明显．画出方波输入信号 V_s 和调频（FM）方波输出信号．二者波形记录在图 1-9-5 中．

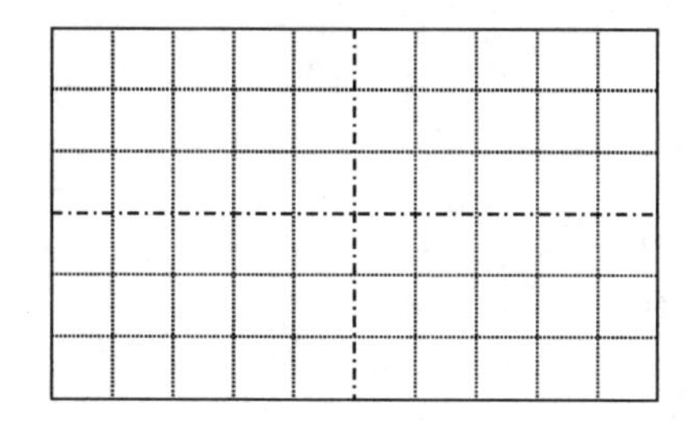

图 1-9-4　CH1 正弦波 V_s CH2 调频输出 FM

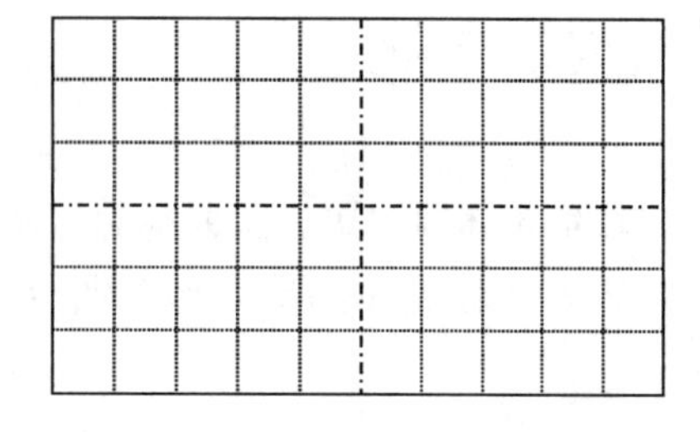

图 1-9-5　CH1 方波 V_s CH2 调频输出 FM

六、思考题

1．论述 LM566 集成电路的调频原理．

2．分析 R_{P1}、R_{P2} 的调节在电路中所起的作用有什么不同．

实验十　锁相环频率解调器实验（验证性实验）

一、实验目的

1. 了解锁相环用于调频波解调的工作原理
2. 掌握集成电路频率调制器/解调器的工作原理

二、实验内容

1. PLL 跟踪功能测量
2. 频率调制解调测量

三、实验仪器设备

1. 双踪示波器	一台
2. 频率计	一台
3. 万用表	一台
4. 实验板 G5	一块

四、实验原理

锁相环由三个基本的部件组成：鉴相器、环路滤波器、压控振荡器. 鉴相器用于相位比较. 它把输入信号和压控振荡器输出信号进行相位比较，产生对应于两个信号相位差的误差电压. 环路滤波器的作用是滤除误差电压中的高频成分和噪声，以保证环路所要求的性能，增加系统的稳定性. 压控振荡器受控制电压的控制. 锁相环是一个相位误差控制系统. 它比较输入信号和压控振荡器输出信号之间的相位差，从而产生电压来调整压控振荡器的频率，以达到与输入信号同频. 在环路开始工作时，如果输入信号频率与振荡器频率不同，则由于两信号之间存在固有的频率差，它们之间的相位差势必一直在变化，结果输出的误差电压就在一定范围内变化. 在这种误差电压的控制下，压控振荡器的频率也在变化. 若压控振荡器的频率能够变化到与输入信号频率相等，在满足稳定性条件下就在这个频率上稳定下来. 达到输入信号和压控振荡器输出信号之间的频差为零，相位差不再变化，误差电压为一固定值，电路进入“锁定”状态. 以上的分析是对频率和相位不变的输入信号而言的. 如果输入信号的频率和相位在不断地变化，那么压控振荡器输出的频率不断地跟踪输入频率的变化. 锁相环具有良好的跟踪性能. 若输入 FM 信号时，环路通带足够宽，使信号的调制频谱落在带内，观察这时压控振荡器的频率跟踪输入信号的变化.

锁相环内部框图如图 1-10-1 所示，LM565 的相位鉴别器内部是由模拟乘法器构成的，它有两组输入信号，一组为外部管脚②、③和输入信号 e_1，其频率为 f_1；另一组为内部压控振荡器产生信号 e_2，经④脚输出，接至⑤脚送至相位鉴别器，其频率为 f_2，当 f_1 和 f_2 差别很小时，可用频率差代表两信号之间的相位差，即 f_1-f_2 的值. 使相位鉴别器输出一直流电压，该电压经 ⑦ 脚送至 VCO 的输入端，控制 VCO，使其输出信号频率 f_2 发生变化，这一过程不断进行，直至 $f_1=f_2$ 为止，这时称为锁相环锁定.

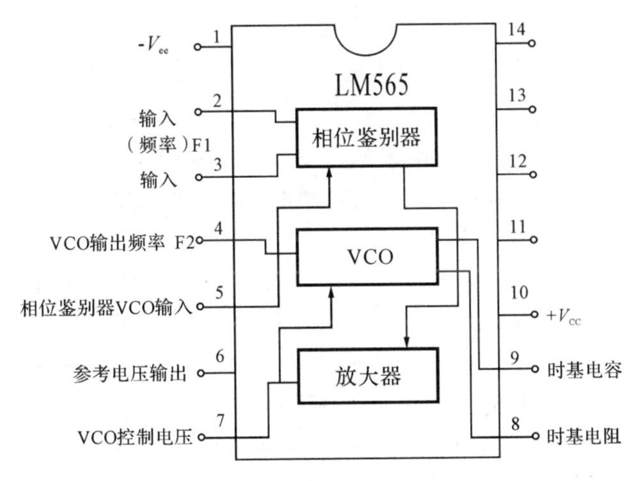

图 1-10-1　LM565(PLL)的框图及管脚排列

锁相环 LM565 构成的频率解调器电路如图 1-10-2 所示，图中 R_P、R_6、C_6 是 VCO 的时基，决定振荡器的频率. C_7、R_7、C_4 是滤波器电路，B 点是解调输出测量端，LM311 作为比较器.

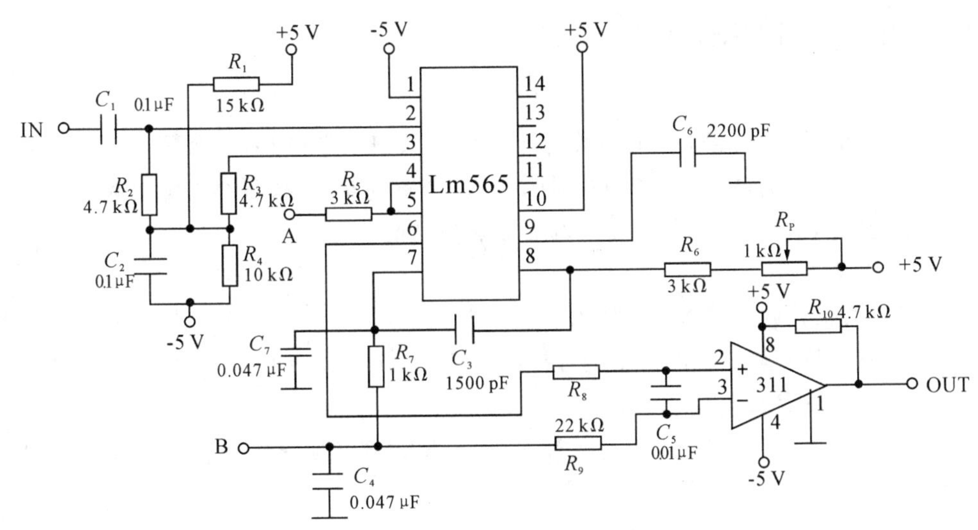

图 1-10-2　LM565(PLL)构成的频率解调器原理图

五、实验步骤

(一) PLL 跟踪功能测量

1. 操作

函数发生器输出选择方波信号 4 V_{P-P}、频率作为 $f_1=10$ kHz～120 kHz 的变化范围，输入到 IN 端，调节 R_P 置中. 频率计、示波器监测 A 点振荡输出频率作为 f_2.

2. 测量同步带和捕捉带

测试 A 点求同步带和捕捉带，测试的方法是，首先，将函数信号发生器的频率设一个 50 kHz作为 f_0，此时锁相环为锁定状态即 $f_1=f_2$，然后将 f_1 往高缓慢调整一直保持锁定，当频率升高到 f_1 时，突然出现 $f_1\neq f_2$，即为由锁定变成失锁. 此时缓慢往回调，降低函数信号发生器频率 f_1，继续缓慢往低缓慢回调到 f_2 时，使得再次出现锁定状态即 $f_1=f_2$，于是不断缓慢降低 f_1，并且往低越过 f_0 一直保持锁定，当不断降到 f_3 时突然出现 $f_1\neq f_2$，即由锁定变成失锁时，此时缓慢往回调升高函数信号发生器频率 f_1，不断缓慢升高发生器频率，达 f_4 时，又再次出现锁定状态即 $f_1=f_2$，由失锁变成锁定. 由此可以求同步带 $\Delta f_H=f_1-f_3$. 捕捉带 $\Delta f_P=f_2-f_4$.

将测试记录数据 PLL 跟踪频点 f_0、f_1、f_2、f_3、f_4 与对应的 VCO 误差电压绘成图形.

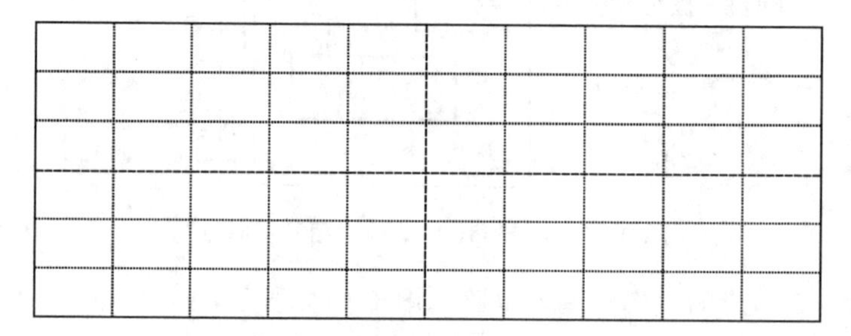

图 1-10-3　同步带和捕捉带跟踪曲线图

(二)频率调制器与解调器系统测量

1. 操作

先按实验九的实验内容 3 进行操作，调节 R_P 使其中 VCO 的输出频率 f_0(A 点：即④⑤脚)为 50 kHz 作为中心频率，要求调制器的 VCO 与解调器的 VCO 静态输出频率都调整为 50 kHz，然后进行动态频率调制器与解调器的系统测量.

2. 动态测量

要求输入的正弦调制信号 V_S 为 $V_{P-P}=0.6$ V～0.8 V，$f=1$ kHz，获得调频方波输出信号(③脚)，然后将其调频方波输出信号接至 LM565 锁相环的 IN 输入端，调节 LM566 的 R_{P1}(逆时针旋转)使 R 最小.

(1)解调. 解调输出信号用双踪示波器观察并记录 LM566 的输入调制信号 V_S 和 LM565“B”点的解调输出信号.

(2)相移. 相移比较输出信号观察：选用 V_S 峰—峰值 $V_{P-P}=0.6$ V～0.8 V，$f_m=1$ kHz

的正弦波做调制信号送给调制器 LM566,用双踪示波器观察 LM565“B”点的解调输出信号和比较器 LM311 的输出信号.

画出输入调制信号 V_s 和解调输出信号两者的波形记录在图 1-10-4 中.画出“B”点和比较器 LM311 的输出信号.两者的波形比较记录在图 1-10-5 中.

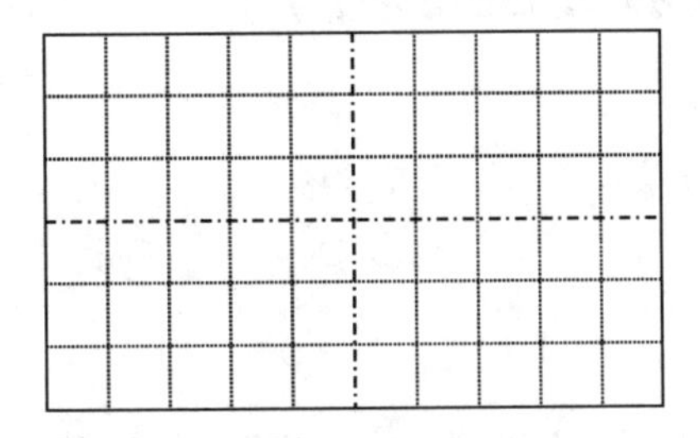

图 1-10-4　CH_1 输入正弦波信号 V_s
CH_2 解调输出信号“B”

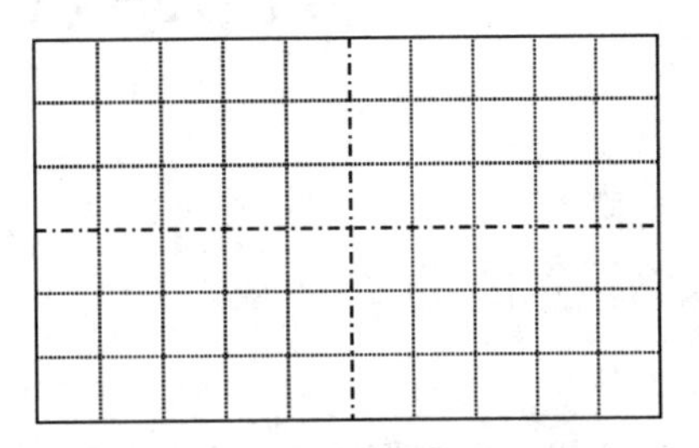

图 1-10-5　CH_2 解调输出信号“B”
CH_2 比较器 LM311 的输出信号

六、思考题

1. 分析 PLL 跟踪原理.
2. 分析“B”点的解调输出信号和 LM311 输入比较电平是如何产生输出信号关系的.

实验十一　455 kHz 中频调谐放大器设计实验(创新性实验)

一、实验目的

通过实验使学生掌握 455 kHz 中频调谐放大器电路的设计及电路参数计算,并实际动手制作、安装、调试,完成达到设计技术指标要求.

二、设计要求

1. 输入 AM 调制信号为:455 kHz 0.03 V_{P-P},调制度 $m=30\%$
2. 设计调谐放大器输出增益为 20 dB,采用一级放大器

三、实验仪器

1. 示波器　一台
2. 高频信号发生器　一台
3. 高频毫伏表　一台
4. 多功能数字万用表　一台
5. 通信高频电路实验箱　一台
6. 万能实验板　一块

四、实验报告

1. 写出设计方案
2. 写出实验所用仪器、设备及名称、型号
3. 设计电路原理简介
4. 整理设计性实验计算数据,以及设计实验验证结果分析
5. 谈谈设计性实验过程的体会

实验十二　倍频电路设计实验(创新性实验)

一、实验目的

实验可以使学生掌握对倍频电路的设计及电路参数的计算,再通过实际动手制作、安装、调试,完成并达到设计技术的指标要求.

二、设计要求

1. 输入正弦波载波信号为 100 kHz 3 V_{P-P}
2. 通过设计倍频电路产生频率为 200 kHz 1.5 V_{P-P}
3. 产生的载波不失真输出

三、实验仪器

1. 示波器	一台
2. 高频信号发生器	一台
3. 高频毫伏表	一台
4. 多功能数字万用表	一台
5. 通信高频电路实验箱	一台
6. 调制度仪	一台
7. 万能实验板	一块

四、实验报告

1. 写出设计方案
2. 写出实验所用仪器、设备及名称、型号
3. 设计电路原理简介
4. 整理设计性实验计算数据,以及设计实验验证结果分析
5. 谈谈设计性实验过程的体会

实验十三　调频振荡器电路设计实验(设计性实验)

一、实验目的

实验可以使学生掌握对调频振荡器电路、调频调制电路的设计及电路参数的计算,能实际动手制作、安装、调试,完成并达到设计技术的指标要求.

二、设计要求

1.输入正弦波调制信号为 1 kHz 3 V_{P-P},调制最大频偏为+/−75 kHz

2.振荡电路产生振荡频率可调为 15.00 MHz～18.00 MHz,+/−50 kHz

3.1 V_{P-P}不失真 FM 输出

三、实验仪器

1.示波器　一台

2.高频信号发生器　一台

3.高频毫伏表　一台

4.多功能数字万用表　一台

5.通信高频电路实验箱　一台

6.调制度仪　一台

7.万能实验板　一块

四、实验报告

1.写出设计方案

2.写出实验所用仪器、设备及名称、型号

3.设计电路原理简介

4.整理设计性实验计算数据,以及设计实验验证结果分析

5.谈谈设计性实验过程的体会

实验十四　数字频率特性仪测试实验(创新性实验)

一、实验目的

1. 熟悉数字频率特性测试仪的使用
2. 掌握数字频率特性测试仪的检测
3. 掌握数字频率特性测试仪的功能验证方法

二、实验仪器

1. 数字频率特性测试仪　　一台
2. 双踪示波器　　一台
3. 高频信号发生器　　一台

三、实验仪器介绍及操作

(一)SA1030 数字频率特性测试仪的特点

1. 特点

SA1030 数字频率特性测试仪是采用直接数字合成技术(DDS),利用快速数字处理器(DSP)和大规模可编程逻辑控制器(CPLD)进行控制的全数字电路频率特性测试仪,扫频范围为 20 Hz～30 MHz.除操作方便、显示清晰、低功耗(＜60W)的特点之外,最主要的是该仪器的信号输入端口采用了 50 Ω 阻抗和高阻输入两种工作方式,大大拓宽了该仪器的适用范围,除输入输出阻抗为 50 Ω 匹配负载的电路之外,还特别适用于放大器、有源滤波器、RC、RL、RLC 选频网络等一般有源、无源四端网络的频率特性测试.

该仪器的另一个特点是低频范围宽.最低频率可以设置为 20 Hz,幅频特性的保精度测量下限频率为 500 Hz,所以可以满足音频范围的频率特性测试,特别适合于大学实验室的实验教学.这是其他型号的频率特性测试仪很难做到的.

当 SA1030 数字频率特性测试仪设置为"点频"状态时,其输出信号是一个频率和幅度可以任意设置的正弦波,因此该仪器也可以作为正弦波信号源使用.

2. 面板介绍

SA1030 数字频率特性测试仪的面板如图 1-14-1 所示.除电源开关和显示屏外,共有 5 个菜单项目选择键(位于显示屏的右侧,垂直排列,键面上没有文字标志,为了叙述方便,现从上到下依次把键号编为C1～C5)，八个功能选择键(频率、光标、系统、程控、增益、显示、校准、存储)、三个单次功能键(单次、开始/停止、复位)、十六个数字键(0、1、2、3、4、5、6、7、8、9、dB、MHz、kHz、Hz、·、－/←)、两个调节键(∧、∨和一个调节手轮). 另外还有三个BNC插头，分别是SYNC(同步输出，测量时一般不用)、OUT(输出)、IN(输入).

利用这些操作键和输入输出插头，即可方便地完成被测电路的频率特性分析.

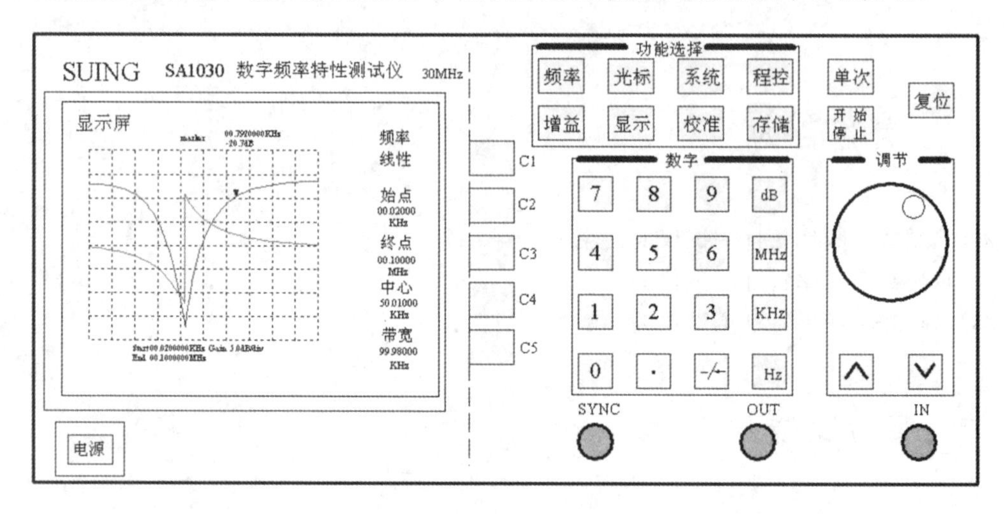

图 1-14-1　SA1030 频率特性测试仪操作面板

(二)测试前的准备、校准和接线

预热和准备校准按下面板左下角的电源开关，接通220 V交流电源，测试仪就开始初始化. 为了保证测量的准确性，一般应让仪器预热10～30分钟，待机内的频率基准工作稳定后进行校准，然后才能进行精确测量. 在测试过程中，如果改变了输出频率的范围(始点频率和终点频率)，要重新进行校准.

校准前应首先设置频率范围、输出输入增益和测试仪输入阻抗，具体操作如下：

1. 频率菜单

进入频率菜单和设置频率范围. 频率菜单包括“频率线性”“频率对数”“频率点频”三种状态，在“频率线性”状态下显示屏的横坐标为线性显示方式，共显示“始点频率”“终点频率”“中心频率”和“带宽”四组数据，设置参数时由C2～C5四个键分别选定. 在“频率对数”状态下，显示屏的横坐标为对数显示方式，只有始点频率和终点频率，设置参数时由C2和C3键分别选定. 在“频率点频”状态下，测试仪的输出是单一正弦波，频率为设定值，故只显示一个“频率”值，由C2键选定后设置参数. “频率对数”和“频率点频”菜单的进入和设定方法与“频率线性”相同. 这里仅介绍“频率线性”菜单的进入和设定方法. 按一下面板上功能选择栏内的频率键即可进入频率菜单. 接着按C1键使显示屏显示“频率线性”菜单(“频率”二字的下方呈现“线性”二字，并呈现反白)即可. SA1030数字频率特性测试仪的工作频率范围为0.02 kHz～0.1 MHz和0.1 MHz～30 MHz两档. 当始点频率设定值在0.02 kHz～4.999 kHz时，终点频率只能在0.1 MHz内设置，始点频率设定值≥500 kHz时，终点频率可在0.525 MHz～30 MHz范围内设定. 应当注意，始点频率和终点频率之间的差值必须大于或等于250 Hz，否则测试仪会自动将差值设定为250 Hz，例如将始点频率设为0.5 kHz

之后，将终点频率再设为 0.51 kHz，则测试仪会自动将始点频率改成 0.26 kHz. 如这时再把始点频率改成 0.5 kHz，则终点频率又会自动修改为 0.75 kHz.

如果始点频率和终点频率之差低于 20 Hz，或(30 MHz－始点频率)≤250 Hz，则操作无效，测试仪保持原来的设置值.

设定频率范围的具体操作方法如下：A 设定始点频率：依次按 C2 键、数字键(含・键)和 MHz(或 kHz、Hz 键)即可. 要注意的是本仪器的下限测量频率为 20 Hz，上限测量频率为 30 MHz，如果始点频率设定值小于 20 Hz 或大于(30 MHz～250 Hz)，则设定无效，仪器保持原有的始点频率值. 另外，在进行校准时，始点频率设定值如果小于 500 Hz，则 500 Hz 以下频率段的校准结果是不可靠的(大于 500 Hz 的频率段仍然是可靠的). 测量时 500 Hz 以下频率段的曲线只能作为定性分析之用. B 设定终点频率：依次按 C3 键、数字键(含・键)和 MHz(或 kHz、Hz 键)即可. 同样要注意终点频率设定值必须大于(20＋250) Hz 或小于 30 MHz，否则设定无效. 始点频率和终点频率设定之后，中心频率和带宽显示值就会自动设定.

2. 系统设置

进入系统设置菜单和设定测试仪的输入阻抗按功能选择栏中的系统键即可进入系统设置菜单. 该菜单包括“声音”“输入阻抗”“扫描时间”三个选项，由 C2～C4 键分别控制. 本测试仪的输出阻抗为 50 Ω，输入阻抗有“50 Ω”和“高阻”两种状态(“高阻”状态下的输入阻抗为 500 kΩ)，可以满足输入输出阻抗为 50 Ω 的电路测试和输入阻抗为 50 Ω、输出阻抗不为 50 Ω 的电路测试. 当被测电路的输入阻抗大于 50 Ω 又不属于高阻时(例如 RC、RL 和 RLC 等无源四端网络)，测试时应考虑测试仪输出电阻的影响. 当被测电路的输入阻抗远远大于 50 Ω 时(例如运算放大器)可忽略测试仪输出阻抗的影响.

被测电路要求输出端为 50 Ω 匹配负载时，测试仪的输入阻抗应设为 50 Ω. 如果被测电路的输出端不是 50 Ω 匹配负载，或要分析被测电路的开路输出特性时，测试仪的输入阻抗应设为高阻.“输入阻抗”的下边列出了“50 Ω”和“高阻”两个可选项，这种格式在测试仪的功能选择菜单中很多，凡是这种格式，反复按相应的项目选择键，使需要选定的项目呈现反白，就是该项目被选中了. 例如选择测试仪的输入阻抗时按 C3 键使“50 Ω”或“高阻”呈现反白即可. 在以下的叙述中，除特别说明要把测试仪“输入阻抗”设置为 50 Ω 外，均应设置为“高阻”.“系统”菜单中还有“声音”和“扫描时间”两个选项，一并介绍如下：“声音”设置由 C2 键控制. 选择“开”时，每次操作按键，测试仪内部的蜂鸣器就发一次短声，选择“关”时蜂鸣器不发声.“扫描时间”由 C4 键控制，设置扫描时间只能用 ∧ 或 ∨ 键和调节手轮操作，调节步距为 1 倍. 扫描时间的倍数越大，测试仪扫描一次所用的时间就越大，速度就越慢. 开机时的默认值为 2 倍，当扫描始点频率和终点频率设置得较低时，应适当增加扫描时间的倍数值，这样可大大提高曲线的稳定性和准确性.

(1)校准和设置增益菜单. ①以上准备工作完成后，将输出 BNC 插座与输入 BNC 插座用双插头电缆短接(或用两根 BNC 双夹线短接)，然后按 校准 键进入校准菜单，显示屏显示“请将测试线连接到输出输入端口，然后按确定键，按取消键将恢复到未校准状态”，此时仪器提示将输入输出端用测试电缆连接，按“确定”(C5 键)，仪器开始校准，大约 6 秒钟后完成校准并回到频率菜单，如果电缆未连接好，6 秒钟后仪器会提示您“测试线未连接，请将测试线连接到输出输入端口，然后按确定键，按取消键将恢复到未校准状态”，连接好电缆后再次按“确定”(C5 键)进入校准. 如要取消校准,按一下“取消”(C4 键)即可. 校准结束后,显示屏上应出现一条与水平电器刻度平行的红色水平基线,当“基准”设置值改变时,该基线会相应地上下平移.

②进入增益菜单和设定输出输入增益仪器在执行校准时会自动将输出增益设为−20 dB(幅度约为 0.67 V_{P-P}),输入增益设为 0 dB(无衰减). 校准结束后,往往还要根据测试的要求重新设定输出增益. 按功能选择栏内的[增益]键即可进入增益菜单,增益的显示只有“对数”一种方式,所以该菜单中所有的参数都是以电压增益 dB 为单位($A=20\lg\frac{u_0}{u_i}$)按对数关系给出的. 该菜单中包括“输出”“输入”“基准”和“增益”四个选项,由 C2～C5 四个键分别控制. “输出”二字下面的设置值代表测试仪的输出电平值,0 dB 时输出电平的峰—峰值实测为 6.7 V. “输入”二字下面的设置值代表测试仪输入端所带衰减器的衰减值,0 dB 代表无衰减. “基准”二字下面的设置值代表显示曲线在显示屏上的基准位置,为了观察曲线的方便,应适当设置和调整“基准”值. 当“输出”“输入”和“基准”设置完成并执行校准后,所显示的曲线是一条与显示屏水平电器刻度平行的直线. 无论上述哪组设置值减小(增加),曲线都会向下(向上)平移相应 dB 的刻度. A 输出增益的设置进入增益菜单后,再按 C2 键和[−/←]、[2]、[0]、[dB]键即完成输出增益设为−20 dB的操作. 也可调节手轮改变“增益”设置值(逆时针减小,顺时针增加,调节步距 1 dB),或者按调节键∧或∨进行调节,每按一次改变10 dB. “输出”增益的设置范围是 0～−80 dB,用数字键设置时,如果设置值大于 0 或小于−80 dB,则操作无效,测试仪保持原有设置值. B 输入增益的设置按 C3 键和 0、dB 键即完成输入增益设为 0 dB 的操作. 输入增益的设置范围是 10 dB～−30 dB、步距为 10 dB,用数字键设置输入增益时,如果输入值不是 10 的整倍数,测试仪则首先将输入值按四舍五入的规则进行预处理,然后将处理后的结果作为设置值. 同样,输入增益的设置值也可以用手轮或者用调节键[∧]或[∨]进行改变. C 扫描线位置基准设置“基准”的设置范围为−50 dB～150 dB. 按 C4 键后再按相应的数字键和 Hz 键,或旋转调节手轮,均可改变基准值. 按[∧]或[∨]键也可以改变基准值,但[∧]和[∨]键的调节步距为 25 dB. D 增益刻度比例设置:菜单中最下边的“增益”表示水平电器刻度在垂直方向每大格所代表的增益值,共有“10 dB”“5 dB”和“1 dB”三种显示方式,连续按增益键,三种显示方式会依次轮流以反白方式出现.

校准完毕后,用工厂提供的 BNC 头双夹线按图 1-14-2 所示的方法,将测试仪的输出端(OUT)与被测电路的输入端(IN)连接、被测电路的输出端(OUT)与测试仪的输入端(IN)连接. 注意红夹子所连的是芯线(信号线),黑夹子所连的是地线,不可接错. 当被测电路频率高于 8 MHz 时,最好使用双端都是 BNC 插头的电缆连接.

在测试过程中不可改变频率菜单中的设定值,否则要重新校准.

(三)特性曲线显示窗和数据的判读

1. 特性曲线显示窗

显示屏面右侧显示的是操作菜单. 左侧大部分面积中所显示的是特性曲线显示窗,结构如图 1-14-3 所示,窗口由 11 条垂直电器刻度线(虚线)和 9 条水平电器刻度线构成 8 行、10

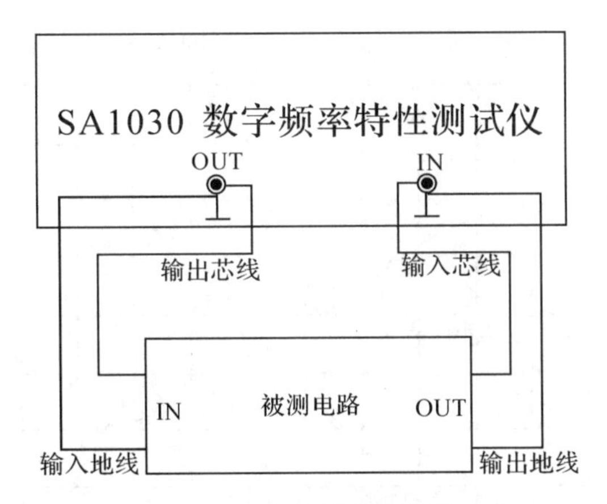

图 1-14-2　被测电路接线

列正方形方格阵列，幅频特性曲线和相频特性曲线就显示在方格阵列中.

在方格阵列的下边用英文给出了三组数据，始点频率(Start)和终点频率(End)所显示的是测试仪的设定值.第三组数据显示在始点频率(Start)值的右边，显示内容随光标菜单中的设置而定，当光标设置为“幅频”时，显示内容为垂直刻度每格代表的增益值(Gain)，即10 dB/div、5 dB/div或1 dB/div.当光标设置为“相频”时，显示内容为垂直刻度每格代表的相位差值(Phase，以度为单位).

在方格阵列的上边用英文给出了两组数据，显示内容随光标菜单中的设置而定，当光标设置为“光标幅频”和“光标常态”时，显示内容为光标所在点的频率值和该频率点的绝对增益值(以dB为单位).当光标设置为“光标幅频”和“光标差值”时，显示内容为两个选定光标所在点之间的频率差值和增益差值(以dB为单位).当光标设置为“光标相频”和“光标常态”时，显示内容为光标所在点的频率值和该频率点的相位值(以度为单位).当光标设置为“光标相频”和“光标差值”时，显示内容为两个选定光标所在点之间的频率差值和相位差值(以度为单位).

要特别说明，本指导书中的“相位”指的是同一个频率点的电压信号通过被测电路后，其输出电压信号相位减去输入信号电压相位所得的“差”.完整的名称应该叫做“相位移”，该值>0表示输出信号的电压相位超前于输入信号的电压相位，该值<0表示输出信号的电压相位滞后于输入信号的电压相位.“相位差值”是指两个频率点之间的“相位移”的差值.两者不可混淆.

(1)进入显示菜单和设置显示内容.测试仪开机时给出的默认值是只显示幅频特性曲线，如要显示相频特性曲线，就要通过“显示”菜单来设置.按功能选择栏内的[显示]键进入“显示”菜单.该菜单中包括“幅频开、关”和“相频开、关”两个选项.用C3键将“相频”设置为“开”，特性曲线显示窗中才会出现相频特性曲线.如果要让显示屏不显示幅频特性，用C2键将“幅频”设置为“关”即可.

(2)进入光标菜单和设置光标.光标菜单可以设定光标的状态、打开的数量、光标的移动，并借此来准确测量特性曲线的频率、增益、相位或两频率点之间的频率差值、增益差值和相位差值.在读取数据之前，首先应进入光标菜单，设定需要读取的内容.按[光标]键进入光标菜单.其中共有“光标常态”“光标差值”“选择1、2、3、4”和“光标幅频、相频”四组选项，分别用C2～C4键控制.选择“光标幅频”时光标只能落在幅频特性曲线上，选择“光标相频”时

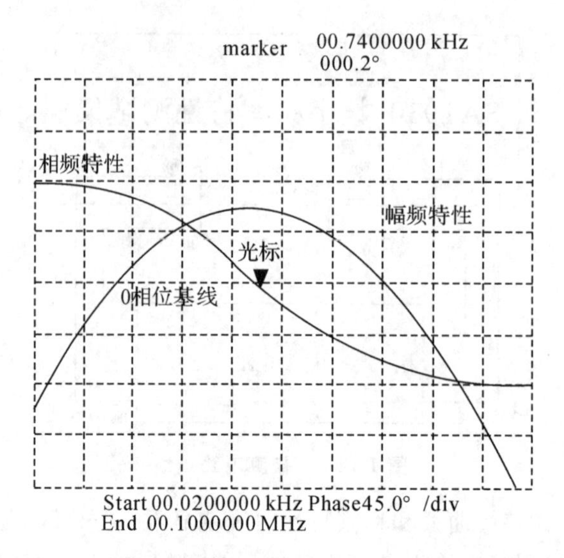

图 1-14-3 频率特性测试仪的特性曲线显示窗("频率对数"状态)

光标只能落在相频特性曲线上."光标常态""光标差值"和"光标幅频、相频"设为不同状态时特性曲线显示窗所给出数据的定义已在前面介绍,这里不再赘述.下面只介绍光标的选择和操作方法.光标"选择"选项中共给出 1、2、3、4 四个可以打开的光标号,选中其中任一个光标号,再操作 C4 键使"开"字呈现反白,该光标就打开了.四个光标的颜色是不同的,光标 1 为绿色,光标 2 为白色,光标 3 为红色,光标 4 为黄色.在"光标常态"状态时,这四个光标的使用方法是一样的,选中哪个光标,特性曲线显示窗的上部就给出该光标所在点的数据,且数据的颜色与光标的颜色一致.光标的移动可用[∧]或[∨]键和调节手轮来完成.在"光标差值"状态时,只能打开光标 1 和光标 2,且只能移动光标 2.所以当需要测量曲线上两点间的频率差值、相位差值或增益差值时,应在"光标常态"状态下首先将光标 1 移到拟测量区间的始点,然后设置成"光标差值"状态,再把光标 2 移动到拟测量区间的终点.

(3)用相频特性曲线判读被测电路的频率特性.首先根据电路参数初步计算一下需要分析的频率范围.图 1-14-5(b)为文氏桥振荡器中常用的选频网络,在 $f_0=\frac{1}{2\pi RC}$处的增益$\beta=\frac{1}{3}$,且输出与输入之间的相位差 $\varphi=0$.当电阻 R 选用 10 kΩ、电容选用 22 nF 时,有

$$f_0=\frac{1}{2\pi 10^4\times 22\times 10^{-9}}\approx 723(\text{Hz}) \tag{1-14-1}$$

可知这是一个音频带通滤波器,谐振频率的理论值为 723 Hz,所以可以把始点频率设为 20 Hz,终点频率自动设定为 1 kHz.测试仪经过预热和校准后,按图 1-14-2 给定的方式连接电路.在特性曲线显示窗中,相频特性曲线的 0 相位位置是固定的,即第五条水平电器刻度线所在的位置,每格的垂直间距所代表的相位差也是固定的,即 45°/div.所以说只要校准工作做得好,利用相频特性曲线测量电路的通频带是最方便的方法.

①测量谐振频率 f_0 在光标菜单中首先把测试仪设置为"光标常态",将光标移动到相频特性曲线与第 5 条水平电器刻度线的交叉点上,这时特性曲线显示窗上部的 marker 显示为 00.7400000 kHz 和 000.2°,这两个参数表示该点的频率值为 0.74 kHz,相位值为 0.2°,这就是被测电路的谐振频率 f_0.由于频率调节的步距为 25 Hz,所以不太可能把光标移动到相

位绝对为 0 的点上，存在一定的误差属正常现象. 我们发现，f_0 的理论值和实测值之间存在 17 Hz 的误差，引起误差的主要原因有如下 3 条：

第一测试仪存在 50 Ω 的输出阻抗，在计算电路时没有考虑进去.

第二再精密的仪器都存在一定的频率漂移误差、电压基准误差、量化误差和校准误差.

第三仪器的频率调节步距为 25 Hz，引起测试过程中出现固定的"测不准"误差.

第四被测电路的元器件存在标称值误差. 但是，就总的测量结果来说，还是令人满意的.

②测量下边频 f_{C1} 和上边频 f_{C2}. 把光标 1 分别移动到相位为 ±45°的位置(第 4 条水平刻度线和第 6 条水平刻度线)，就可以分别读出下边频 $f_{C1}=0.232$ kHz，上边频 $f_{C2}=2.523$ kHz.

③测量电路的通频带. 把光标 1 移到相位为 −45°的位置(第 4 条水平刻度线与相频特性曲线的交叉点)，再把测试仪设置为"光标差值"，这时光标 1 和光标 2 是自动打开的，但在没有移动光标之前，两个光标完全重合，只能看到光标 1，并且 marker 数据全部为 0，颜色也变成了光标 2 的白色. 按 [V] 键或调节手轮，会发现只有光标 2 在移动，同时 marker 数据也随着光标 2 的移动在变化.

把光标 2 移动到相位为 +45°的位置(第 6 条水平刻度线与相频特性曲线的交叉点)，就可以读出 2.133 kHz，这就是被测电路的通频带宽.

(4)用幅频特性曲线判读被测电路的频率特性. SA1030 数字频率特性测试仪测出的幅频特性曲线要比相频特性曲线的准确度高，一般情况下应尽量利用幅频特性曲线进行参数判读.

仅用幅频特性曲线测量电路时，无需显示相频特性曲线. 测试仪经过参数设置、预热和校准后，按图 1-14-2 给定的方式连接电路.

①测量电路增益 G. 为了准确测量电路的增益 G，建议在测量前再次执行"校准"，校准完毕后，先不要断开测试仪输出端与输入端之间的短接，而是马上进入增益菜单，调整"基准"使扫描基线与第二条水平电器刻度线重合，然后再按图 1-14-2 的方式接入被测电路，将光标移到拟测试的频率点，出现如图 1-14-4 所示的特性曲线显示窗. 直接在特性曲线显示窗中估读该点距第二条水平电器刻度线之间的间距(格数)，再乘以特性曲线显示窗下边给出的每格代表的增益数(dB)即可. 图 1-14-4 所显示曲线的光标所在点是图 1-14-5(b)文氏桥选频网络的幅频特性曲线，我们发现该曲线的极点(谐振频率所在点)距电器刻度线下移了 1.95 格，所以在该点的增益为

$$G = 5\text{dB/div} \times (-1.95)\text{div} = -9.75\text{dB} \tag{1-14-2}$$

与理论值($G=\frac{1}{3}=20\lg 0.333=-9.55(\text{dB})$)相比，误差仅 0.2 dB. 这种读取增益值 G 的方法可以称为基线比对法.

另一种方法是在校准状态下读取光标所在点的增益值(由于这时扫描线是一条水平基线，无论光标处于什么位置，marker 给出的增益数都是一样的)，再读取接入被测电路后光标所在点的增益值，两者相减，就可得到电路在该频率点的增益值. 例如图 1-14-4 所示曲线，在校准状态下光标所在点的增益显示值为 6.1 dB，接入电路后该点的增益显示值为 −3.9 dB，二者相减，可得到该点的增益 $G=-10$ dB. 产生误差的原因除前面已经分析的四条之外，用第一种方法测量时还存在人为的判读误差.

②测量谐振频率 f_0. 将光标 1 移到幅频特性曲线的极点，marker 所显示的频率值就是

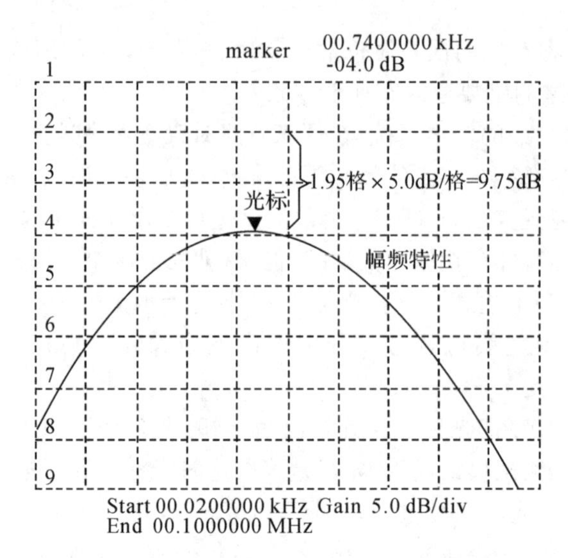

图 1-14-4 比对法读取增益 G 示意图（“频率对数”状态）

谐振频率 f_0.

③测量下边频 f_{C1} 和上边频 f_{C2}. 将光标 1 放到幅频特性的极点，然后再把测试仪设为“光标差值”状态，移动光标 2（此时只有光标 2 能移动），当增益差值显示为 −3 dB 时，对应的频率显示值（低端和高端各有一个频率值），就分别是下边频 f_{C1} 和上边频 f_{C2}.

④测量电路的通频带. 记下 f_{C1}（或 f_{C2}），将测试仪设置为“光标常态”，把光标 1 移到 f_{C1} 的位置，再把测试仪设为“光标差值”，然后移动光标 2 到 f_{C2}（或 f_{C1}），特性曲线显示窗中给出的频率差值就是被测电路的通频带.

（四）RC 选频网络的频率特性测试

比较典型的 RC 选频网络一般有如图 1-14-5（a）、图 1-14-5（b）所示的两种电路，图 1-14-5（a）是双 T 型四端网络带阻滤波器，在 $f_0=\frac{1}{2\pi RC}$ 处的增益 $G=0$，且相位移为 0. 图 1-14-5（b）为文氏桥振荡器中常用的选频网络，在 $f_0=\frac{1}{2\pi RC}$ 处的增益 $G=\frac{1}{3}$，且输出与输入之间的相位差 $\varphi=0$. 当电阻 R 选用 10 kΩ、电容选 22 nF 时，这两种电路的 f_0 理论值都等于 723 Hz 见式 1-14-1.

测试这两种电路时，都可把始点频率设为 20 Hz，并让终点频率自动设定为 1 kHz.

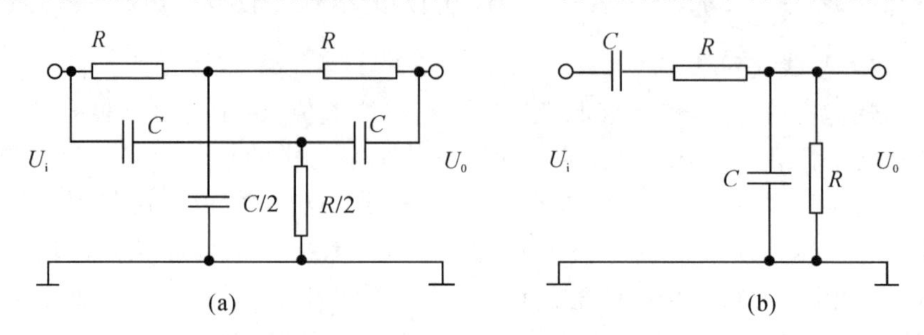

图 1-14-5 RC 带阻网络和文氏桥选频网络电路

表 1-14-1　测试 RC 带阻网络时测试仪参数的设置

功能选择	菜单名称	参数设置
频率	频率	对数
	始点	20 Hz
	终点	0.1 MHz
增益	输出	−20 dB
	输入	0 dB
	基准	006
	增益	5.0 dB/div
光标	光标	常态(或差值)
	光标 1	开
	光标 2	开(自动)
	光标 3	关
	光标 4	关
	光标幅频	测量幅频特性曲线时选中
	光标相频	测量相频特性曲线时选中
显示	幅频	开
	相频	开
系统	声音	开
	输入阻抗	高阻
	扫描时间	2 倍

图 1-14-5(a)RC 带阻网络所示电路的幅频特性曲线和相频特性曲线参数设置见表 1-14-1,特性曲线显示窗见图 1-14-6,判读结果见表 1-14-2.

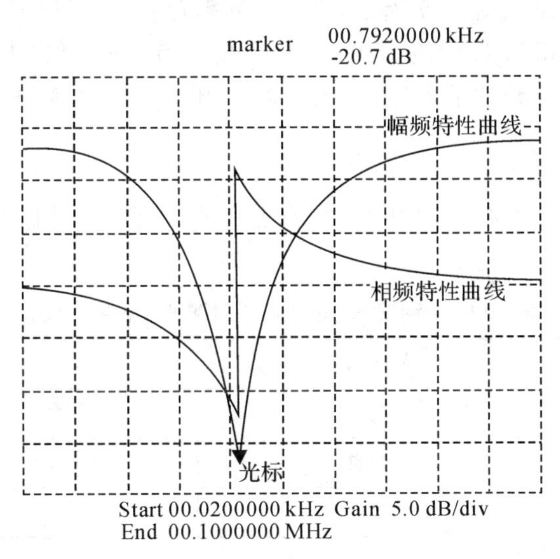

图1-14-6　双 T 型 RC 网络的输出电压频率特性曲线显示窗("频率对数"状态)

表 1-14-2　RC 带阻网络的判读结果

幅频特性	谐振频率 f_0	0.792 kHz	相频特性	最小相位	趋近于 0
	下边频 f_{CL}	134 Hz		最大相位	趋近于 $\pm\infty$
	上边频 f_{CH}	4.21 kHz		相位超前区间	$>f_0$
	通频带宽	3.92 kHz		相位滞后区间	$<f_0$
	f_0 点电路增益	−26.9 dB		f_0 点相位特性	双向、间断

同表 1-14-1，特性曲线显示窗见图 1-14-3，判读结果见表 1-14-3.

表 1-14-3　文氏桥选频网络的判读结果

幅频特性	谐振频率 f_0	0.74 kHz	相频特性	最小相位	趋近于 0
	下边频 f_{CL}	232 kHz		最大相位	趋近于 $\pm 90°$
	上边频 f_{CH}	2.523 kHz		相位超前区间	$<f_0$
	通频带宽	2.291 kHz		相位滞后区间	$>f_0$
	f_0 点电路增益	−10 dB		f_0 点相位特性	极大值、连续

(1)RC 低通滤波器的频率特性测试.

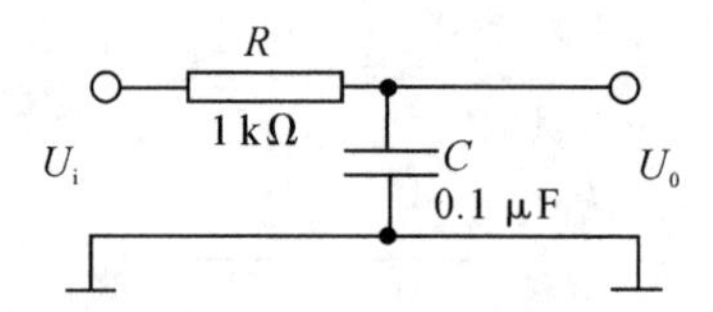

图 1-14-7　RC 低通滤波器

RC 低通滤波器电路如图 14-7 所示，当信号频率趋近于 0 Hz 时，电容容抗趋近于无穷大，电路增益趋近于 0 dB，相位趋近于 0°. 当信号频率趋近于∞时，电容容抗趋近于 0，电路增益趋近于 $-\infty$dB，相位趋近于 $-90°$. 增益下降 3 dB 时的截止频率为

$$f_C = \frac{1}{2\pi RC} \tag{1-14-3}$$

电压相位为 $-45°$. 取 $R=1\ \text{k}\Omega$，$C=0.1\ \mu\text{F}$，$f_C=1.591$ kHz. 测试仪的功能菜单设置方式见表 1-14-4.

表 1-14-4　测试 RC 带阻网络时测试仪参数的设置

功能选择	菜单名称	参数设置
频率	频率	对数
	始点	20 Hz
	终点	100 kHz

续表

功能选择	菜单名称	参数设置
增益	输出	−20 dB
	输入	0 dB
	基准	006
	增益	5.0 dB/div
光标	光标	常态(或差值)
	光标 1	开
	光标 2	开(自动)
	光标 3	关
	光标 4	关
	光标幅频	测量幅频特性曲线时选中
	光标相频	测量相频特性曲线时选中
显示	幅频	开
	相频	开
系统	声音	开
	输入阻抗	高阻
	扫描时间	2 倍

特性曲线显示窗如图 1-14-8 所示.

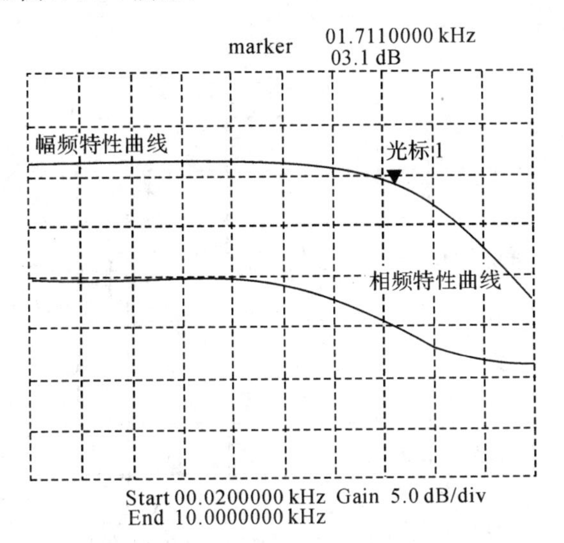

图-14-8　RC 低通滤波器的输出电压幅频特性和输出电压相频特性曲线显示窗

判读结果见表 1-14-5.

表 1-14-5 RC 低通滤波器的判读结果

幅频特性	低频最大增益	0 dB	相频特性	最小相位	趋近于 0
	截止频率 f_C	1.594 kHz		最大相位	趋近于$-90°$
	f_C 点电路增益	-3 dB		相位超前区间	无
	通频带宽	1.594 kHz		相位滞后区间	全部
	f_C 点幅度特性	单调减		f_C 点相位	$-45°$、单调减

(2)RC 高通滤波器的频率特性测试.

RC 高通滤波器电路如图 1-14-9 所示，当信号频率趋近于 0 Hz 时，电容容抗趋近于无穷大，增益趋近于$-\infty$ dB，相位趋近于$+90°$. 当信号频率趋近于∞时，电容容抗趋近于 0，增益趋近于 0 dB，相位趋近于 0. 增益下降 3 dB 时的截止频率为

$$f_C = \frac{1}{2\pi RC} \tag{1-14-4}$$

与 14-1 式相同. f_C 处电压相位为$+45°$.

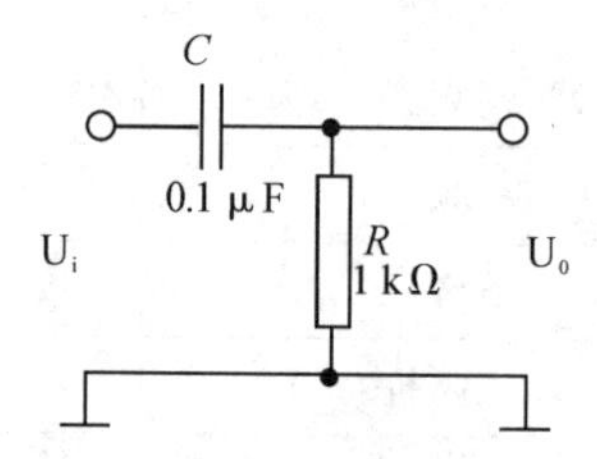

图 1-14-9 RC 高通滤波器

取 $R=1$ kΩ，$C=0.1$ μF，$f_C=1.591$ kHz. 测试仪的功能菜单设置方式与表 1-14-4 相同. 特性曲线显示窗如图 1-14-10 所示.

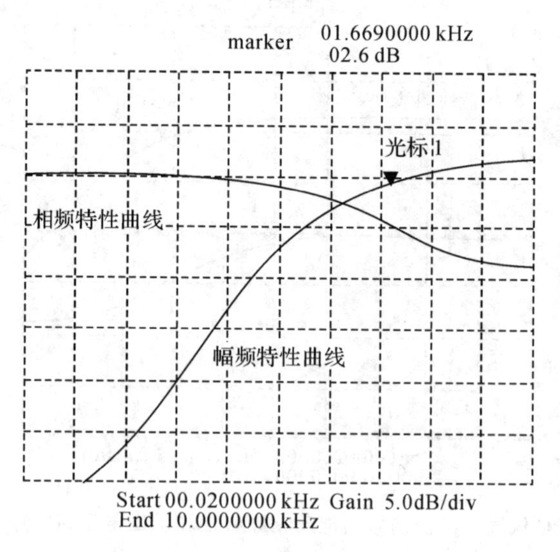

图 1-14-10 RC 高通滤波器的输出电压幅频特性和输出电压相频特性曲线显示窗

判读结果见表 1-14-6.

表 1-14-6 RC 高通滤波器的判读结果

幅频特性	高频最大增益	−0.2 dB	相频特性	最小相位	趋近于 0
	截止频率 f_C	1.669 kHz		最大相位	趋近于+90°
	f_C 点电路增益	−3.2 dB		相位超前区间	全部
	通频带宽	1.669 kHz～∞		相位滞后区间	无
	f_C 点幅度特性	单调增		f_C 点相位(度)	+45°、单调减

(3)RL 低通滤波器的频率特性测试.

RL 低通滤波器电路如图 1-14-11 所示.当信号频率趋近于 0 Hz 时,电感的感抗趋近于 0,增益趋近于 0 dB,相位趋近于 0°.当信号频率趋近于∞时,电感的感抗趋近于∞,增益趋近于−∞ dB,相位趋近于−90°.增益下降 3 dB 时的截止频率为:

$$f_C = \frac{R}{2\pi L} \tag{1-14-5}$$

f_C 处电压相位为−45°.

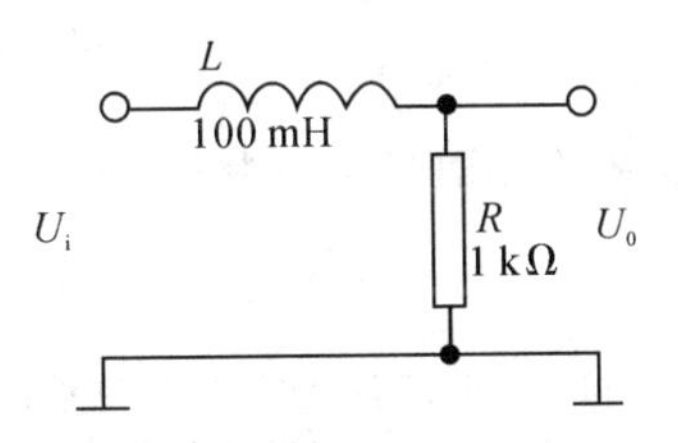

图 1-14-11 RL 低通滤波器

取 $R=1\ \text{k}\Omega, L=100\ \text{mH}, f_C=1.592\ \text{kHz}$.

测试仪的功能菜单设置方式与表 1-14-4 相同.特性曲线显示窗与图 1-14-8 基本相同.判读结果与表 1-14-5 基本相同,此处不再赘述.RL 高通滤波器的频率特性测试 RL 高通滤波器电路如图 1-14-9 所示.当信号频率趋近于 0 时,电感的感抗趋近于 0,增益趋近于 0,相位也趋近于 0,随着频率的逐渐上升,感抗也逐渐增加,输出电压相位大于 0 且随着频率的上升而上升.当信号频率上升到一定值时,相位达到最大,以后频率再上升,相位开始单调递减,当频率趋近于∞时,电感的感抗趋近于∞,增益趋近于 1,相位趋近于 0°.增益下降 3 dB 时的截止频率为:

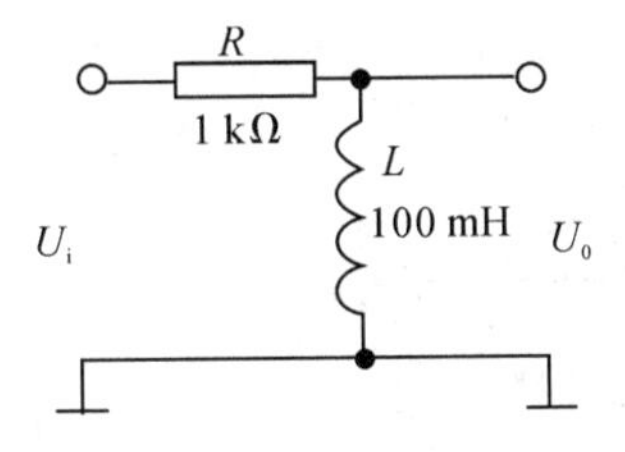

图 1-14-9 RL 高通滤波器

$$f_C = \frac{R}{2\pi L} \tag{1-14-6}$$

频率为 f_C 处的电压相位接近+45°.

取 $R=1\ \mathrm{k\Omega}$,$L=100\ \mathrm{mH}$,$f_C=1.592\ \mathrm{kHz}$.

测试仪的功能菜单设置方式与表 1-14-4 相同,特性曲线显示窗如图 1-14-10 所示.由显示窗的曲线图可见,当频率低于 500 Hz 的时候,输出电压的相位反而减小了.

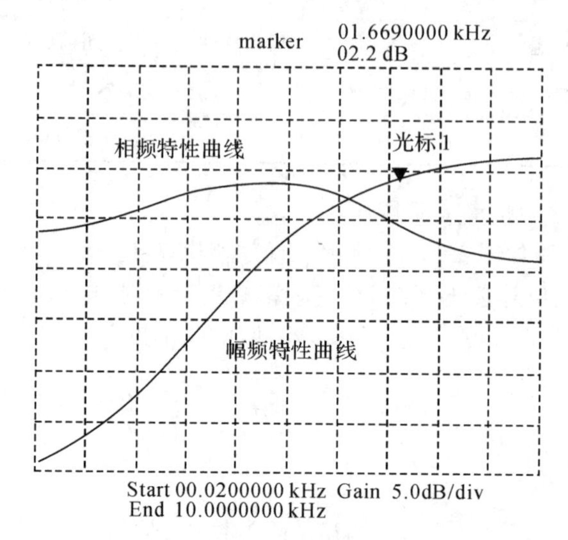

图 1-14-10 RL 高通滤波器的输出电压幅频特性和输出电压相频特性曲线显示窗

判读结果见表 1-14-7.

表 1-14-7 RL 高通滤波器的判读结果

幅频特性	高频最大增益	−0.3 dB	相频特性	最小相位	趋近于 0
	截止频率 f_C	1.669 kHz		最大相位	500 Hz 附近最大
	f_C 点电路增益	−3.3 dB		相位超前区间	全部
	通频带宽	1.669 kHz～∞		相位滞后区间	无
	f_C 点幅度特性	单调增		f_C 点相位(度)	+45°、单调减

(4)LC 串联谐振电路的频率特性测试.

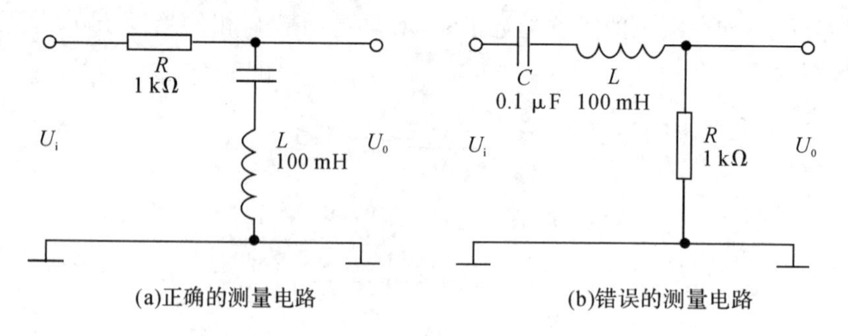

图 1-14-11 测量 LC 串联谐振电路的接线方法

LC 串联电路发生谐振时最大的特点是 LC 电路两端呈现的阻抗最小、电压降最小,所以正确的方法应测量总输入电压 $U\mathrm{i}$ 在 LC 串联回路上的分压.故应在 LC 串联谐振电路的输入端串入一只阻值在 1～2 kΩ 左右的电阻 R,连接方法如图 1-14-11(a)所示.而不能像图

1-14-11(b)所示电路那样把 R 接地后在 R 两端测量电压，否则测试仪的输入电阻和输入电容会导致测量不准.

图 1-14-11(a)所示电路中，谐振频率为：

$$f_0 = \frac{1}{2\pi\sqrt{LC}} \tag{1-14-7}$$

取 $C=0.1\mu F$，$L=100$ mH，$f_0=1.592$ kHz.

在谐振频率 f_0 处输出电压相位为 0°，谐振回路呈电阻性且阻抗最小，所以输出端增益小于 0 dB 且最小. 频率低于 f_0 时串联电路呈电容性，电压相位<0，当频率趋近于 0 Hz 时电压相位趋近于−0°且容抗趋近于∞，增益趋近于 0 dB. 频率高于 f_0 时回路呈电感性，电压相位>0，当频率趋近于∞时电压相位趋近于+0°，增益也趋近于 0 dB. 在 f_0 处的电压增益由电路的 Q 值决定.

$$Q = \frac{U_0}{U_i} = \frac{1}{R_0}\sqrt{\frac{L}{C}} \tag{1-14-8}$$

式中 R_0 为串联谐振回路中的电感线圈电阻. 在计算之前可用万用表测量一下 R_0，若 R_0 按 40 Ω 估计，则 Q 值约为 25，于是在 f_0 处的电压增益应为

$$G = -20\lg Q = -20\lg 25 \approx -28 \text{ dB} \tag{1-14-9}$$

测试图 14-11(a)所示电路时测试仪的设置见表 1-14-8.

表 1-14-8　测试 LC 串联谐振电路时测试仪参数的设置

功能选择	菜单名称	参数设置
频率	频率	线性
	始点	300 Hz
	终点	3 kHz
增益	输出	−20 dB
	输入	0 dB
	基准	100
	增益	5.0 dB/div
光标	光标	常态(或差值)
	光标 1	开
	光标 2	开(自动)
	光标 3	关
	光标 4	关
	光标幅频	测量幅频特性曲线时选中
	光标相频	测量相频特性曲线时选中
显示	幅频	开
	相频	开
系统	声音	开
	输入阻抗	高阻
	扫描时间	2 倍

注意:由于电路的 Q 值远大于 1,测试仪“增益”菜单中的“输出增益”或(和)“增益基准”应适当增大或减小,使扫描基线上下平移,以便完整地观察曲线和判读数据.

该电路的特性曲线显示窗如图 1-14-12 所示. 判读结果见表 1-14-9.

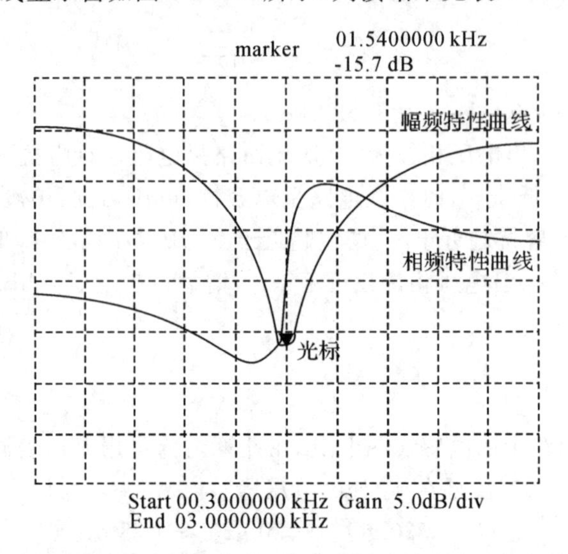

图 1-14-12　LC 串联谐振电路的输出电压幅频特性和输出电压相频特性曲线显示窗

表 1-14-9　LC 串联谐振电路的判读结果

幅频特性	谐振频率 f_0	1.54 kHz	相频特性	最小相位(度)	−56.1
	下边频 f_{CL}	1.47 kHz		最大相位(度)	65.0
	上边频 f_{CH}	1.64 kHz		相位超前区间	$>f_0$
	通频带宽	0.17 kHz		相位滞后区间	$<f_0$
	f_0 点电路增益	−21.4 dB		f_0 点相位特性	连续、递增

(5) LC 并联谐振的频率特性测试.

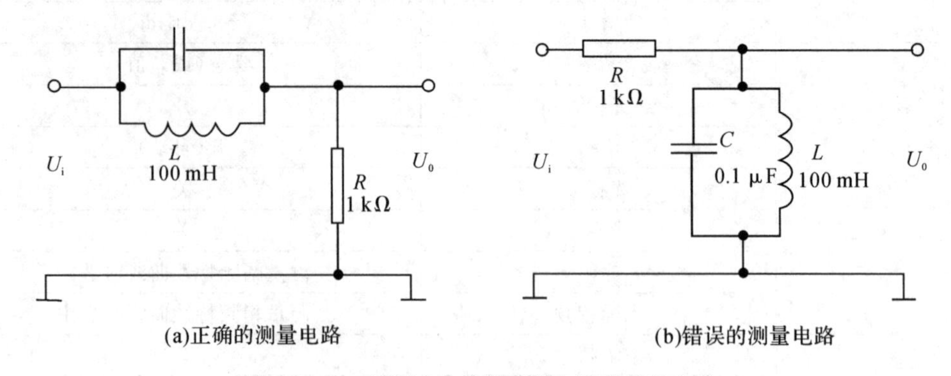

图 1-14-13　测量 LC 并联谐振电路的接线方法

LC 并联电路发生谐振时最大的特点是 LC 回路两端所呈现的阻抗最大、流过 LC 回路的电流最小,所以正确的方法应该是测量回路电流,在 LC 并联谐振电路的输出端对地串入一只电阻 R,测量回路电流在 R 两端的电压降,连接方法如图 1-14-13(a)所示. 而不能像图

1-14-13(b)所示电路那样串联在 LC 并联谐振电路的输入端去直接测量 LC 并联回路的电压,否则测试仪的输入电阻和输入电容会严重影响谐振回路的 Q 值,导致测量不准.

并联谐振电路与串联谐振电路的计算方法一样,谐振频率 f_0 也等于 $\frac{1}{2\pi\sqrt{LC}}$,电路的品质因素 Q 也等于 $\frac{1}{R_0}\sqrt{\frac{L}{C}}$. 如果也取 $C=0.1\ \mu F$, $L=100\ mH$, f_0 同样等于 1.592 kHz.

测量图 1-14-13(a)所示电路时的测试仪设置与表 1-14-8 相同. 特性曲线显示窗如图 1-14-14所示. 判读结果见表 1-14-10.

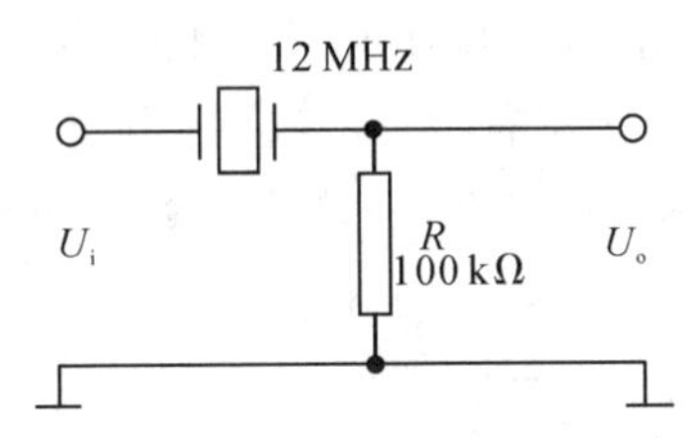

图 1-14-14　并联谐振电路的回路电流幅频特性和回路电流相频特性曲线显示窗

表 1-14-10　LC 串联谐振电路的判读结果

幅频特性	谐振频率 f_0	1.54 kHz	相频特性	最小相位	−53
	下边频 f_{CL}	1.47 kHz		最大相位	68.0
	上边频 f_{CH}	1.62 kHz		相位超前区间	$>f_0$
	通频带宽	0.15 kHz		相位滞后区间	$<f_0$
	f_0 点电路增益	−22.1 dB		f_0 点相位特性	连续、递增

(8)晶体振荡器频率特性的测试.

晶体振荡器是一种比较特殊的元件,其等效电路如图 1-14-15 所示. 其中 C_0 为晶体的等效静电电容,其范围为几 pF 到几十 pF;R 为晶体的损耗电阻,其值约为 100 Ω;C 为晶体的弹性等效电容,其值约为 0.01 pF～0.1 pF;L 为晶体的机械震动惯性等效电感,其值约为 1 mH～10 mH.

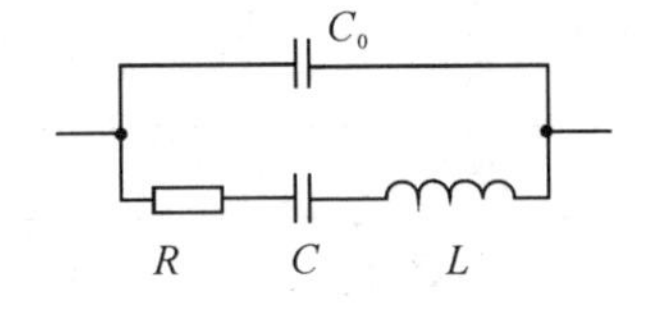

图 1-14-15　石英晶体的等效电路

由石英晶体等效电路的频率特性可知,石英晶体具有两个谐振频率,即并联谐振频率和串联谐振频率.

其中 LCR 支路谐振时,电路的谐振频率称为串联谐振频率,用 f_S 表示,其表达式为:

$$f_S = \frac{1}{2\pi\sqrt{LC}} \tag{1-14-8}$$

当 $f=f_S$ 时,等效电路的电抗最小,为电阻性,其值 X 为:

$$X\big|_{f=f_s}=R \tag{1-14-9}$$

LCR 支路与 C_0 发生谐振时，电路的谐振频率称为并联谐振频率，用 f_P 表示，其表达式为：

$$f_P\approx\frac{1}{2\pi\sqrt{L\dfrac{CC_0}{C+C_0}}}=f_s\sqrt{1+\frac{C}{C_0}} \tag{1-14-10}$$

通常 $C_0\gg C$，故 f_S 和 f_P 非常接近且串联谐振频率低于并联谐振频率. 一般市售晶体上标出的频率值为 f_S.

测量晶体频率特性的电路如图 1-14-16 所示. 因为频率特性测试仪的信号输入阻抗即使被设置为“高阻”，也只有 500 kΩ 左右，所以在实际测量时也可以将取样电阻 R 省略掉，把测试仪的输入阻抗直接等效为取样电阻. 基本上不影响频率特性的测量.

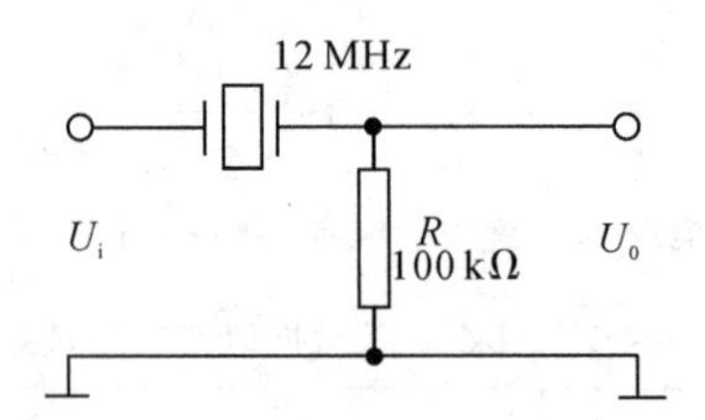

图 1-14-16　测量晶体频率特性的电路

取 12 MHz 二脚晶体，测试时仪器的设置如表 1-14-11 所示.

表 1-14-11　测试 12 MHz 晶体时测试仪参数的设置

功能选择	菜单名称	参数设置
频率	频率	线性
	始点	11.975 MHz
	终点	12.040 MHz
增益	输出	−20 dB
	输入	0 dB
	基准	040
	增益	5.0 dB/div
显示	幅频	开
	相频	开
系统	声音	开
	输入阻抗	高阻
	扫描时间	2 倍

特性曲线显示窗如图 1-14-17 所示. 图中光标 1 所在的位置为晶体串联谐振幅度峰点，光标 2 所在的位置为晶体并联谐振相位峰点. 由图可知，两个谐振频率之差仅 2.34 kHz. 同时可以看到，当频率小于串联谐振频率和大于并联谐振频率时，电路输出信号的电压相位都是超前的，即晶体呈电感性，频率在串并联谐振频率之间时，输出信号的电压相位是滞后的，

即晶体呈电容性.

显示窗的数据判读结果见表 1-14-12.

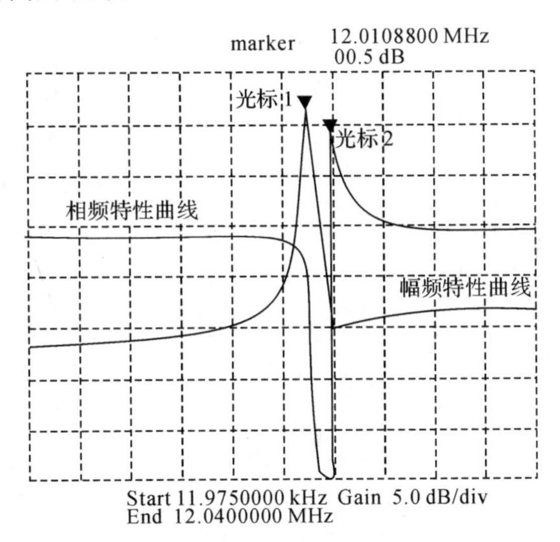

图 1-14-17　12 MHz 晶体频率特性曲线显示窗

表 1-14-12　LC 串联谐振电路的判读结果

幅频特性	串联谐振频率 f_S	12.01088 MHz	相频特性	f_S 点相位	−24°(曲线存在误差)
	f_S 点增益	−9.9 dB		低频端相位	+35.4°
	低频端增益	−32.5 dB		f_P 点相位	±∞
	串联谐振频率 f_P	12.01322 MHz		高频端相位	+37.2°
	f_P 点增益	−36 dB		相位超前区间	$f<f_S$，$f>f_P$
	高频端增益	−33.5 dB		相位滞后区间	$f_S<f<f_P$

第二篇　通信原理实验

实验一　CPLD 可编程信号源实验(验证性实验)

一、实验目的

1. 熟悉各种时钟信号的特点及波形
2. 熟悉各种数字信号的特点及波形
3. 熟悉各种模拟信号的产生方法及其用途
4. 观察分析各种模拟信号波形的特点

二、实验内容

1. 熟悉 CPLD 可编程信号发生器各测量点波形
2. 测量并分析各测量点波形及数据
3. 学习 CPLD 可编程器件的编程操作
4. 熟悉几种模拟信号的产生方法,了解信号的来源、变换过程和使用方法

三、实验器材

1. 信号源模块　一块
2. 连接线　若干
3. 双踪示波器　一台

四、CPLD 原理

(一) CPLD EPM240T100C5 芯片

1. 器件简介

该器件是基于 0.18－μm,以 2210 逻辑元件(LEs) (128 到 2210 等效宏单元)和非挥发性 8 kbits 的存储. 最大 II 器件提供高 I/O 数量,快速的性能,可靠的装修相对于其他 CPLD 架构. 芯片外形如图 2-1-1 所示.

配备 MultiVolt 核心,用户闪存(UFM)块,并加强系统可编程(ISP),MAXII 技术有效地降低成本和功耗,提供诸如总线桥接,I/O 的应用程序的可编程解决方案扩张,上电复位(POR),顺序控制和器件配置控制.

图 2-1-1　EPM240T100C5 芯片外形

2. 器件特点

该 MAXII 系列 CPLD 具有低成本，低功耗，即时启动，非易失性存贮器待机电流低至 29 μA 提供快速传播延迟时间和 clock-to-output 提供四个通用时钟的时钟逻辑阵列块，可用(实验室)UFM 块高达 8 个，核心的 MultiVolt 适合外部电源电压为 3.3V/2.5 V 设备 or 1.8 V，MultiVolt I/O 接口支持 3.3 V、2.5 V、1.8 V 和1.5 V逻辑电平总线架构，包括可编程摆率、驱动强度、总线持有，可编程上拉电阻施密特触发器输入使能耐等本地总线规范.

(二)CPLD 可编程信号源方框图

如图 2-1-2 所示，CPLD 可编程信号源用来产生实验系统所需要的各种时钟信号、各种数字信号和各种模拟信号.

它由 CPLD 可编程器件 ALTERA 公司的 EPM240T100C5、下载接口电路和一块晶振组成. 晶振 JZ1 用来产生系统内的 32.768 MHz 主时钟. CPLD 可编程模块系统原理图如图 2-1-11(b)所示.

(三) CPLD 可编程数字信号

1. 时钟信号

将晶振产生的 32.768 MHz 时钟送入 CPLD 内计数器进行分频，生成实验所需的时钟信号. 通过拨码开关 S_4 和 S_5 来改变时钟频率. 有两组时钟输出，输出点为“CLK1”和“CLK2”，S_4 控制“CLK1”输出时钟的频率，S_5 控制“CLK2”输出时钟的频率.

2. 帧同步信号

信号源产生 8 kHz 帧同步信号，用作脉冲编码调制的帧同步输入，由“FS”输出.

3. 伪随机序列 PN

伪随机序列码也称 m 序列码，由图 2-1-3 产生一个 15 位的 m 序列信号源，其主要特点是以每个周期中，“1”码出现 2^{n-1} 次，“0”码出现 $2^{n-1}-1$ 次，即 0、1 出现概率几乎相等. “PN”端口输出，可根据需要生成不同频率的伪随机码，码型为 111100010011010，频率由 S_4 控制.

通常产生伪随机序列的电路为一反馈移存器. 它又可分为线性反馈移存器和非线性反馈移存器两类. 由线性反馈移存器产生出的周期最长的二进制数字序列称为最大长度线性反馈移存器序列. 以 15 位 m 序列为例，说明 m 序列产生原理. 在图 2-1-3 中示出一个 4 级反馈移存器. 若其初始状态为$(a_3, a_2, a_1, a_0)=(1,1,1,1)$，则在移位一次时和模 2 相加产生新

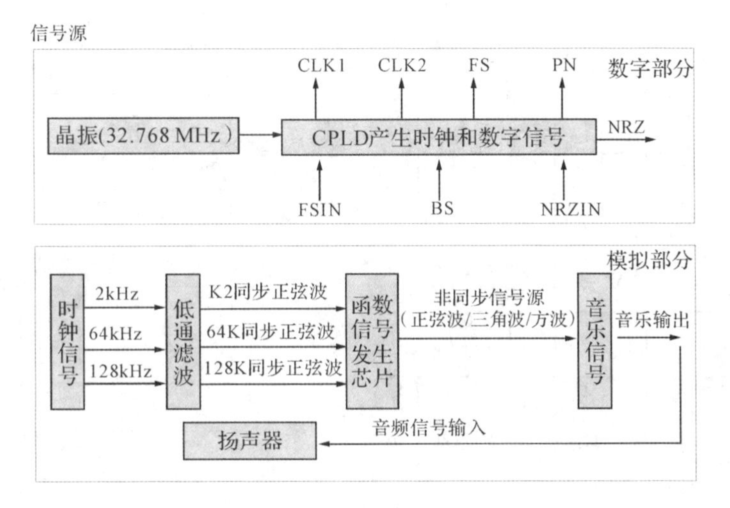

图 2-1-2　CPLD 可编程信号源方框图

的输入 $a_4 \oplus 1=0$，新的状态变为$(a_4,a_3,a_2,a_1)=(0,1,1,1)$，这样移位 15 次后又回到初始状态(1,1,1,1). 不难看出，若初始状态为全“0”，即“0,0,0,0”，则移位后得到的仍然为全“0”状态. 这就意味着在这种反馈寄存器中应避免出现全“0”状态，不然移位寄存器的状态将不会改变. 因为 4 级移存器共有 $2^4=16$ 种可能的不同状态. 除全“0”状态外，剩下 15 种状态可用，即由任何 4 级反馈移存器产生的序列的周期最长为 15.

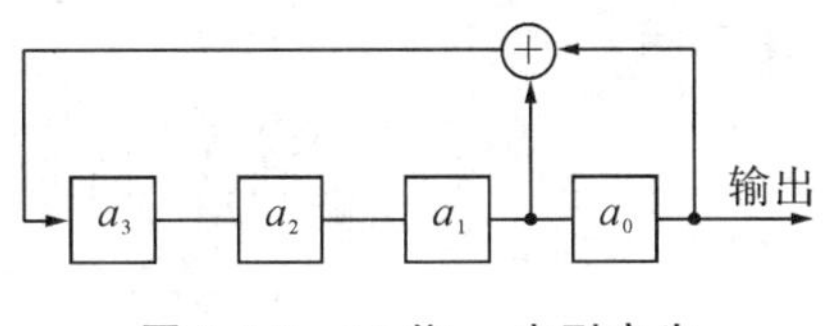

图 2-1-3　15 位 m 序列产生

4. 24 位 NRZ 码

码选信号产生电路：主要用于 8 选 1 电路的码选信号；NRZ 码复用电路：将三路 8 位串行信号送入 CPLD，进行固定速率时分复用，复用输出一路 24 位 NRZ 码，输出端口为“NRZ”，码速率由拨码开关 S_5 控制.

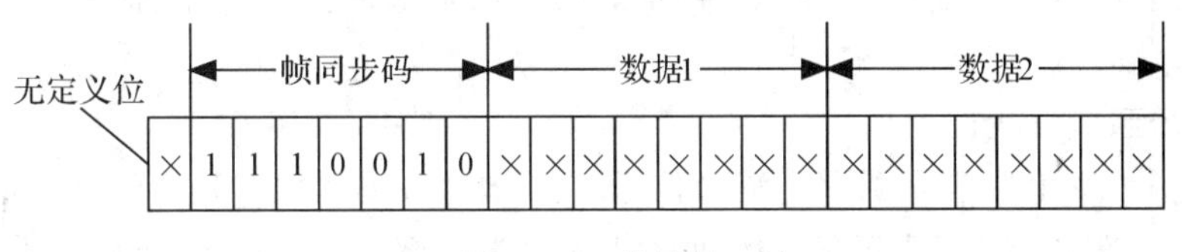

图 2-1-4　帧结构

本信号源采用三组 8 选 1 电路如图 2-1-11(a)所示，U12、U13、U15 的地址信号输入端 A、B、C 分别接 CPLD 输出的 74151_A、74151_B、74151_C 信号，它们的 8 个数据信号输入端 D0～D7 分别与 S_1、S_2、S_3 输出的 8 个并行信号相连. 由表 2-1-1 可以分析出 U12、U13、U15 输出信号都是以 8 位为周期的串行信号.

采用 8 路数据选择器 74LS151，其管脚定义如图 2-1-5 所示. 真值表如表 2-1-1 所示.

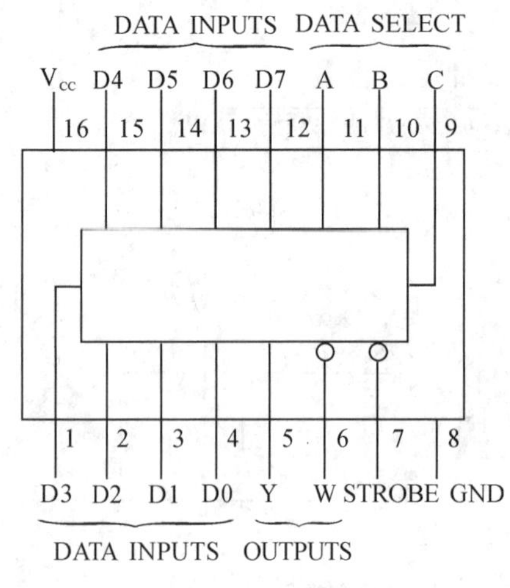

图 2-1-5 74LS151 管脚定义

表 2-1-1 74LS151 真值表

C	B	A	STR	Y
L	L	L	L	D0
L	L	H	L	D1
L	H	L	L	D2
L	H	H	L	D3
H	L	L	L	D4
H	L	H	L	D5
H	H	L	L	D6
H	H	H	L	D7
×	×	×	H	L

5. 终端接复用电路

将 NRZ 码(从"NRZIN"输入)、位同步时钟(从"BS"输入)和帧同步信号(从"FSIN"输入)送入 CPLD,进行解复用,将串行码转换为并行码,输出到终端光条(U6 和 U4)显示.

电路原理图如图 2-1-11(a)所示,图中,框 1 为 24 位 NRZ,框 2 为终端解复用和显示,图 2-1-11(b)框 3 为频率选择开关,框 4 为 CPLD 可编程控制器.

(四)CPLD 可编程模拟信号

模拟信号源电路用来产生实验所需的各种低频信号:同步正弦波信号、非同步信号和音乐信号.模拟信号源方框图如图 2-1-2 所示.

1. 同步正弦波

模拟信号源电路用来产生实验所需的各种低频信号:同步正弦波信号方框图如图 2-1-6 所示,图中, 2 kHz 方波、64 kHz 方波以及 128 kHz 方波是由可编程器件 CPLD 内的逻辑电路产生,方波信号经过同相放大电路,然后经过二阶低通滤波器,得到正弦波信号.同步正弦波发生器的电路原理图如图 2-1-7 所示,电路图中,框 1、框 3、框 5 为同相放大器电路、框 2 为2 kHz二阶低通滤波器电路、框 4 为 64 kHz 二阶低通滤波器电路、框 6 为 128 kHz 二阶低通滤波器电路.

2. 非同步函数发生器

非同步函数发生器信号源利用混合信号 SoC 型 8 位单片机 C8051F330,采用 DDS 技术产生.通过波形选择器 S_6 选择输出波形,对应发光二极管亮.它可产生频率为 180 Hz～18 kHz的正弦波、180 Hz～10 kHz 的三角波和 250 Hz～250 kHz 的方波信号.按键 S_7、S_8 分别可对各波形频率进行增减调整.

非同步函数发生器电路如图 2-1-8 所示,图中第一路方波信号由 U5 3 脚输出,方波信号是通过 U11B 运算放大器放大输出供 CD4051 13 脚.第二路正弦波信号也是 U5 3 脚输出,正弦波信号是通过 U10B 运算放大器放大、U10A 二阶低通滤波器输出供 CD4051 14 脚.第三路三角波也是 U5 3 脚输出,三角波信号是通过 U9B 滤波、U9A 运算放大器放大输出供 CD4051 1 脚.

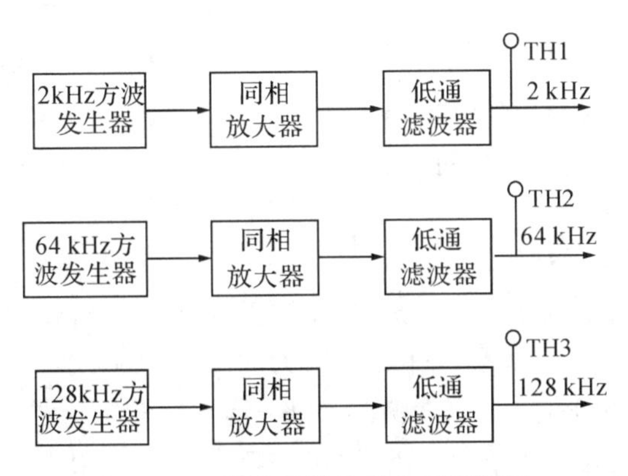

图 2-1-6　同步正弦波产生原理框图

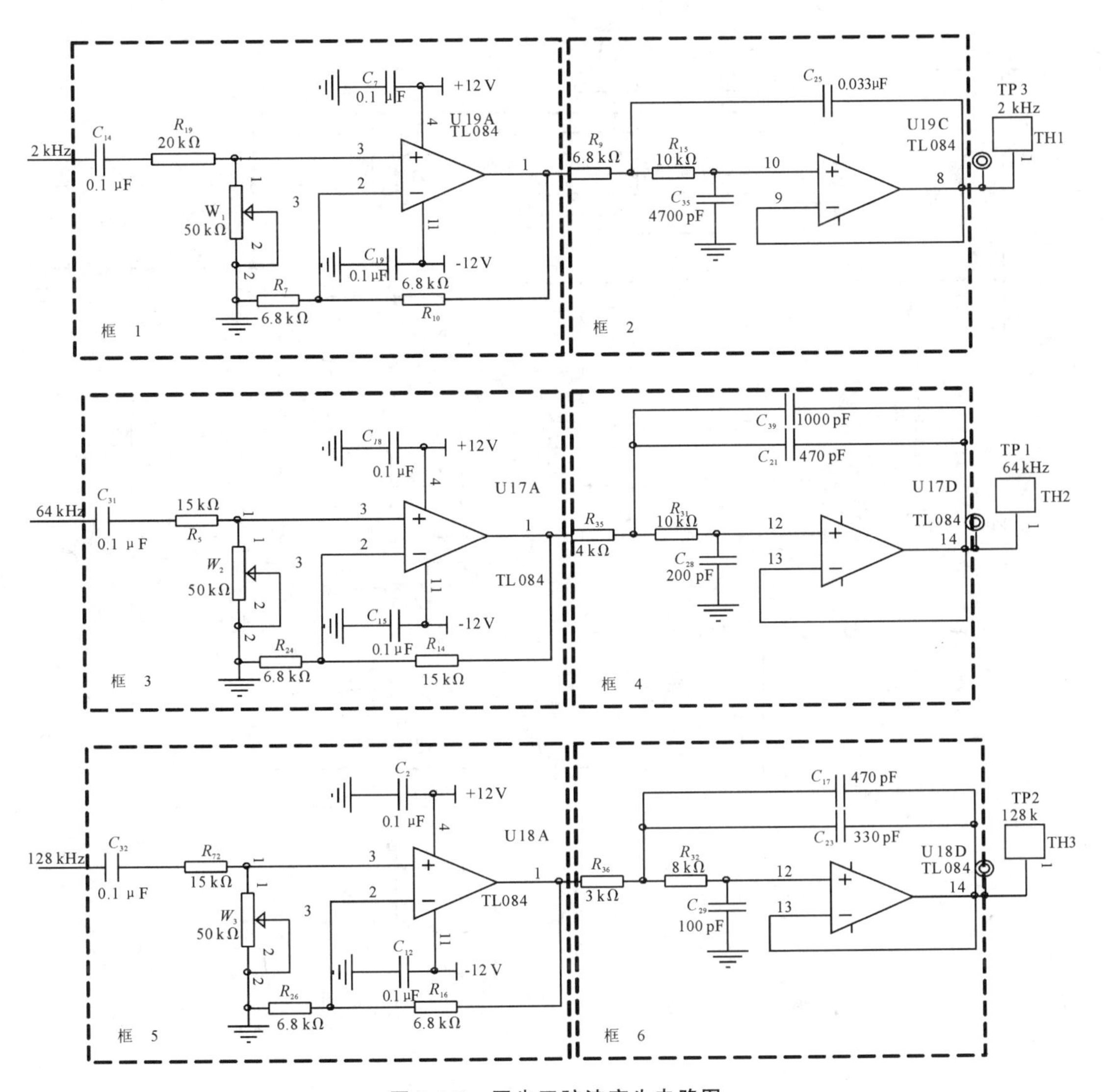

图 2-1-7　同步正弦波产生电路图

最后由单片机控制 CD4051 的单 8 通道数字控制模拟电子开关选择三路波形，控制方式有三个二进控制输入端 A、B、C 和 INH 输入，它 A11 脚、B10 脚是受单片机 U5 17 脚、18 脚控制选择三路波形. 非同步信号输出幅度为 0～4V，通过调节 W4 改变输出信号幅度. 可利用它定性地观察通信话路的频率特性，同时用作增量调制、脉冲编码调制实验的模拟输入信号.

3. 音乐信号以及扬声器终端

音乐信号以及扬声器终端如图 2-1-9、图 2-1-10 所示，音乐信号由音乐片厚膜集成电路产生. 该片的 1 脚为电源端，2 脚为控制端，3 脚为输出端，4 脚为公共地端. V_{CC} 经 R_{34}、D_4 向 U21 的 1 脚提供 3.3 V 电源电压，当 2 脚通过 K_1 输入控制电压 +3.3 V 时，音乐片即有音乐信号从第 3 脚输出，经低通滤波器输出，输出端口为“音乐输出”.

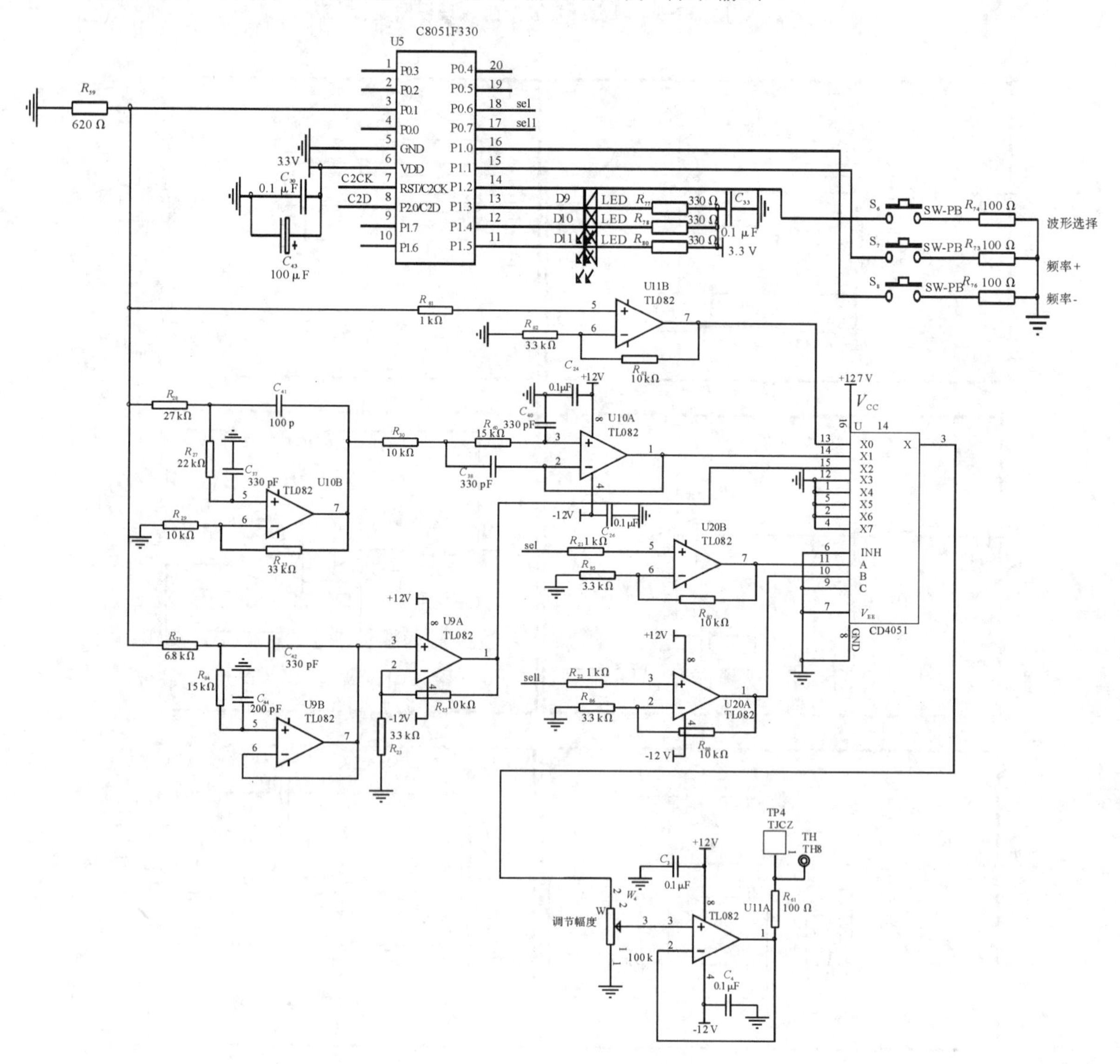

图 2-1-8　非同步函数发生器原理图

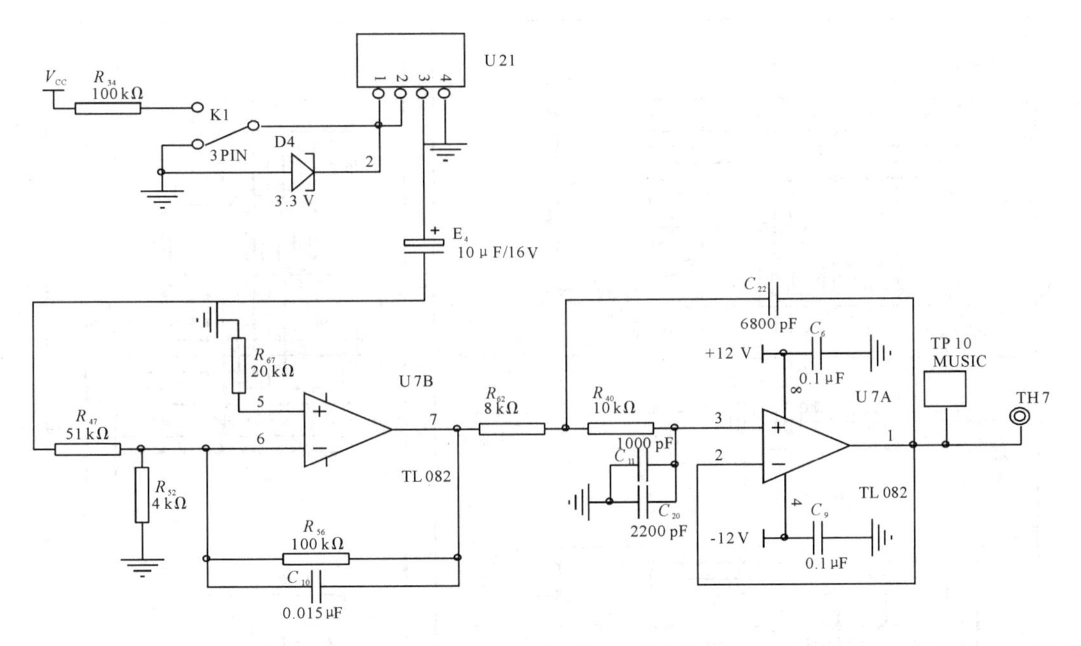

图 2-1-9　音乐信号产生电路图

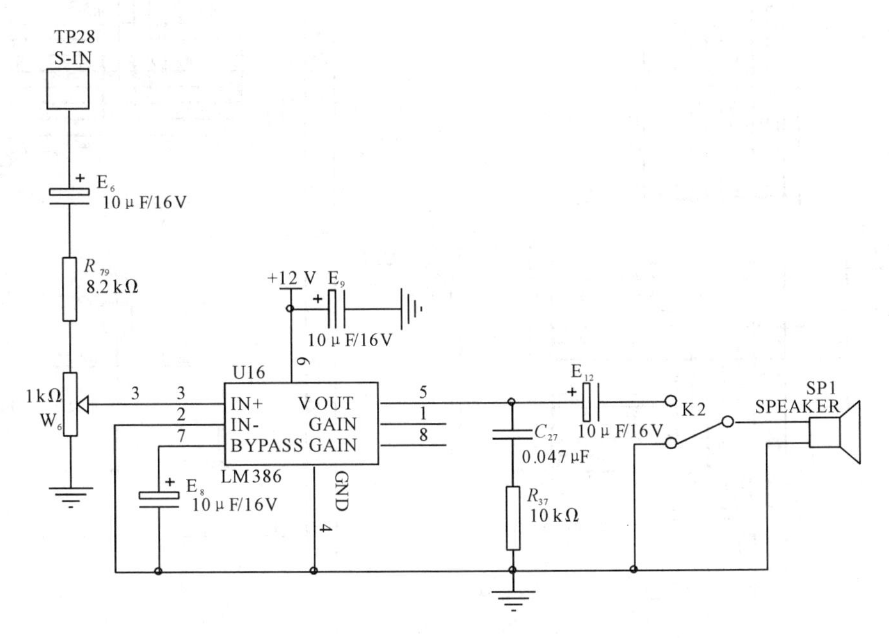

图 2-1-10　扬声器电路图

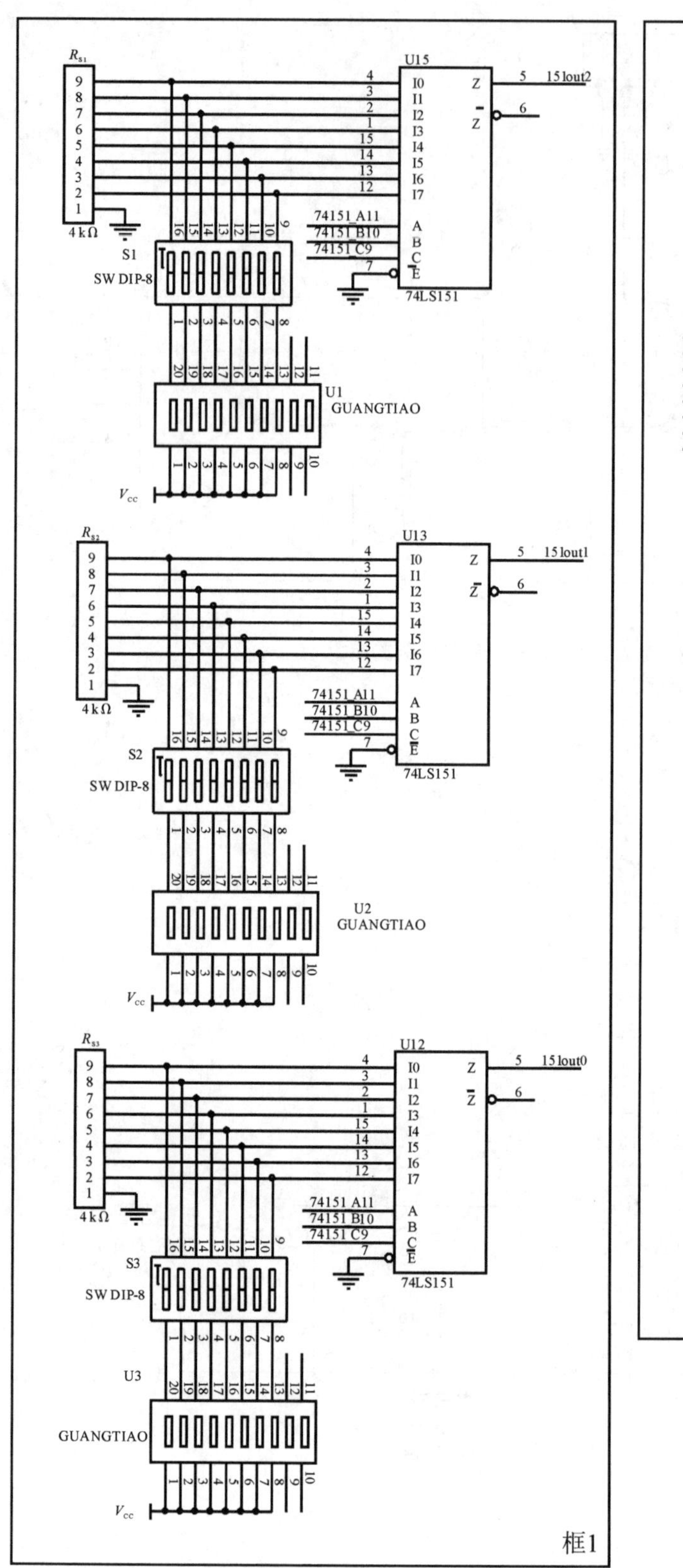

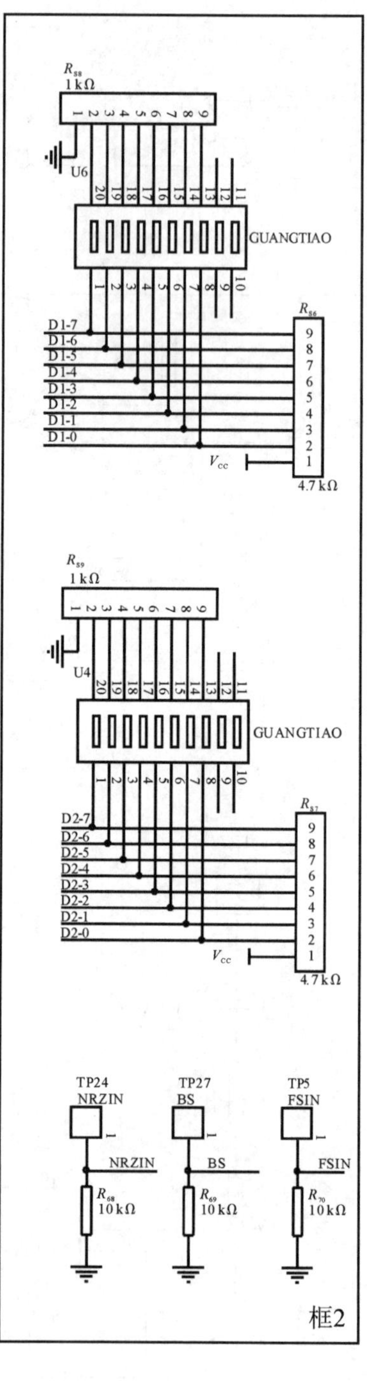

图 2-1-11(a)　三组八选一电路及终端显示光条电路

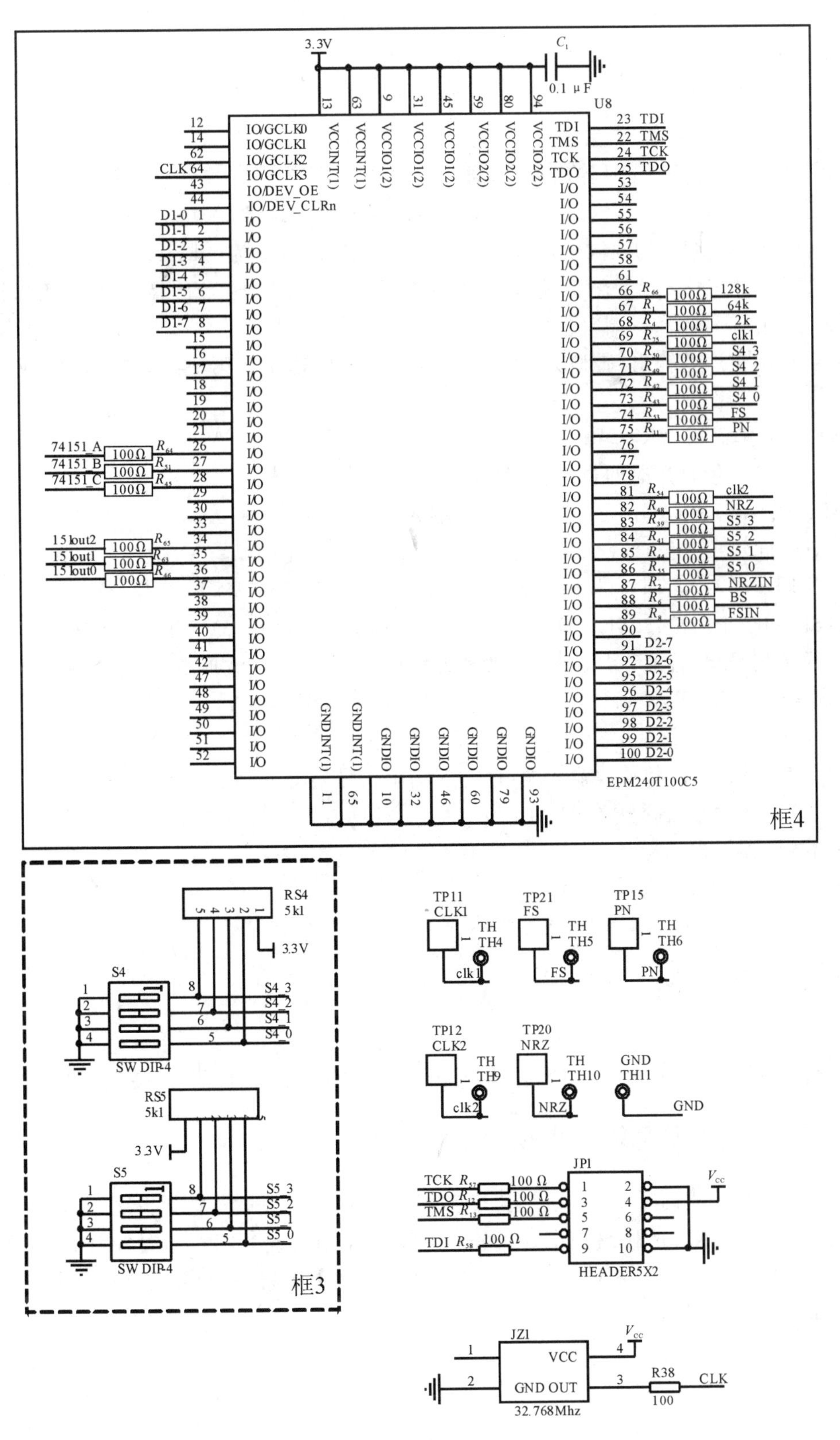

图 2-1-11(b)　CPLD 可编程信号发生器系统原理图

五、测试点说明

CLK1:第一组时钟信号输出端口,通过拨码开关 S_4 选择频率.

CLK2:第二组时钟信号输出端口,通过拨码开关 S_5 选择频率.

FS:脉冲编码调制的帧同步信号输出端口.(窄脉冲,频率为 8 kHz)

NRZ: 24 位 NRZ 信号输出端口,码型由拨码开关 S_1、S_2、S_3 控制,码速率和第二组时钟速率相同,由 S_5 控制.

PN:伪随机序列输出,码型为 111100010011010,码速率和第一组时钟速率相同,由 S_4 控制.

NRZIN:解码后 NRZ 码输入.

BS:NRZ 码解复用时的位同步信号输入.

FSIN:NRZ 码解复用时的帧同步信号输入.

2 kHz 同步正弦波:2 kHz 的正弦波信号输出端口,幅度(0~5V)由 W_1 调节.

64K 同步正弦波:64K 的正弦波信号输出端口,幅度(0~5V)由 W_2 调节.

128K 同步正弦波:128K 的正弦波信号输出端口,幅度(0~5V)由 W_3 调节.

非同步信号源:普通正弦波、三角波和方波信号输出端口,波形由 S_6 选择,频率由 S_7、S_8 调节,幅度(0~4V)由 W_4 调节.

音乐输出:音乐片输出端口.

音频信号输入:音频功放输入端口(功放输出信号幅度由 W_6 调节).

K_1:音乐片信号选择开关.

K_2:扬声器输出选择开关.

W_6:调节扬声器音量.

六、实验步骤

在实验箱右侧面打开交流电源开关,打开信号源模块直流电源开关使信号源模块工作.

(一)观测时钟信号输出波形

信号源输出两组时钟信号,对应输出点为“CLK1”和“CLK2”,拨码开关 S_4 的作用是改变第一组时钟“CLK1”的输出频率,拨码开关 S_5 的作用是改变第二组时钟“CLK2”的输出频率.拨码开关拨上为 1,拨下为 0,示波器测量表 1-2 中拨码开关和时钟波形,并记录对应输出频率.

表 2-1-2 记录时钟频率

拨码开关 S_4/ S_5	时钟 CLK1/ CLK2	拨码开关 S_4/ S_5	时钟 CLK1/ CLK2
0000		1000	
0001		1001	
0010		1010	
0011		1011	
0100		1100	
0101		1101	
0110		1110	
0111		1111	

根据表 2-1-2 改变 S_4、S_5，用双踪示波器观测第一组时钟信号"CLK1" 第二组时钟信号"CLK2"输出波形. 画出(S_4＝0100、S_5＝1100 状态)时钟波形，波形及参数记在图 2-1-12 中.

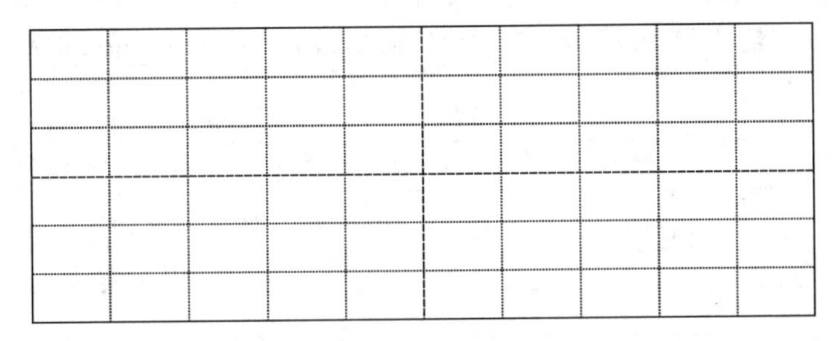

图 2-1-12 S_4＝0100、S_5＝1100 时钟信号波形

(二)观测帧同步信号输出波形

信号源提供脉冲编码调制的帧同步信号，在点"FS"输出，一般时钟设置为2.048 MHz、256 kHz，在后面的实验中有用到. 将拨码开关 S_4 分别设置为"0100""0111"或别的数字，用双踪示波器观测"FS"、时钟输出波形. 画出帧同步、时钟波形的参数，记录在图 2-1-13 中.

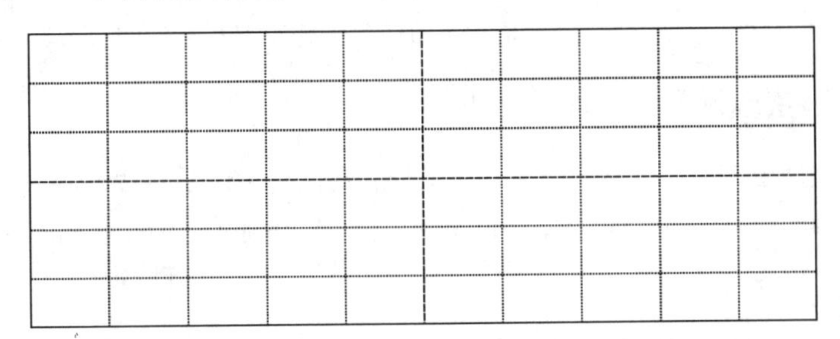

图 2-1-13 CH_1：帧同步、CH_2：时钟信号波形

(三)用示波器观测伪随机信号输出波形

伪随机信号码型为 111100010011010，码速率和第一组时钟速率相同，由 S_4 控制. 根据

表 2-1-2 变 S_4 拨码开关 1000 状态，用双踪示波器观测“CLK1”和“PN”的输出波形. 画出 15 个 CP 周期的伪随机信号码波形图，记录参数.

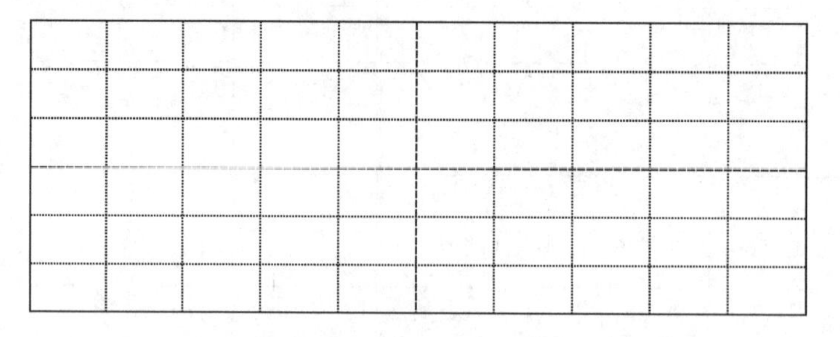

图 2-1-14 CH_1:CLK1、CH_2:PN 信号波形

(四)观测 NRZ 码输出波形

信号源提供 24 位 NRZ 码，码型由拨码开关 S_1，S_2，S_3 控制，码速率和第二组时钟速率相同，由 S_5 控制. 将拨码开关 S_1、S_2、S_3 设置为“01110010 11001100 10101010”，S_5 设为“1010”，用双踪示波器观测“CLK2”和“NRZ”输出波形. 画出 24 位 NRZ 码波形图，记录参数.

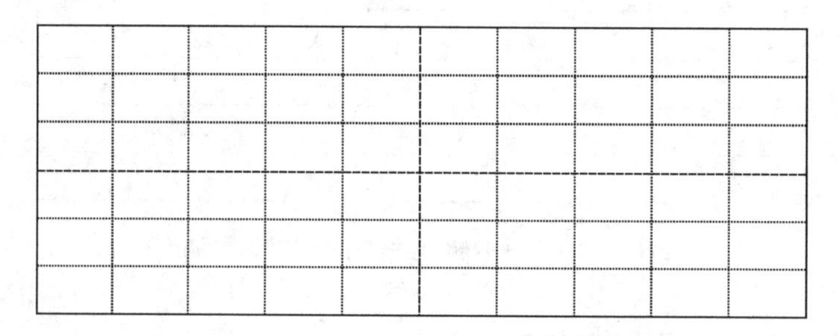

图 2-1-15 CH_1:CLK2、CH_2:NRZ 信号波形

(五)改变码速率设置

保持码型不变，改变码速率(改变 S_5 设置值)，用示波器观测“NRZ”输出波形. 保持码速率不变，改变码型(改变 S_1、S_2、S_3 设置值)，示波器观测“NRZ”输出波形.

(六)同步正弦波测量

用示波器测量“2K 同步正弦波”“64K 同步正弦波”“128K 同步正弦波”各点输出的正弦波波形，对应的电位器 W_1、W_2、W_3 可分别改变各正弦波的幅度. 记录正弦波的幅度范围.

(七)非同步函数发生器信号测量

按键 S_6 选择为波形，改变 W_4，调节信号幅度，用示波器观察输出波形，保持信号幅度为 3 V.

1. 正弦波测量

按 S_6 键选择正弦波，按 S_7 键、S_8 键调节频率，然后测出频率范围，W_4 调节输出幅度.

2. 三角波测量

按 S_6 键选择三角波，按 S_7 键、S_8 键调节频率，然后测出频率范围，W_4 调节输出幅度.

3. 方波测量

按 S_6 键选择方波，按 S_7 键、S_8 键调节频率，然后测出频率范围，W_4 调节输出幅度.

(八)音乐输出信号测量

将控制开关 K_1 设为“ON”，令音乐片加上控制信号，产生音乐信号输出，用示波器在“音乐输出”端口观察音乐信号输出波形.

七、端口信号

数字部分输入端口 NRZIN：解码后 NRZ 码输出端口 BS：NRZ 码的位同步信号输入端口 FSIN：NRZ 码的帧同步信号输入端口 **模拟部分输出端口** 2K 同步正弦波：2K 的正弦波信号输出端口，幅度(0～5V)由 W_1 调节 64K 同步正弦波：64K 的正弦波信号输出端口，幅度(0～5V)由 W_2 调节 128K 同步正弦波：128K 的正弦波信号输出端口，幅度(0～5V)由 W_3 调节 非同步信号源：普通正弦波、三角波和方波信号输出端口，波形由 K_3 选择，频率(100 Hz～16 kHz)由 W_4 调节，幅度(0～4 V)由 W_5 调节 音乐输出：音乐片输出端口	**数字部分输出端口** CLK1：第一组时钟信号输出端口，通过拨码开关 S_4 选择频率，板上附有开关和频率的对应表 CLK2：第二组时钟信号输出端口，通过拨码开关 S_5 选择频率，板上附有开关和频率的对应表 FS：脉冲编码调制的帧同步信号输出端口，输出 8K 的窄脉冲 PN：伪随机序列输出端口，码型为 111100010011010，码速率和第一组时钟率相同，由 S_4 决定 NRZ：24 位 NRZ 信号输出端口，码型由拨码开关 S_1，S_2，S_3 决定，速度和第二组时速率相同，由 S_5 决定 **模拟部分输出端口** 音频信号输入：音频功放输入端口， 功放输出信号幅度由 W_6 调节 K_1：音乐片信号选择开关 K_2：扬声器输出选择开关 K_6：调节扬声音量

八、思考题

1. 已知下图伪随机序列输出 a_0 的码型为 111100010011010，写出 a_1、a_2、a_3 输出序列码型.

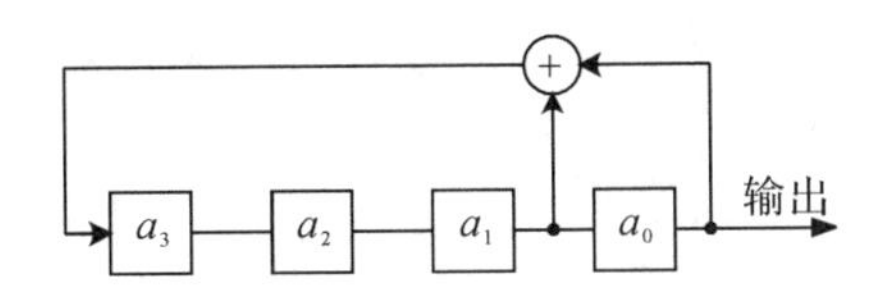

2.从本实验的图 1-8 中非同步函数发生器原理图中为什么加入八个运算放大器？为什么不直接从单片机 C8051F330 3 脚输出？

九、实验报告要求

1.分析各种时钟信号及数字信号产生的方法，叙述其功用.

2.画出各种时钟信号及数字信号的波形.

3.画出各测量点波形，并进行分析.

4.画出各模拟信号源的电路组成方框图，叙述其工作原理.

实验二　伪随机序列码发生器电路设计实验(设计性实验)

一、实验目的

1. 掌握7位伪随机序列码发生器的设计方法
2. 掌提高实践动手能力

二、设计内容

1. 3级伪随机序列码发生器电路设计
2. 电路布局与安装
3. 检测与调试

三、实验器材

1. 信号源	一台
2. 元器件	若干
3. 双踪示波器	一台
4. 万能实验板	一块

四、设计原理

通常，伪随机码的主要单元电路是 n 级移位寄存器，一般再加上异或门电路，即可循环产生伪随机码. 其实产生的伪随机码一般是有周期性的，每个循环周期的最长长度 m 与级数 n 有关，$m=2^{n-1}$，多余一个全“0”状态.

本实验电路采用了带有两个反馈抽头的3级移位寄存器. 其原理如图2-2-1所示. 若初始状态为111(即 $Q_2Q_1Q_0=111$)，Q_1 和 Q_0 模2加产生输入 $Q=Q_1\oplus Q_0=1\oplus1=0$，于是在CP时钟的作用下移位一次后，新状态变成 $Q_2Q_1Q_0=011$；以此类推，第二次移位后，$Q_2Q_1Q_0=001$；第三次移位后，$Q_2Q_1Q_0=100$；第四次移位后，$Q_2Q_1Q_0=010$；第五次移位后，$Q_2Q_1Q_0=101$.

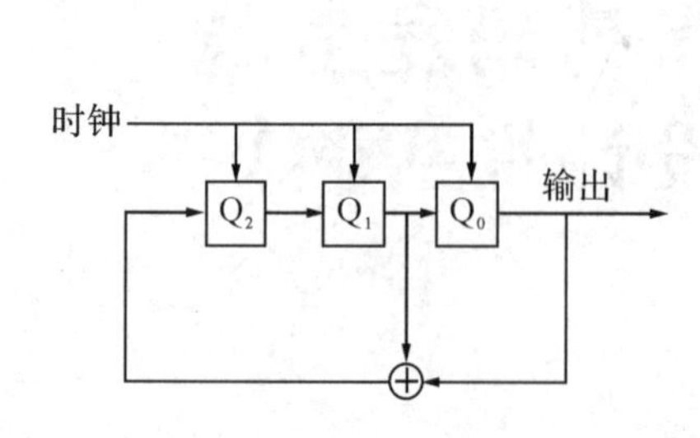

图 2-2-1　两个抽头的 3 级伪随机码序列发生器

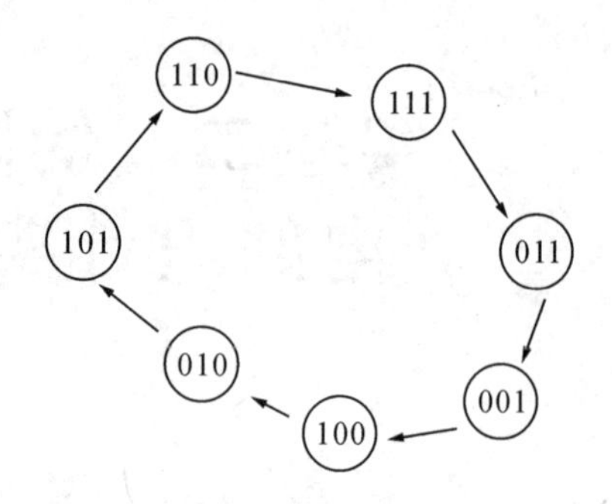

图 2-2-2　3 级伪码发生器的状态转移图

第六次移位后，$Q_2Q_1Q_0=110$；第二次移位后，$Q_2Q_1Q_0=111$. 又回到初始状态 111. 改状态转移情况可以直观地用“状态转移图”表示，见图 2-2-2. 也可以把各种移位后的状态用表格的形式表示.

五、电路设计

1. 设计伪随机码发生器电路. 要求符合图 2-2-1 所示的设计方案.

2. 图 2-2-1 中的 $Q_2Q_1Q_0$ 可以采用三级 D 触发器构成移位寄存器，再加上异或门构成反馈电路.

3. 加入全零状态检测并自动复位初始状态.

六、实验步骤

1. 根据伪随机码产生的原理，查阅有关资料设计伪码发生器的电路.

2. 查阅器件手册，掌握设计具体参数以及制作和调试电路时候的注意事项.

3. 根据电路图，在万能实验板上连线.

4. 连接完毕，检查连接是否正确，特别要检查电源的正负极性是否正确. 调节信号源的时钟，使之符合 TTL 电平的要求.

5. 然后打开电源开关，检查各测试点波形是否正确，建议在每个功能模块的输出设置测试点，逐级检查，直至最后产生正确的伪随机码.

七、元器件

74LS74 二片；74LS86 一片；7474LS10 一片，电阻电容若干.

八、记录设计测量结果

示波器双踪 CH_1 CH_2 同时观察 CLK 时钟和 Q_0 序列信号，再同时观察 Q_0 Q_1、Q_1 Q_2 序列信号，记录波形图. 如果观察不到序列信号，重点检查 CLK 时钟幅度是否符合 TTL 电平以及其他连线和各芯片供电. 验证 74LS10 作用，当 74LS10 输出时，观察序列信号是否会出现全零状态.

九、分析与思考

在实际中，还有什么方法可以避免伪随机码发生器出现全零状态？请给出具体的实现电路.

实验三　振幅键控(ASK)调制与解调实验(验证性实验)

一、实验目的

1. 掌握用键控法产生 ASK 信号的调制原理和实现电路
2. 掌握 ASK 非相干解调的原理和实现电路
3. 了解眼图与信噪比、码间干扰之间的关系及其实际意义
4. 掌握眼图观测的方法并记录研究

二、实验内容

1. 观察 ASK 调制信号波形
2. 观察 ASK 解调信号波形
3. 分析判决参考电平的影响
4. 观测眼图并记录分析

三、实验器材

1. 信号源模块	一块
2. 3 号模块	一块
3. 4 号模块	一块
4. 7 号模块	一块
5. 双踪示波器	一台
6. 连接线	若干

四、实验原理

所谓数字调制，就是把数字基带信号变换为数字带通信号(已调信号)的过程. 通过开关键控制载波的方法，称为键控法. 通常把包括调制和解调过程的数字传输系统称作数字带通传输系统.

(一)发送端

1. 调制原理

在这里,我们采用的是通—断键控法,2ASK 调制的基带信号和载波信号分别从“ASK-NRZ”和“ASK 载波”输入,调制的框图如图 2-3-1 所示.

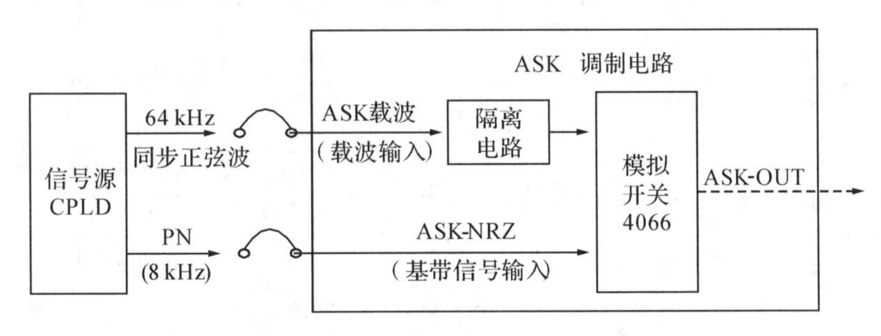

图 2-3-1　ASK 调制原理框图

2. 调制器电路

图 2-3-1 所示的调制方案可以采用图 3-2 所示的电路来实现. 电路图中 SIN IN 对应框图中的 ASK-NRZ,CARRIER IN 对应框图中 ASK 载波. 虚线框 1 是隔离电路,采用运放构成电压跟随器,其电压放大倍数为 1,作用是增加电路驱动能力,隔离直流电压. 框 2 是模拟开关 CD4066,其控制端受到基带数字信号的控制,在本实验中伪随机 PN 码作为基带数字信号. 当基带数字信号为“1”时,开关导通,从 TH1 输入的载波信号经过跟随器后通过开关送到了输出端;基带数字信号为“0”时,开关断开,无载波信号送到输出端. 这样就实现了对数字信号的 ASK 调制. 调制信号从 TH3 输出.

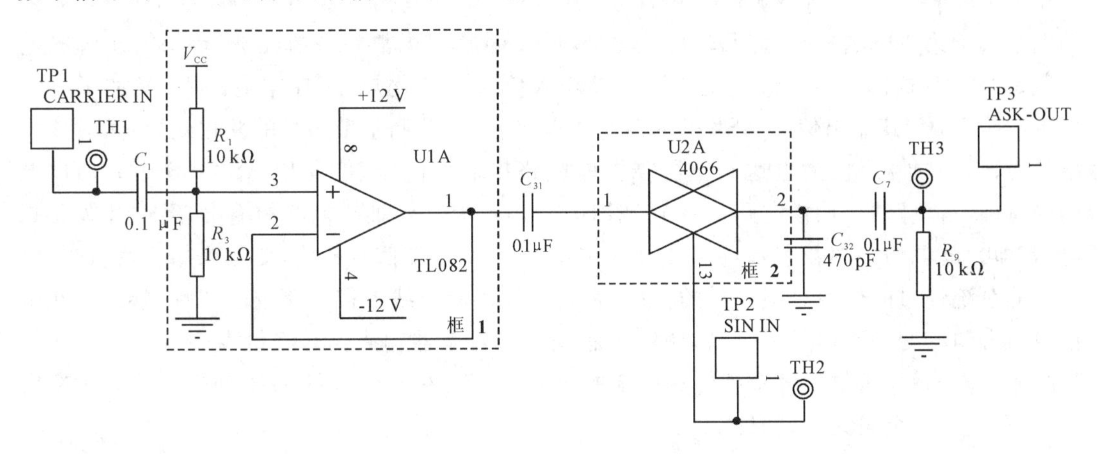

图 2-3-2　ASK 调制原理图

(二)接收端

1. 解调原理

ASK 解调原理采用的是包络检波法,实现原理框图如图 2-3-3 所示,通过半波整流和低通滤波器,滤除高频分量,得到判决前的基带信号,从该信号(ASK-DOUT)中提取位同步信号 BS,用于抽样判决的时钟. 包络检波法的优点是不需提取载波同步信号,实现简单，缺点是在信道和噪声同样的条件下可靠性较差，在实际应用中，取决于应用场合和需求.

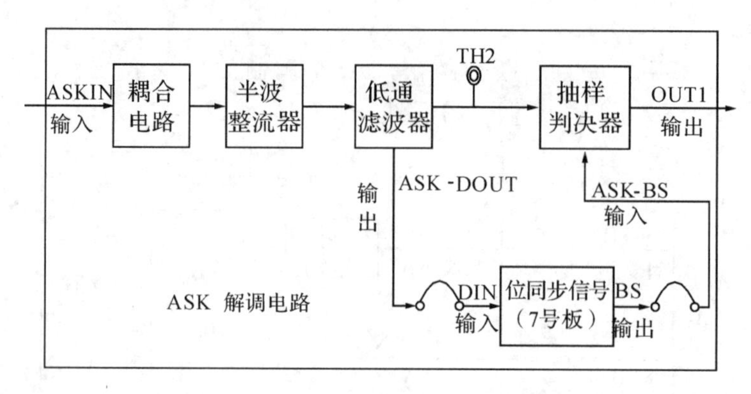

图 2-3-3 ASK 解调原理框图

2. 解调器电路

解调器的实现电路如图 2-3-4 所示. 电路图与框图对应如下：虚线框 1 是耦合电路. 框 2 是半波整流电路. 框 3 是低通滤波电路（可调电阻 W_3 调节滤波器截止频率），框 4 后面接了一个同相放大器，其输出信号经过隔直电容 C_{40} 隔直输入到下一级. 框 4 是抽样判决器，由电压判决、抽样电路构成（电路板上 W_1 调节判决电平，在 0～5 V 之间可调，正常工作时的判决电平应该是 2.5 V）.

对于框 4 来说，经过分压电阻 R_{38} 和 R_{39} 的分压，第一级比较器第 5 引脚的直流电平为 2.5 V，前一级解调输出的交流信号叠加在2.5 V的直流电平上，第一级比较器第 4 引脚的直流电平随 W_1 可调. 当第 5 脚的电平高于第 4 脚的电平时，其输出端为高电平；当第 5 脚的电平低于第 4 脚的电平时，其输出端为低电平. 因此在正常判决情况下，要求第 4 脚的电平也是2.5 V，这样输出信号能反映第 5 脚输入信号的变化规律. 在本电路中，又加了一级比较电路 U1C，其输出信号 ASK-DOUT（14 脚）反映了解调基带信号的变化规律，然后该输出信号输入到抽样电路，也送到位同步提取电路提取位同步，位同步 ASK-BS 作为抽样电路的时钟，本电路中，抽样电路是一个 74LS74 的 D 触发器. 抽样电路的输出，经过 2 级反相电路，即为解调输出的数字基带信号，与调制端的数字基带信号相比，变化规律一致. 这是因为我们系统经过的信道是很简单的，仅仅是几十厘米的导线连接了调制端和解调端，因此由信道引入的畸变和噪声几乎可以忽略. 但是由于 D 触发器输入信号经触发会有一个码元的延时才到输出端，再加上每个器件有一定的延时. 因此，在 OUT1 上观察到的信号与 PN 码相比，有大于一个码元的延时.

(三)眼图

一个实际的基带传输系统，尽管经过十分精心的设计，但要使其传输特性完全符合理想情况是困难的，甚至是不可能的. 因此，码间干扰也就不可能完全避免. 码间干扰问题与发送滤波器特性、信道特性、接收滤波器特性等因素有关，因而计算由于这些因素所引起的误码率就非常困难，尤其在信道特性不能完全确知的情况下，甚至得不到一种合适的定量分析方法. 在码间干扰和噪声同时存在的情况下，系统性能的定量分析，就是想得到一个近似的结

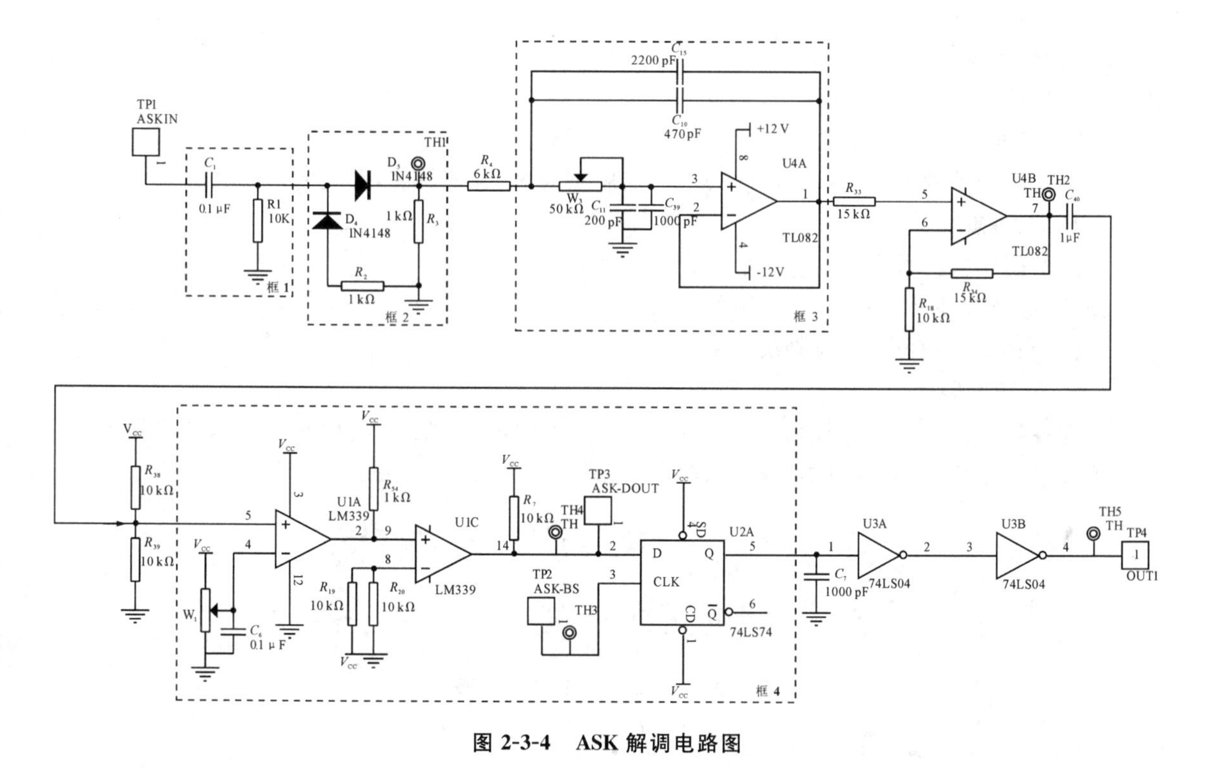

图 2-3-4　ASK 解调电路图

果都是非常繁杂的.

眼图是估计通信系统性能的一种有效方法.眼图的观察方法是:用一个示波器跨接在接收滤波器的输出端,然后调整示波器水平扫描周期,使其与接收码元的周期同步.在同步状态下,各个周期的随机信码波形重叠在一起所构成的动态波形图,在传输二进制信号波形时,其形状类似一个眼睛,故名眼图.这时就可以从示波器显示的眼图上,观察出码间干扰和噪声的影响,从而估计出系统性能的优劣程度.眼图是用于观察是否存在码间干扰和噪声的最简单直观的方法.

实际上眼图就是随机信号在反复扫描的过程中叠加在一起的综合反应.眼图的垂直张开度表示系统的抗噪声能力,水平张开度反映过门限失真量的大小.眼图的张开度受噪声和码间干扰的影响,当输出端信噪比很大时眼图的张开度主要受码间干扰的影响,因此观察眼图的张开度就可以估算出码间干扰的大小.

为了说明眼图和系统性能之间的关系,我们把眼图简化为一个模型,如图 2-3-5 所示.

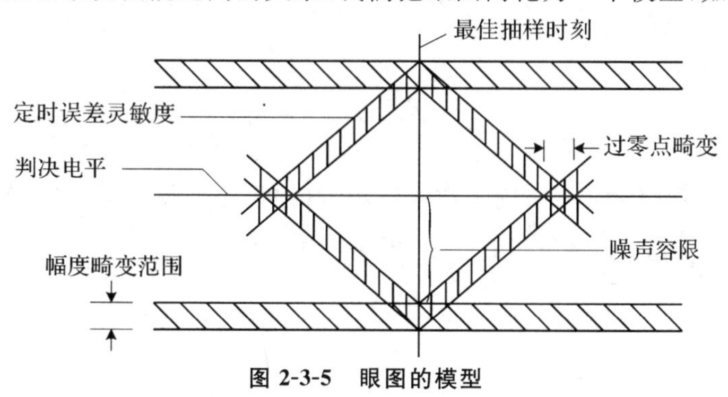

图 2-3-5　眼图的模型

1. 最佳抽样

最佳抽样时刻应是“眼睛”张开最大的时刻.

2. 定时误差

对定时误差的灵敏度可由眼图的斜边之斜率决定,斜率越陡,对定时误差就越灵敏.

3. 眼图幅度

图的阴影区的垂直高度表示信号幅度畸变范围.

4. 判决门限电平

图中央的横轴位置对应判决门限电平.

5. 噪声容限

在抽样时刻上,上下两阴影区的间隔距离之半为噪声容限(或称噪声边际),即若噪声瞬时值超过这个容限,则就可能发生错误判决.眼图观测的波形如图 2-3-6 所示.

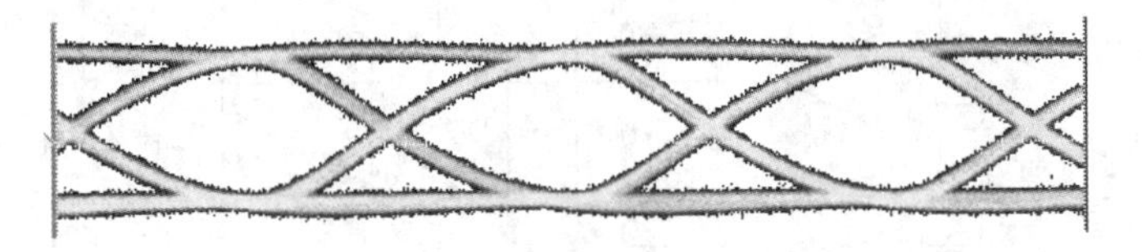

图 2-3-6　实际观察到的眼图示例

四、测试点说明

ASK-NRZ：ASK 基带信号输入点.

ASK 载波：ASK 载波信号输入点.

ASKIN：ASK 调制信号输入点.

ASK-BS：ASK 解调位同步时钟输入点.

ASK-OUT：ASK 调制信号输出点.

TH2：ASK 信号经低通滤波器后的信号观测点.

ASK-DOUT：ASK 解调信号经电压比较器后的信号输出点(未经同步判决).

OUT1：ASK 解调信号输出点.

调制解调模块信号流程如图 2-3-7 所示.

五、实验步骤

将信号源模块和模块 3、4、7 固定在主机箱上,拧紧黑色塑封螺钉,确保电源接触良好.

(一)ASK 调制实验

1. 连线操作

按照表 2-3-1 进行实验连线.

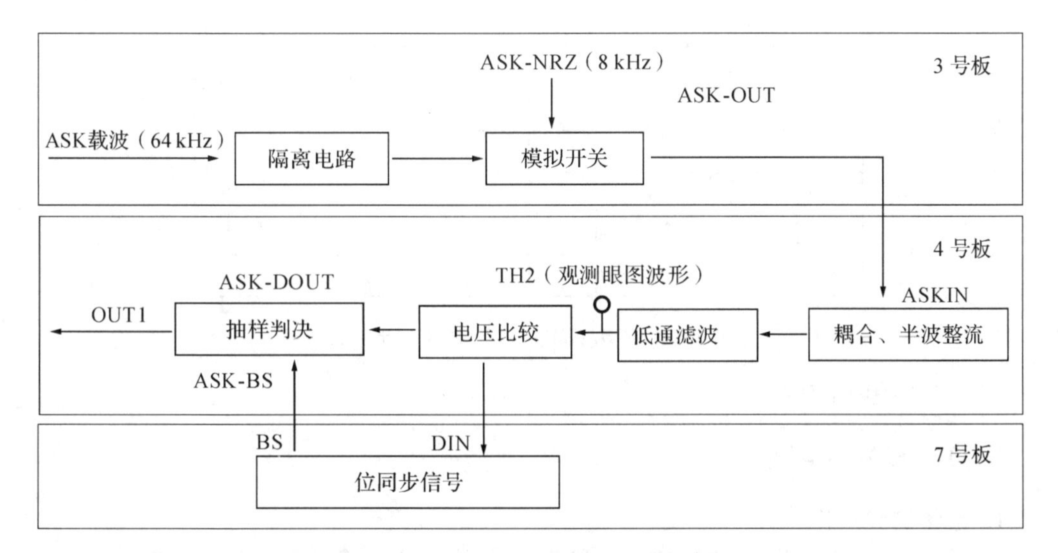

图 2-3-7　ASK 调制解调模块信号流程图

表 2-3-1　实验连线及说明

源端口	目的端口	连线说明
信号源:PN(8 kHz)	模块 3:ASK-NRZ	S_4 拨为 1100,PN 是 8K 伪随机序列
信号源:64 kHz 同步正弦波	模块 3:ASK 载波	提供 ASK 调制载波,幅度为 4V

检查连线是否正确,检查无误后打开电源.

2. 信号输入点测量

(1)ASK-NRZ：ASK 基带信号输入测量点.

(2)ASK 载波:ASK 载波信号输入测量点.

(3)双踪用示波器记录 ASK 基带、载波波形参数,画出波形图.

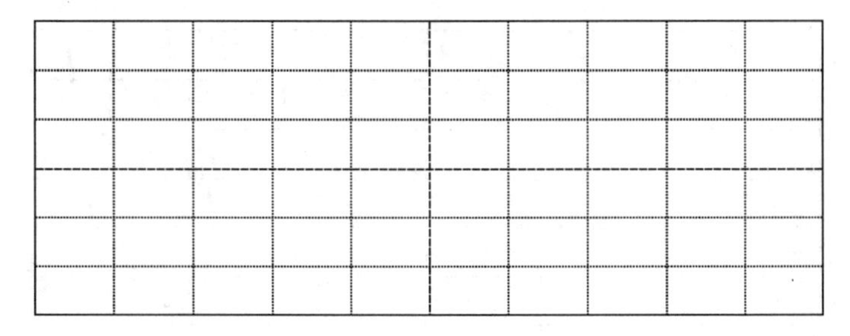

图 2-3-8　CH_1:基带、CH_2:载波波形

3. 调制测量

(1)ASK-OUT:ASK 调制信号输出测量点.

(2)双踪用示波器记录 ASK 基带、ASK-OUT 波形参数,画出波形图.

通过信号源模块上的拨码开关 S_4 控制产生 PN 码的频率,改变送入的基带信号,重复上述实验;也可以改变载波频率来实验.特别要观察 PN 码的码速率接近、等于甚至大于载波频率时的调制波形,请思考这种情况下的调制是否还有意义.

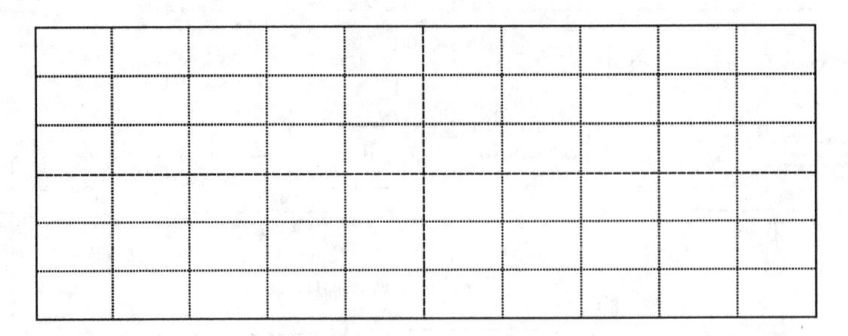

图 2-3-9　CH_1:基带、CH_2:调制输出波形

实验结束关闭电源.

(二)ASK 解调实验

1. 继续连线操作

按照表 2-3-2 进行实验连线,检查连线是否正确,检查无误后再次打开电源.

表 2-3-2　实验连线及说明

源端口	目的端口	连线说明
模块 3:ASK-OUT	模块 4:ASK IN	ASK 解调输入
模块 4:ASK-DOUT	模块 7:DIN	锁相环法位同步提取信号输入
模块 7:BS	模块 4:ASK-BS	提取的位同步信号

2. ASK 解调滤波器输出测量

调节电位器 W_3 使 TH_2 测试量点的波形调到最好,把握 W_3 调节. 双踪用示波器记录 ASK-NRZ 基带、TH_2 滤波器后波形参数,画出波形图.

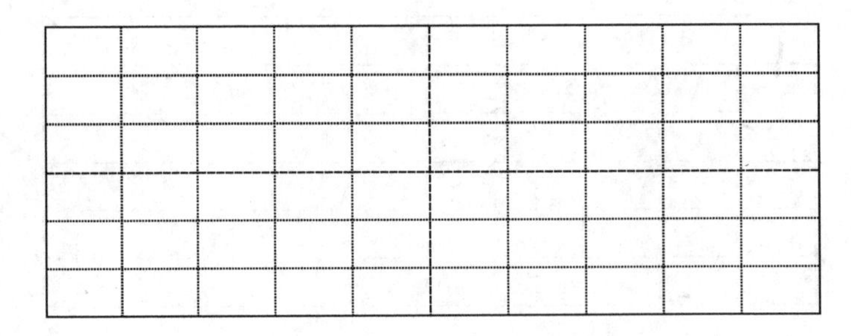

图 2-3-10　CH_1:ASK-NRZ、CH_2:TH2 波形

3. ASK 解调判决电压比较输出测量

调节的电位器 W_1 判决电压为 2.5 V,调节如果不当将直接导致 ASK-DOUT 波形不正常,或者调节 W_1 置位中. 双踪用示波器记录 TH_2、ASK-DOUT 波形参数,画出波形图.

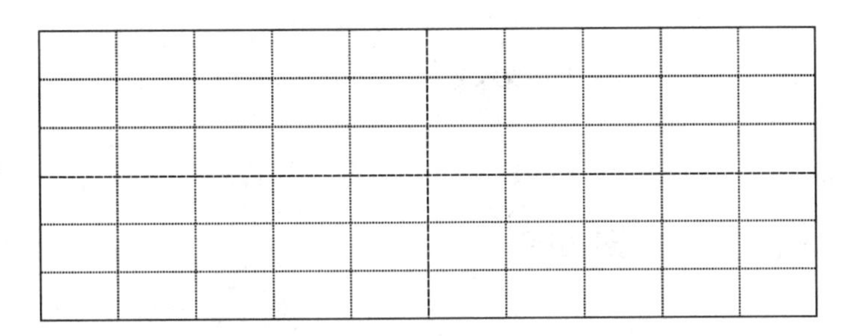

图 2-3-11　CH_1:TH_2、CH_2:ASK-DOUT 波形

4. ASK 解调同步判决输出 OUT1 测量

将模块 7 上的拨码开关 S_2 拨为"ASK-NRZ"频率的 16 倍，如："ASK-NRZ" 选8 kHz 时，S_2 选 128 kHz，即拨"1000". 检查"ASK-DOUT"测量 ASK-BS 位同步信号应该是128 kHz.

双踪用示波器记录 ASK-BS、OUT1 波形参数，画出波形图.

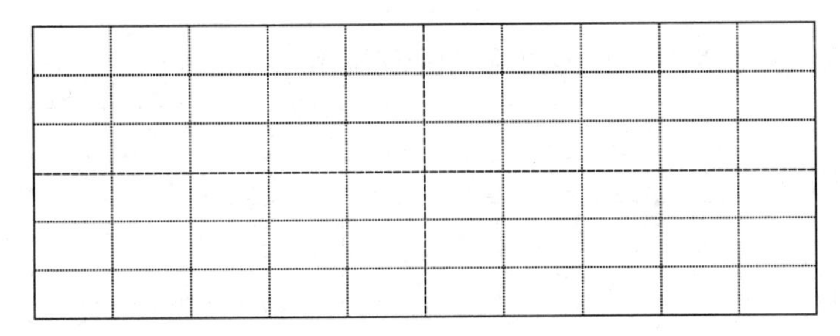

图 2-3-12　CH_1:ASK-BS、CH_2:OUT1 波形

5. ASK 基带信号输入与 ASK 解调输出 OUT1 比较测量

双踪用示波器记录 ASK 基带信号输入与 ASK 解调输出 OUT1 波形参数，画出波形图.

分析 OUT1 波形延时的量.

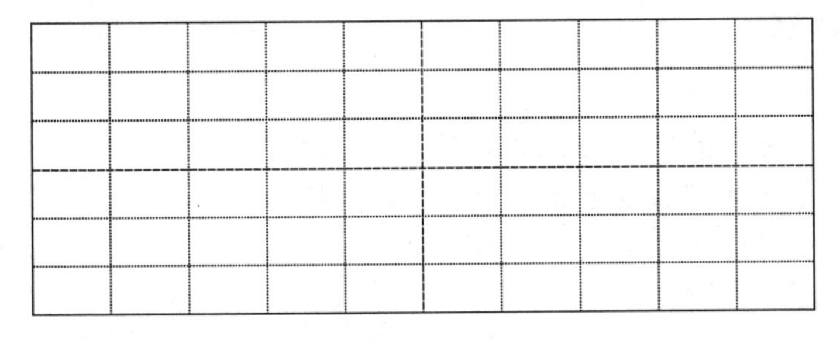

图 2-3-13　CH_1:ASK 基带信号、CH_2:ASK 解调输出 OUT1 波形

6. 改变判决电压和同步判决影响解调输出的测量

在解调实验的基础上，观察改变判决电压时 ASK-DOUT 处的波形，并分析现象以及原因. 判决电压在 W_1 的中间引脚.

(1)判决电压 1.5 V，ASKDOUT 波形，分析现象和原因.

(2)判决电压 2.5 V，ASKDOUT 波形，分析现象和原因.

(3)判决电压 3.5 V,ASKDOUT 波形,分析现象和原因.

(4)位同步信号 64 kHz,OUT1 波形,分析现象和原因.

(5)位同步信号 128 kHz,OUT1 波形,分析现象和原因.

(6)位同步信号 256 kHz,OUT1 波形,分析现象和原因.

(三)2ASK 调制解调观察眼图

1. 操作

保持上面的连线,观察眼图.以信号输入点"ASK-NRZ"的信号为内触发源,观察信号输出点"ASK-DOUT"处的波形,并调节电位器 W_1,确定在该点观察到稳定的 PN 序列.以信号源模块时钟"CLK_1"信号作为触发源,即 CLK_1 接在示波器的 EXT 端,然后按最右边的 MENU,触发源选择 EXT,然后用示波器的 CH_1 观察"TH_2"处的波形,即为眼图的观测点.调节电位器 W_3,改变滤波器截止频率,调节示波器扫描时间和同步电平使眼图图形出现稳定.

2. 记录

记录眼图判决电压、噪声容限的参数,画出眼图图形.

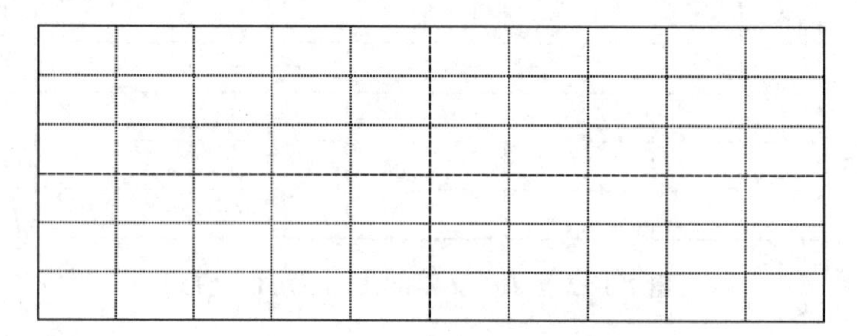

图 2-3-14　CH_1:TH_2 眼图图形

实验结束拆除连线,关闭模块电源开关和实验箱电源.

六、思考题

1. 请分析为什么本实验的 2ASK 解调可以不用相干载波.

2. 思考信噪比、码间干扰是如何在眼图中体现的.

3. PN 码的码率值接近、等于甚至大于载波频率值时,调制解调系统还能否正常工作?这样的调制是否还有意义?

4. 分析图 2-3-4 框中电路主要完成什么功能?

实验四　移频键控(FSK)调制与解调实验(验证性实验)

一、实验目的

1. 掌握用键控法产生 FSK 信号的调制原理和实现电路
2. 掌握 FSK 过零检测解调的原理和实现电路

二、实验内容

1. 测量 FSK 调制信号波形
2. 测量 FSK 解调信号波形
3. 测量 FSK 过零检测解调器各点波形
4. 测量眼图并记录分析

三、实验器材

1. 信号源模块	一块
2. 3 号模块	一块
3. 4 号模块	一块
4. 7 号模块	一块
5. 双踪示波器	一台
6. 连接线	若干

四、实验原理

(一)2FSK 系统原理

在 2FSK 中,载波的频率随二进制基带信号在 f_1 和 f_2 两个频率点间变化.故其表达式为

$$e_{2FSK}(t)=\begin{cases}A\cos(\omega_1 t+\varphi_n), & \text{发送“1”时}\\ A\cos(\omega_2 t+\varphi_n), & \text{发送“0”时}\end{cases} \tag{2-4-1}$$

(二)发送端

1. 2FSK 调制原理

FSK 信号是用载波频率的变化来表征被传信息的状态的,被调载波的频率随二进制序列 0、1 状态而变化,即载频为 f_0 时代表传 0,载频为 f_1 时代表传 1. 显然,2FSK 信号完全可以看成两个分别以 f_0 和 f_1 为载频、以 a_n 和$\overline{a_n}$为被传二进制序列的两种 2ASK 信号的合成. 2FSK 信号的典型时域波形如图 2-4-1 所示,其一般时域数学表达式为:

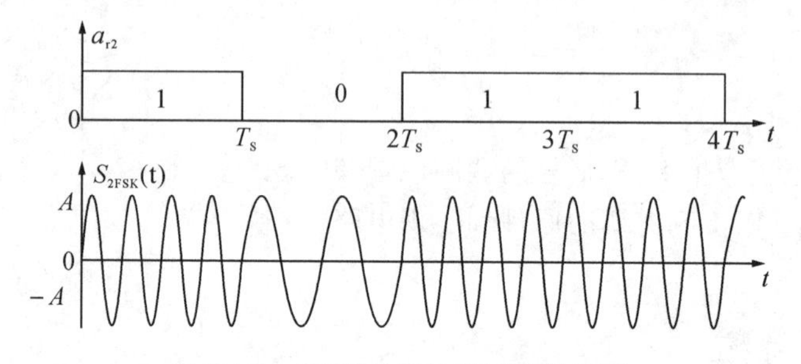

图 2-4-1　2FSK 信号的典型时域波形

$$S_{2FSK}(t) = \left[\sum_n a_n g(t - nT_s)\right]\cos\omega_0 t + \left[\sum_n \overline{a_n} g(t - nT_s)\right]\cos\omega_1 t \tag{2-4-2}$$

式中 $\omega_0 = 2\pi f_0$,$\omega_1 = 2\pi f_1$,$\overline{a_n}$是的 a_n 反码,即:

$$a_n = \begin{cases} 0 & \text{概率为 } P \\ 1 & \text{概率为 } 1-P \end{cases}$$

$$\overline{a_n} = \begin{cases} 1 & \text{概率为 } P \\ 0 & \text{概率为 } 1-P \end{cases}$$

因为 2FSK 属于频率调制,通常可定义其移频键控指数为:

$$h = | f_1 - f_0 | T_s = | f_1 - f_0 | / R_s \tag{2-4-3}$$

显然,h 与模拟调频信号的调频指数的性质是一样的,其大小对已调波带宽有很大影响. 2FSK 信号与 2ASK 信号的相似之处是含有载频离散谱分量,也就是说,二者均可以采用非相干方式进行解调. 可以看出,当 $h<1$ 时,2FSK 信号的功率谱与 2ASK 的极为相似,呈单峰状;当 $h \gg 1$ 时,2FSK 信号功率谱呈双峰状,此时的信号带宽近似为

$$B_{2FSK} = | f_1 - f_0 | + 2R_s \tag{2-4-4}$$

2FSK 信号的产生通常有两种方式:①频率选择法;②载波调频法. 由于频率选择法产生的 2FSK 信号为两个彼此独立的载波振荡器输出信号之和,在二进制码元状态转换(0→1 或1→0)时刻,2FSK 信号的相位通常是不连续的,这会不利于已调信号功率谱旁瓣分量的收敛. 载波调频法是在一个直接调频器中产生 2FSK 信号,这时的已调信号出自同一个振荡器,信号相位在载频变化时始终是连续的,这将有利于已调信号功率谱旁瓣分量的收敛,使信号功率更集中于信号带宽内. 在这里,我们采用的是频率选择法,其调制原理框图如图 2-4-2所示.

2. 调制器电路

调制器的实现电路如图 2-4-3 所示,CARRIER1 对应原理框图中的 FSK 载波 A,CARRIER2 对应 FSK 载波 B,SIN IN 对应 FSK-NRZ,FSK-OUT 对应原理框图中的 FSK-

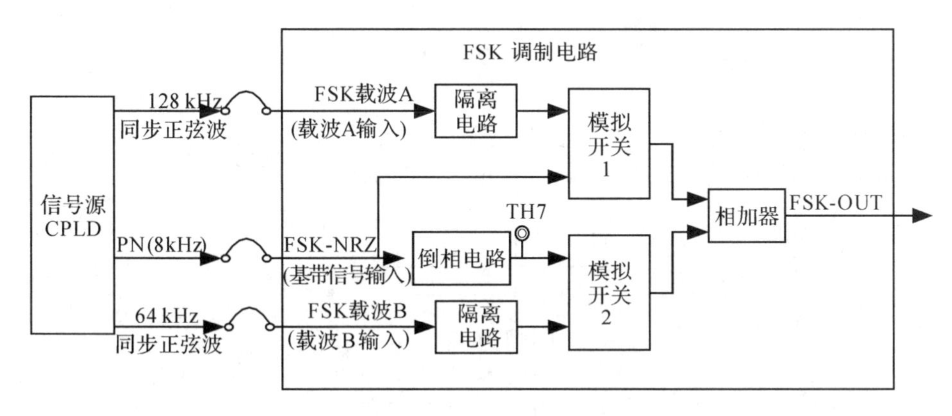

图 2-4-2　2FSK 调制原理框图

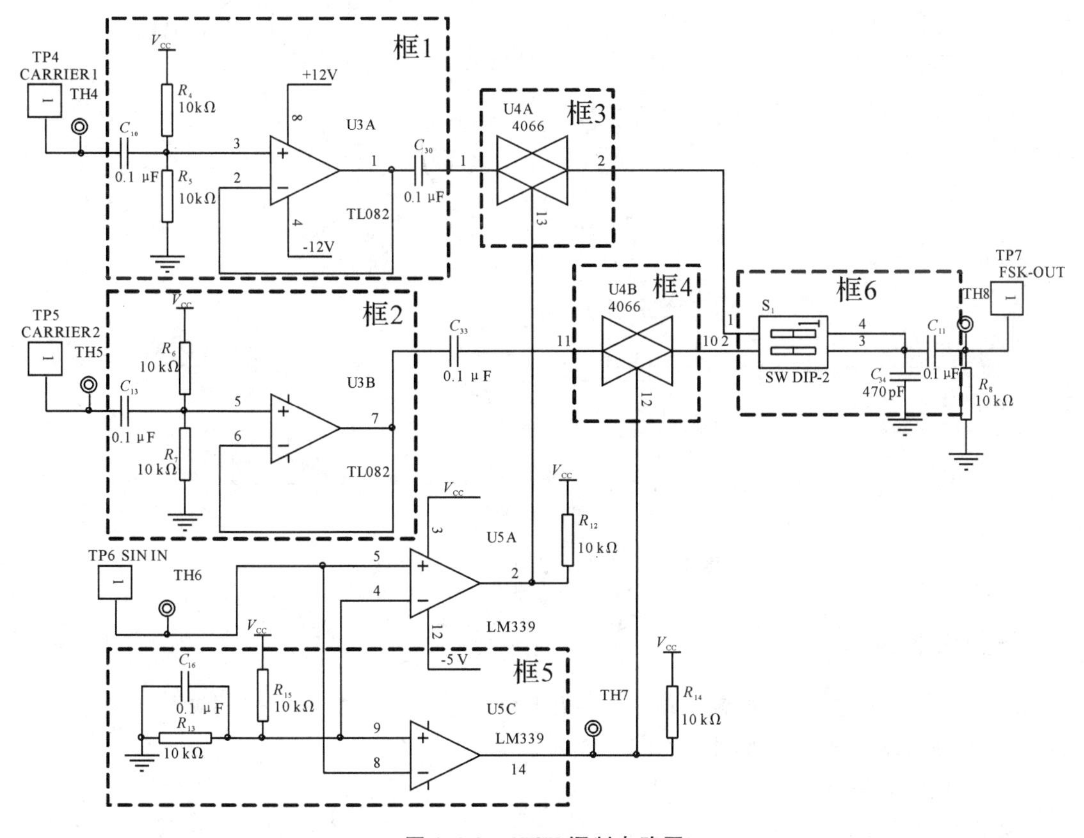

图 2-4-3　2FSK 调制电路图

OUT. 框 1 和框 2 为跟随器，框 3 和框 4 分别为模拟开关 1 和模拟开关 2，其控制端受到伪随机码及其反相码的控制，其中 U5A 及 R_{13}、R_{15}、C_{16} 和 R_{12} 构成的比较电路的输出与伪随机码一致，U5C 及 R_{13}、R_{15}、C_{16} 和 R_{14} 构成的比较电路的输出与伪随机码反相，因此模拟开关 1 和模拟开关 2 的通断是互补的，即开关 1 接通时，开关 2 就断开；反之，开关 1 断开时，开关 2 就打开，这样实现了分时控制载波 A 和载波 B. 框 6 为相加处理. 最后在 TH8 端输出 FSK 已调信号.

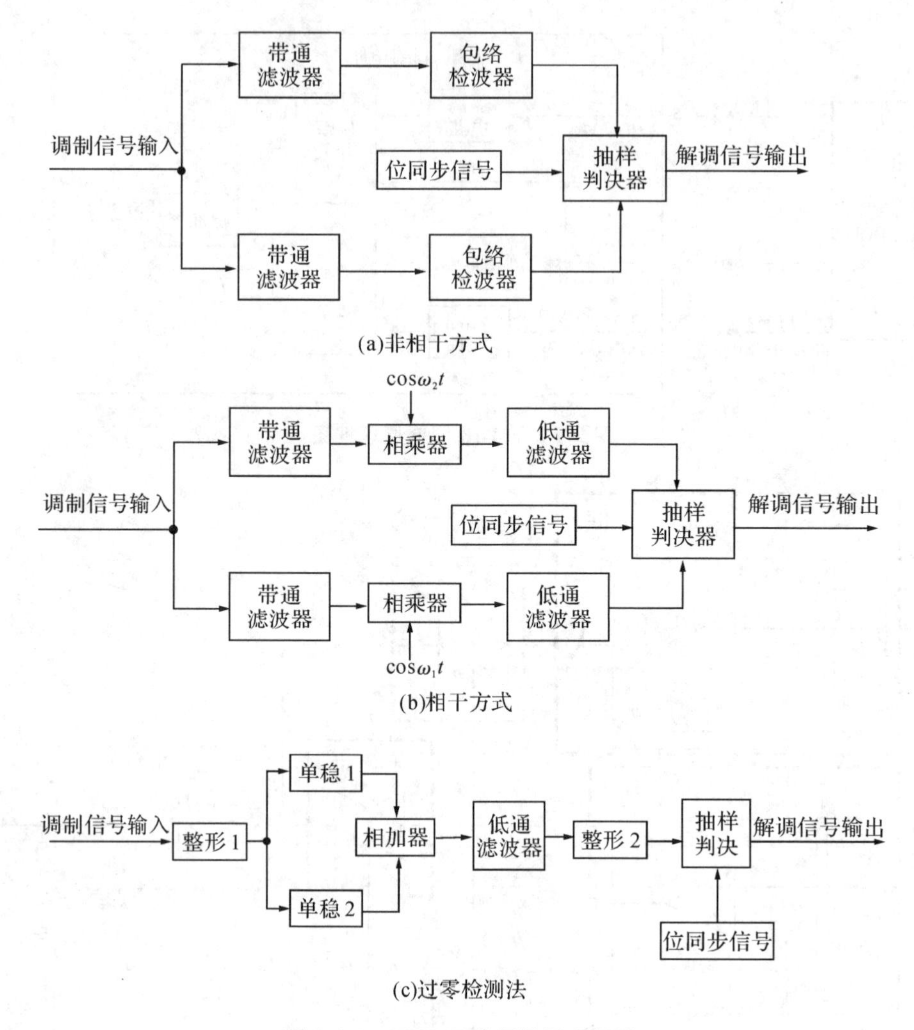

图 2-4-4　2FSK 三种解调原理框图

(三)接收端

FSK 有多种方法解调，如包络检波法、相干解调法、鉴频法、过零检测法及差分检波法等，相应的接收系统的框图如图 2-4-4 所示.

1. 2FSK 解调原理

这里采用过零检测法对 2FSK 调制信号进行解调. 2FSK 信号的过零点数随不同载频而异，故检出过零点数就可以得到关于频率的差异，这就是过零检测法的基本思想. 实验框图如图 2-4-5 所示，2FSK 已调信号先经过整形变为 TTL 电平，再分别送入单稳 1 和单稳 2. 单稳 1 和单稳 2 分别设置为上升沿触发和下降沿触发，它们与相加器一起对 TTL 电平的 FSK 信号进行微分、整流处理. 输出信号经过低通滤波后滤除了高频分量，再采用与 ASK 同样的方法进行抽样判决，从而恢复出原始数字基带信号. 其中抽样判决的时钟仍然可由位同步恢复电路提取出来.

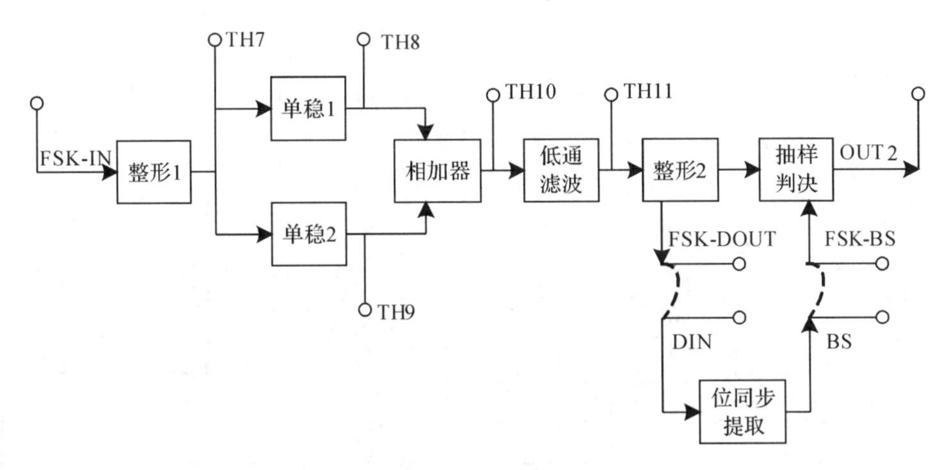

图 2-4-5 2FSK 解调原理框图

2. 解调器电路

解调器电路原理图如图 2-4-6 所示. 2FSK 调制信号从“FSKIN”输入. 框 1 为整形电路,作用是将 2FSK 已调信号变为 TTL 电平的矩形脉冲序列,U6A(LM339)的判决电压(反相端)设置在 2.5 V,另外其输入端(同相端)将输入信号叠加在 2.5 V 上可把输入信号进行硬限幅和整形处理. 框 2 为上升沿触发的单稳电路,框 3 为下降沿触发的单稳电路,其中电阻 R_{30}、R_{31}、C_{25} 和 C_{27} 的值决定了代表上升沿的脉冲宽度和下降沿的脉冲宽度. 框 2 和框 3 与框 4 的相加器 U7A(74LS32)一起共同对 TTL 电平的 2FSK 信号进行微分、整流处理,从而起到了过零点检测的作用. 框 5 的低通滤波器和同相放大器起到了滤除高频分量平滑波形的作用. 框 6 的整形电路与 ASK 解调中的判决比较电路同样原理,其判决电压为 2.5 V,请参照实验三中解调电路的框 4 中 U1A 和 U1C 部分的电路;抽样电路与 ASK 解调中的也一样,主要是一个 D 触发器,其时钟就是 2FSK 基带信号的位同步信号,由位同步提取电路提供.

五、测试点说明

FSK-NRZ:FSK 基带信号输入点.
FSK 载波 A:A 路载波输入点.
FSK 载波 B:B 路载波输入点.
FSK 解调模块.
FSK IN:FSK 调制信号输入点.
FSK-BS:FSK 解调位同步时钟输入点.
TH7:FSK-NRZ 经过反相后信号观测点.
FSK-OUT:FSK 调制信号输出点.
TH7:FSK 调制信号经整形 1(U6 LM339)后的波形观测点.
TH8:FSK 调制信号经单稳(U10A 74LS123)的信号观测点.
TH9:FSK 调制信号经单稳(U10B 74LS123)的信号观测点.

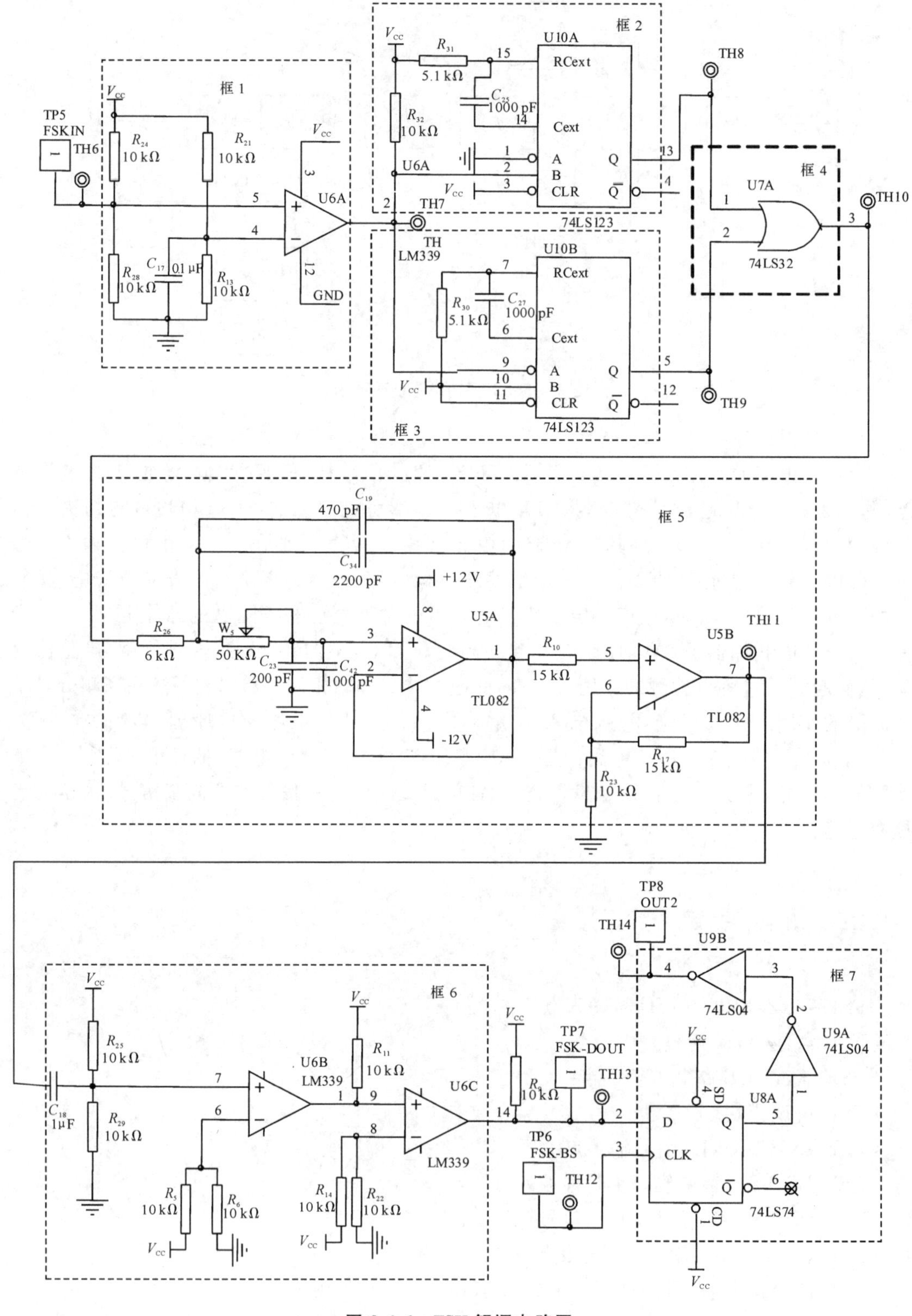

图 2-4-6　FSK 解调电路图

TH10:FSK 调制信号经两路单稳后相加信号观测点.

TH11:FSK 信号经低通滤波器后的输出信号.

FSK-DOUT:FSK 解调信号经电压比较器后的信号输出点(未经同步判决).

OUT2:FSK 解调信号输出点.

FSK 调制解调模块信号流程如图 2-4-7 所示.

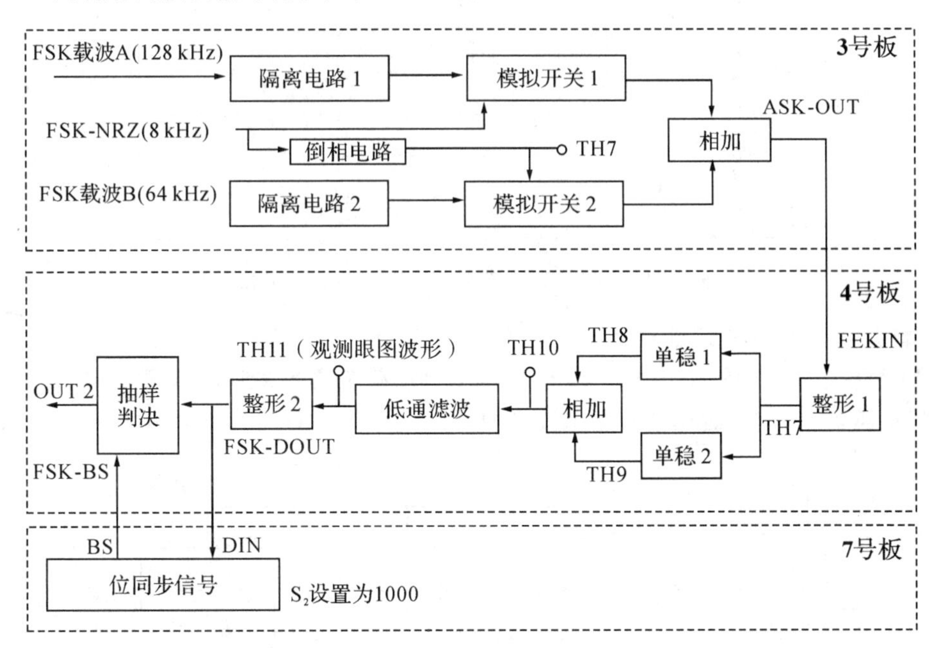

图 2-4-7 FSK 调制解调模块信号流程图

六、实验步骤

将信号源模块和模块 3、4、7 固定在主机箱上,将黑色塑封螺钉拧紧,确保电源接触良好.

(一)FSK 调制实验

1. 连线操作

按照下表 2-4-1 进行实验连线.检查连线是否正确,检查无误后打开电源.

表 2-4-1 实验连线及说明

源端口	目的端口	连线说明
信号源:PN(8 kHz)	模块 3:FSK-NRZ	S_4 拨为“1100”,PN 是 8 kHz 伪随机码
信号源:128 kHz 同步正弦波	模块 3:载波 A	提供 FSK 调制 A 路载波,幅度为 4 V
信号源:64 kHz 同步正弦波	模块 3:载波 B	提供 FSK 调制 B 路载波,幅度为 3 V

2. FSK 调制测量

将模块 3 上拨码开关 S_1 都拨上为“11”. 以信号输入点“FSK-NRZ”的信号为内触发源，用双踪示波器同时观察点“FSK-NRZ”和点“FSK-OUT”输出的波形，记录波形参数画出波形图.

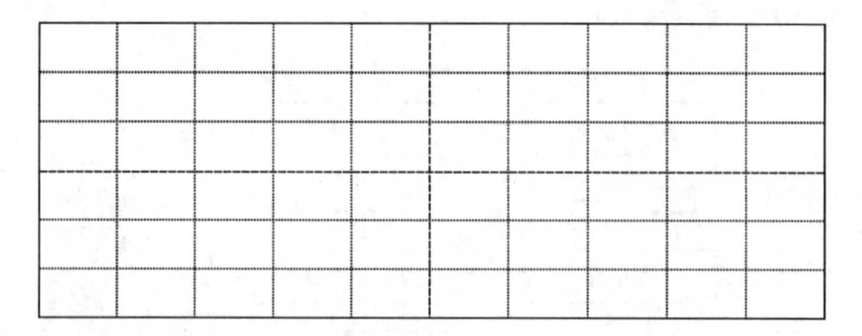

图 2-4-8　CH_1:FSK-NRZ 基带信号、CH_2:FSK-OUT 输出波形

3. 载波 A 单独调制测量

单独将 S_1 拨为“10”，在“FSK-OUT”处观测单独载波调制波形，用双踪示波器同时观察 FSK-NRZ、载波 A，记录波形参数画出波形图.

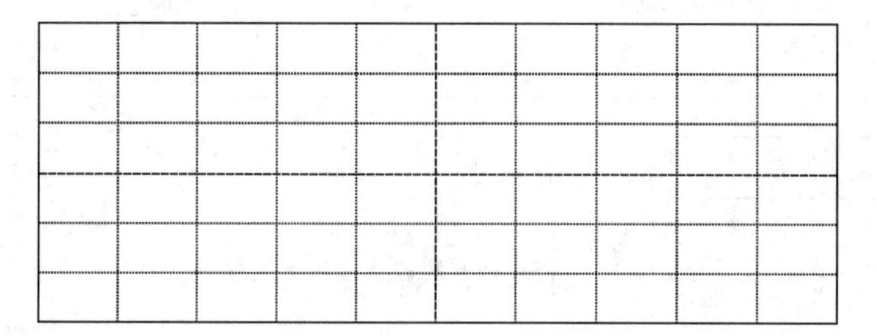

图 2-4-9　CH_1:FSK-NRZ 基带信号、CH_2:载波 A 调制输出波形

4. 载波 B 单独调制测量

单独将 S_1 拨为“01”，在“FSK-OUT”处观测单独载波调制波形，用双踪示波器同时观察 FSK-NRZ、载波 B，记录波形参数画出波形图.

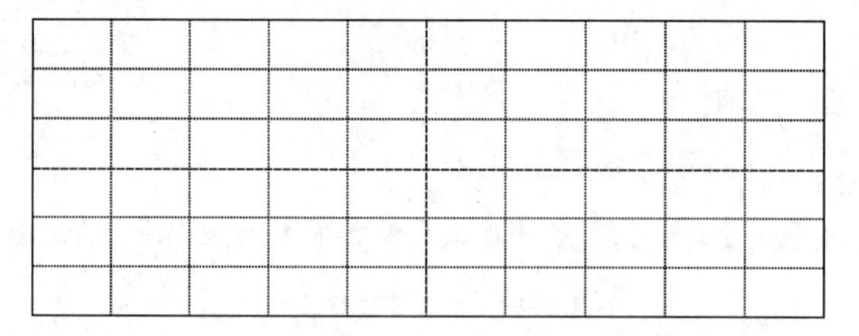

图 2-4-10　CH_1:FSK-NRZ 基带信号、CH_2:载波 B 调制输出波形

5. 提高 PN 码速率

通过信号源模块上的拨码开关 S_4 改变 PN 码速率为 16 kHz 后送出，重复上述实验. 记录波形参数画出波形图(定性描述一下即可).

实验结束 PN 码速率还原为 8 kHz，关闭电源.

(二)FSK 解调实验

1. 接着上面继续连线操作

按照表 2-4-2 进行实验连线.检查连线是否正确,检查无误后打开电源.

表 2-4-2 实验连线及说明

源端口	目的端口	连线说明
模块 3:FSK-OUT	模块 4:FSKIN	FSK 解调输入
模块 4:FSK-DOUT	模块 7:DIN	锁相环法位同步提取信号输入
模块 7:BS	模块 4:FSK-BS	提取的位同步信号

2. 过零检测量

TH7:FSK 调制信号经整形 1(U6 LM339)后的波形观测点.用双踪示波器同时观察 FSKIN 经整形输出 TH7,记录波形参数画出波形图.

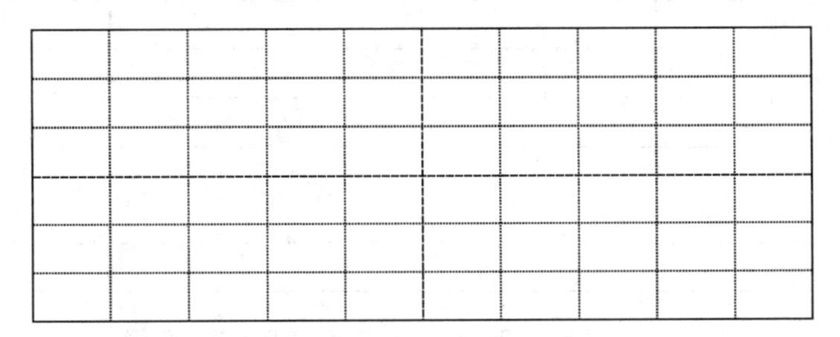

图 2-4-11 CH_1:FSK-IN、CH_2:TH7 整形输出波形

3. 两路单稳后相加信号测量

用双踪示波器同时观察 TH8:FSK 调制信号经单稳(U10A 74LS123)的信号观测点.TH9:FSK 调制信号经单稳(U10B 74LS123)的信号观测点.TH10:FSK 调制信号经两路单稳后相加信号观测点.记录双踪示波器所测 TH7、TH10 波形的参数画出波形图.

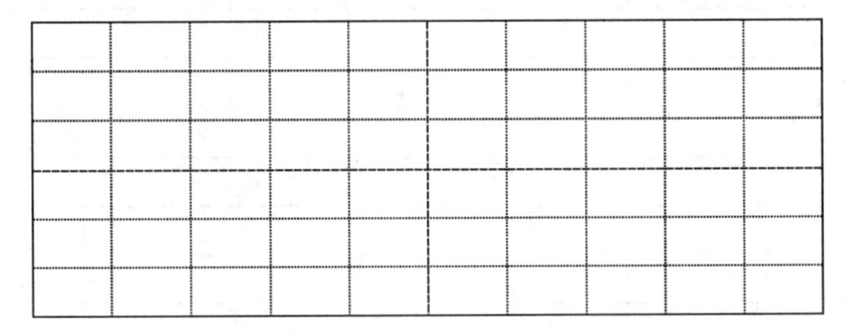

图 2-4-12 CH_1:TH7、CH_2:TH10 输出波形

4. FSK 解调滤波器输出测量

TH11:FSK 信号经低通滤波器后的输出信号.调节模块 4 上的电位器 W_5 使 TH11 波形滤波效果比较好,用双踪示波器同时观察 TH10、TH11,记录波形参数画出波形图.

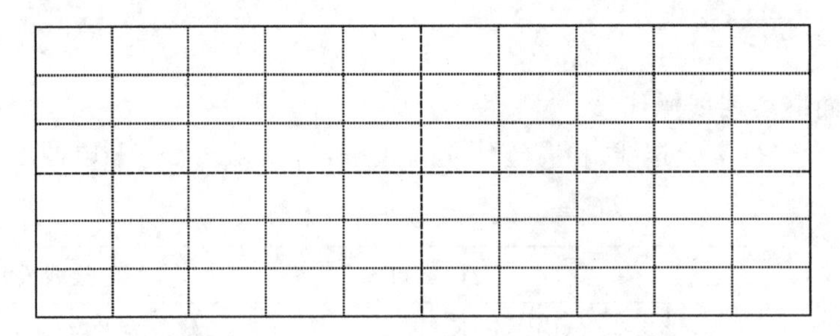

图 2-4-13　CH_1:TH10、CH_2:TH11 输出波形

5. FSK 解调电压比较输出测量

FSK-DOUT:FSK 解调信号经电压比较器后的信号输出.将模块 7 上的拨码开关 S_2 拨为“1000”,观察模块 4 上信号输出点“FSK-DOUT”处的波形,用双踪示波器同时观察 FSK-BS、FSK-DOUT 比较,记录波形参数画出波形图.

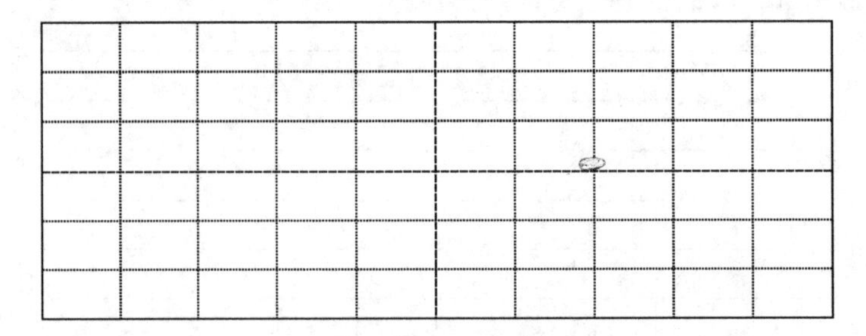

图 2-4-14　CH_1:FSK-BS、CH_2:FSK-DOUT 输出波形

6. FSK 解调同步判决输出测量

OUT2:FSK 解调信号输出点.用示波器双踪分别观察模块 3 上的“FSK-NRZ”和模块 4 上的“OUT2”处的波形,将“OUT2”处 FSK 解调信号与信号源产生的 PN 码进行比较.记录波形参数画出波形图.

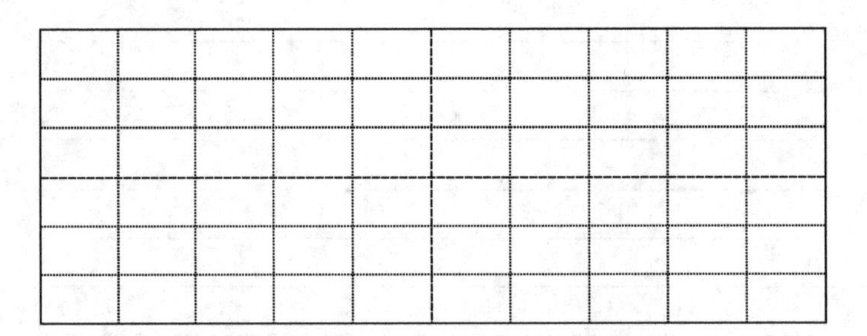

图 2-4-15　CH_1:PN 码、CH_2:OUT2 输出波形

(三)2FSK 调制解调系统眼图观测

保持上面的连线,观察眼图.以信号输入点“FSK-NRZ”的信号为内触发源,观察信号输出点“TH11”处的波形,并调节电位器 W_5,确定在该点观察到清晰稳定的滤波后 PN 序列.以信号源模块时钟“CLK1”信号作为触发源,即 CLK1 接在示波器的 EXT 端,然后按最右

边的 MENU，触发源选择 EXT，调节示波器扫描时间和同步电平，即为眼图的观测点. 记录眼图判决电压、噪声容限的参数，画出眼图图形.

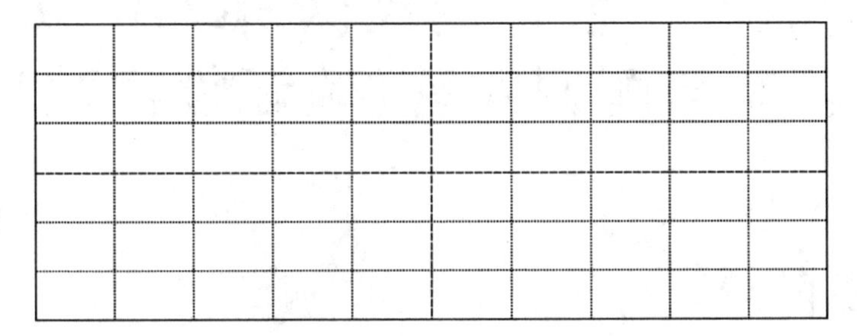

图 2-4-16　CH_1：TH11 眼图图形

实验结束拆除连线，关闭模块电源开关和实验箱电源.

七、思考题

1. 若将调制端的载波 A 和载波 B 互换，分析 OUT2 结果与原来有什么不同.
2. 请问 FSK 的解调还有别的方案吗？请给出参考电路图.
3. 请通过查阅资料，尽可能多地给出 FSK 的应用场合.

实验五　移相键控(PSK/DPSK)调制与解调实验(验证性实验)

一、实验目的

1. 掌握绝对码、相对码的概念以及它们之间的变换关系和变换方法
2. 掌握用移相/差分移相键控法产生 PSK/DPSK 信号的方法
3. 掌握 PSK/DPSK 相干解调的原理
4. 掌握绝对码波形与 DPSK 信号波形之间的关系

二、实验内容

1. 测量绝对码和相对码的波形和转换关系
2. 测量 PSK/DPSK 调制信号波形
3. 测量 PSK/DPSK 解调信号波形

三、实验器材

1. 信号源模块	一块
2. 3 号模块	一块
3. 4 号模块	一块
4. 7 号模块	一块
5. 双踪示波器	一台
6. 连接线	若干

四、实验原理

(一)2PSK/2DPSK 系统原理

PSK 调制在数字通信系统中是一种极重要的调制方式,它的抗干扰噪声性能及通频带的利用率均优先于 ASK 移幅键控和 FSK 移频键控.因此,PSK 技术在中、高速数据传输中得到了广泛应用.

PSK 信号是用载波相位的变化表征被传输信息状态的,通常规定 0 相位载波和 π 相位

载波分别代表传 1 和传 0，其时域波形示意图如图 2-5-1 所示.

在 2PSK 中，通常用初始相位 0 和 π 分别表示二进制“1”和“0”. 因此，其时域波形示意图如图 2-5-1 所示. 2PSK 信号的时域表达式为：

$$e_{2PSK}(t)=A\cos(\omega_e t+\omega_n) \tag{2-5-1}$$

式中，ω_n 表示第 n 个符号的绝对相位：

$$\varphi_n\begin{cases}0, & \text{发送“0”时}\\ \pi, & \text{发送“1”时}\end{cases} \tag{2-5-2}$$

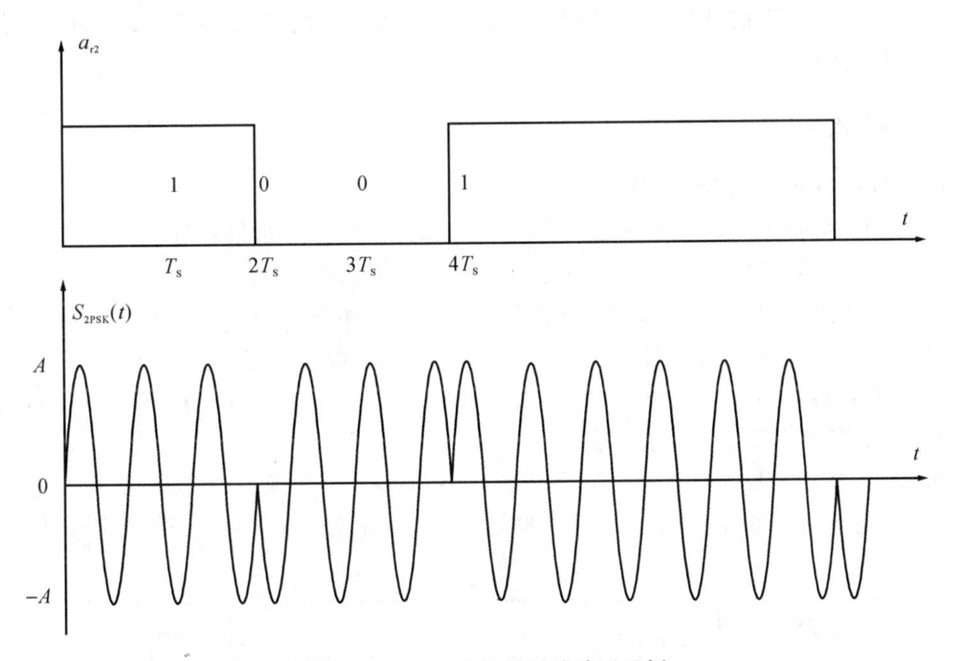

图 2-5-1 2PSK 信号的时域波形示例

因此，上式可以改写为：

$$e_{2PSK}(t)=\begin{cases}A\cos\omega_e t, & \text{概率为 } P\\ -A\cos\omega_e t, & \text{概率为 } 1-P\end{cases} \tag{2-5-3}$$

由此可见，PSK 调制可以用双极性码与载波信号相乘后获得：

$$e_{2PSK}(t)=s(t)\cos\omega_e t \tag{2-5-4}$$

式中：$s(t)=\sum_n a_n g(t-nT_s)$

$g(t)$是脉宽为 T_s 的单个矩形脉冲，而 a_n 的统计特性为 $a_n=\begin{cases}1, & \text{概率为 } P\\ -1, & \text{概率为 } 1-P\end{cases}$

我们知道，2PSK 存在“倒 π”现象，因此，实际中一般不采用 2PSK 方式，而采用差分移相(2DPSK)方式. 2DPSK 是利用前后相邻码元的载波相对相位变化传递数字信息，所以又称相对相移键控. 假设 Δφ 为当前码元与前一码元的载波相位差，定义数字信息之间的关系为：

$$\Delta\varphi=\begin{cases}0, & \text{表示数字信息“0”}\\ \pi, & \text{表示数字信息“1”}\end{cases} \tag{2-5-5}$$

但是单纯从已调信号的波形上看，2PSK 与 2DPSK 信号是无法分辨的. 这说明，一方面，只有已知移相键控方式是绝对的还是相对的，才能正确判定原信息；另一方面，相对移相信号可以看成是把数字信息序列（绝对码）变换成相对码，然后再根据相对码进行绝对调相，从而产生二进制差分相移键控（DPSK）信号.

式中，⊕为模 2 加，a_n 为绝对码，b_n 为相对码，b_{n-1} 为 b_n 的前一码元. 上式的逆过程称为差分译码（码反变换），即

$$a_n = b_n \oplus b_{n-1} \tag{2-5-6}$$

本实验中，2PSK 信号的解调采用相干解调法（即极性比较法）解调，2DPSK 采用相干解调法加码反变换法.

（二）发送端

1. 2PSK/2DPSK 调制原理框图

在 2PSK 调制中，实验框图如图 2-5-2 所示. 数字基带信号由信号源 PN 码提供，载波由信号源 128 kHz 的同步正弦波提供，开关 K_3 用于选择 PSK 或者是 DPSK.

这里先假定 K_3 选择 PSK 调制. 这里整形模块的作用就是将单极性非归零码变成双极性非归零码，根据前面分析，双极性非归零码与载波相乘就得到绝对相移键控信号，框图中，从“PSK-NRZ”输入的基带信号和 128 kHz 同步正弦载波信号分别接至模拟乘法器，乘法器的输出 PSK-OUT 即为 PSK 已调信号.

如 K3 选择 DPSK，则基带信号 PSK-NRZ 先经过差分变换（注意差分变换需要连接时钟 CLK1），将绝对码变换成相对码后，再整形，然后与载波相乘，即可获得 2DPSK 信号.

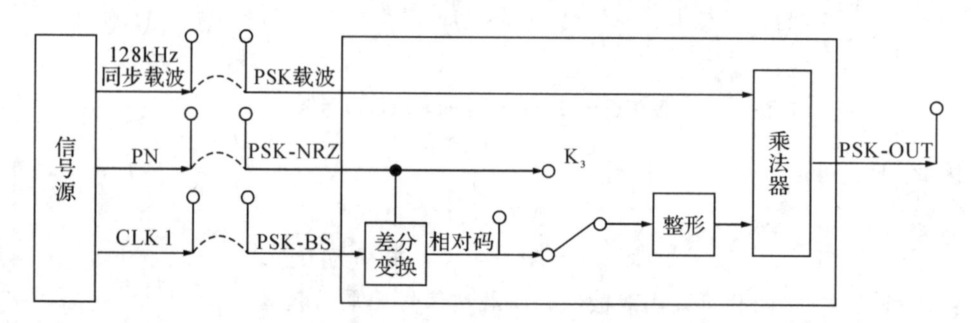

图 2-5-2　2PSK/2DPSK 调制原理框图

2. 2PSK/2DPSK 电路

2PSK/2DPSK 电路图如图 2-5-3 所示. 框 1 为差分变换电路，实现绝对码到相对码的变换，即

$$b_n = a_n \oplus b_{n-1} \tag{2-5-7}$$

U10B 的作用是延时一个码元间隔，从而将 b_n 延时而得到 b_{n-1}，U10A 可以起到去除毛刺的作用，但是又引入了一个码元间隔的时延. 框 2 为选择开关 K_3. 框 3 为整形电路，利用运放的虚短和虚断的特性，可以算得输入输出电压之间的关系为 $V_0 \approx 2V_i - 3.75$ (V)，也就是输入为 0.3 V 和 3.4 V 时，输出分别为 −3.15 V 和 +3.05 V，代表输入单极性非归零码，输出即为双极性非归零码. 框 4 为乘法器，在图中的连接关系下，就是将 U7（MC1496）的 1

脚和 10 脚的信号相乘，输出信号在 U7 的 12 引脚，改输出信号即为 PSK/2DPSK 已调信号. CARRIERIN 对应原理框图中的载波.

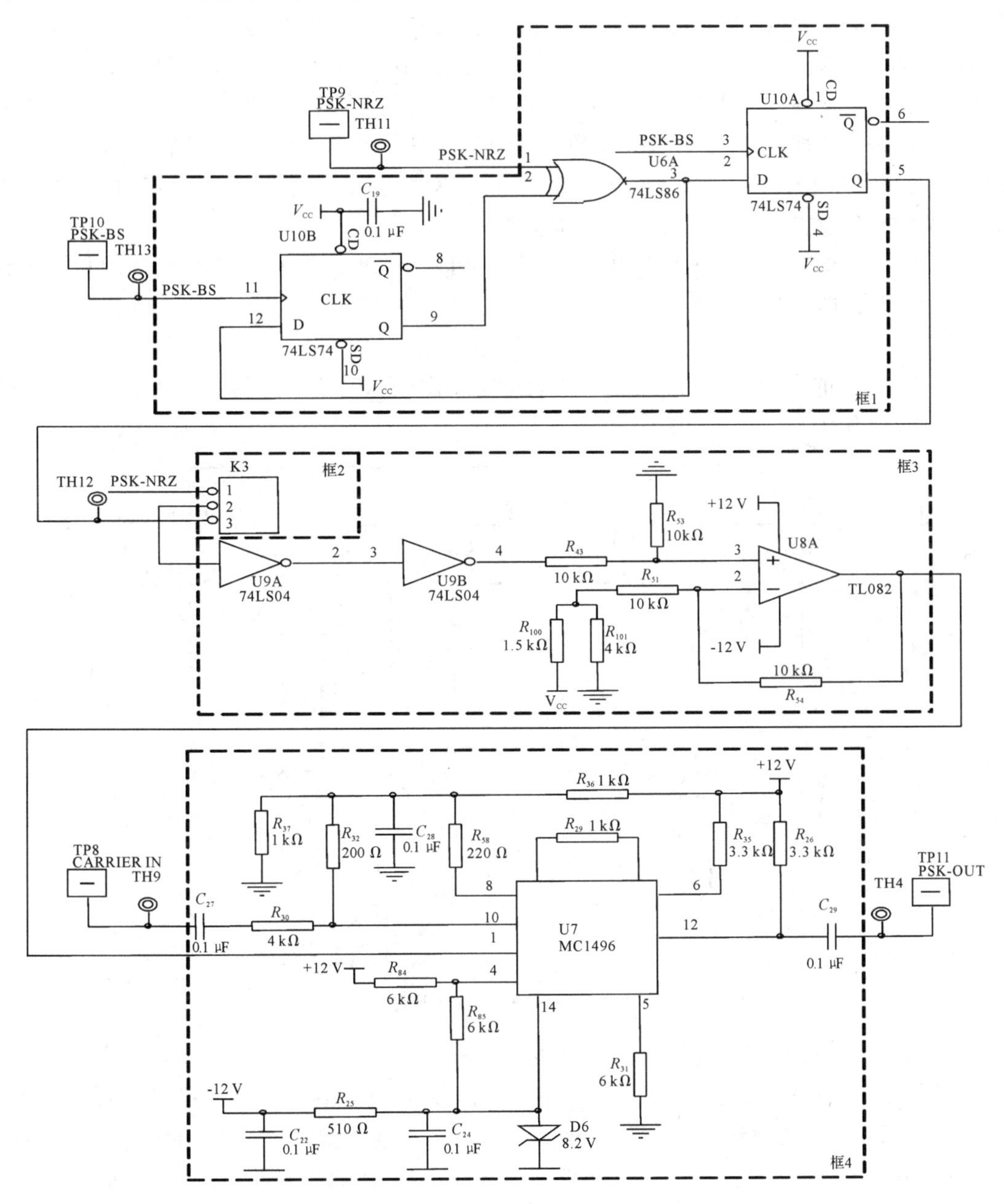

图 2-5-3　PSK/DPSK 调制电路图

(三)接收端

1. 解调原理

本实验采用极性比较法(又称同步解调或相干解调)对 PSK/DPSK 调制信号进行解调. 实验框图如图 2-5-4 所示. 图 2-5-4 中开关 K_1 是用于选择是 2PSK 解调还是 2DPSK 解调，将 K_1 的 2、3 脚相连，即可得到基带信号. 对于 2DPSK 信号，将 K_1 的 1、2 脚相连，即将 PSK

解调信号再经过逆差分变换电路，就可以得到基带信号了.

这里先讲2PSK解调2PSK调制信号从“PSKIN”输入，位同步信号从“PSK-BS”输入，同步载波从“载波输入”点输入. 由于需要相干载波进行解调，因此，需要从接收到的信号中提取载波信号，载波提取在第二篇实验六中详细讲述. 收到的PSK已调信号与载波信号相乘后，再经过低通滤波器去除高频成分，得到包含基带信号的低频信号，再经运放的适当放大后，即可进行抽样判决，抽样判决器的时钟为基带信号的位同步信号，最后从OUT3得到解调出的数字基带信号. 与ASK和FSK一样，PSK的抽样判决也需要提取的位同步作为时钟，位同步提取将在第二篇实验六中详细讲述.

上述采用PSK解调方法解调出来的信号是相对码，对于2DPSK还需要实现相对码到绝对码的变换，即：

$$a_n = b_n \oplus b_{n-1} \tag{2-5-8}$$

图2-5-4中的逆差分变换就是完成这个功能. 2PSK/2DPSK的相干解调中各点波形变化如图2-5-5所示.

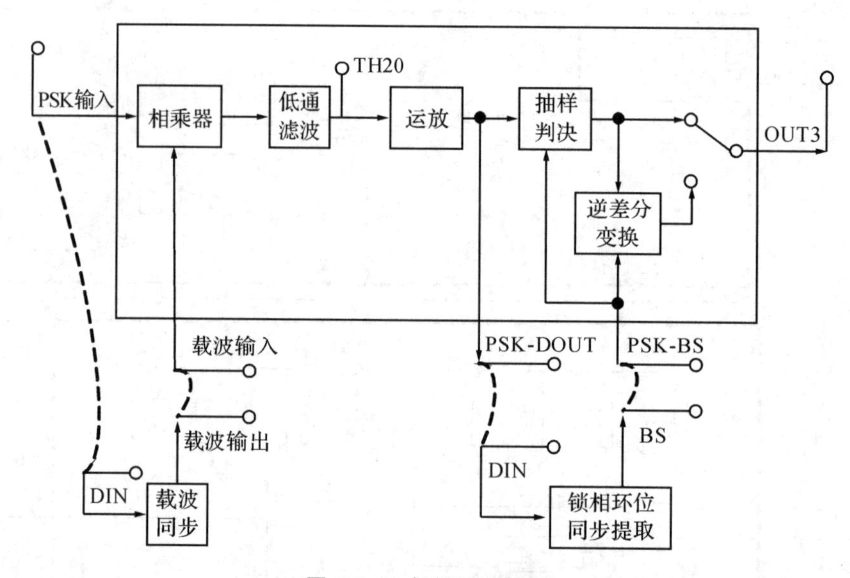

图 2-5-4　解调原理框图

2. 2PSK/2DPSK 极性比较法解调电路

图5-6为极性比较法解调电路. 图中，框1为乘法器，主要由模拟乘法器MC1496构成，从CARRIER输入的载波（由7号板的载波同步提取电路提取）与PSKIN输入的PSK/DPSK已调信号相乘. 框2为一个二阶低通滤波器. 框3为比较电路，将低通滤波后的模拟信号判决为数字基带信号，框4为抽样电路，该部分与ASK和FSK中对应部分原理完全一样，抽样时钟由7号模块的锁相环法提取的位同步信号送入PSK-BS，框5为逆差分变换电路，主要有U15B(74LS74D触发器)和或门构成，U15B的作用是将解调出的相对码 b_n 延时一个码元间隔.

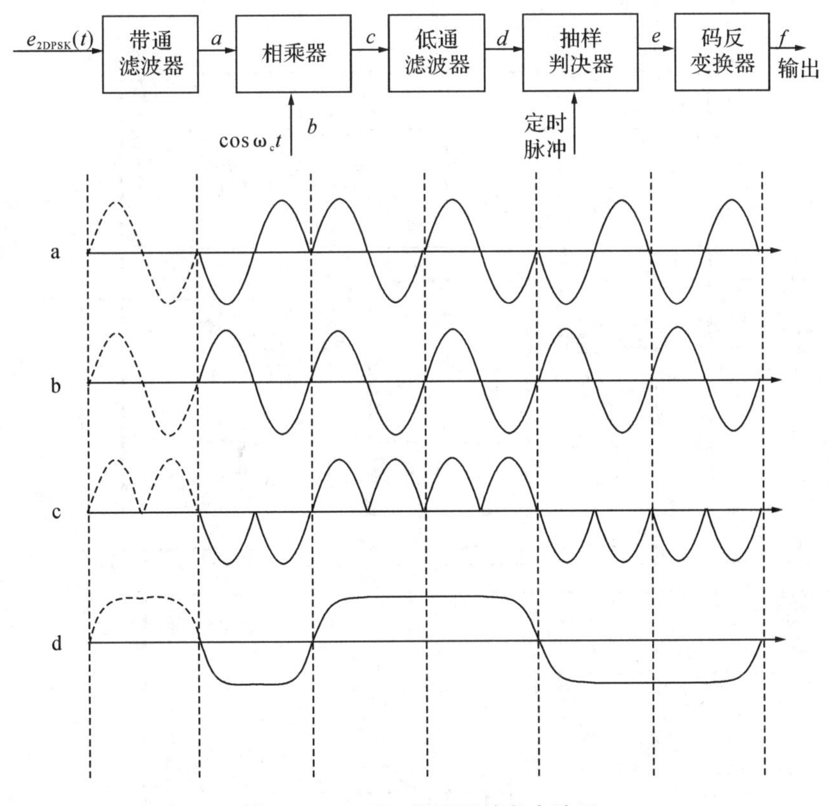

图 2-5-5　DPSK 解调系统各点波形

五、测试点说明

PSK-NRZ：PSK 基带信号输入点.

PSK 载波：PSK 载波信号输入点.

PSK-BS：PSK 差分编码时钟输入点.

PSKIN：PSK 调制信号输入（观测点）.

PSK-BS：PSK 解调位同步时钟输入点.

载波输入：PSK 解调同步载波信号输入点.

PSK-OUT：PSK/DPSK 调制信号输出点.

PSK-DOUT：PSK 解调信号经电压比较器后的信号输出点（未经同步判决）.

OUT3：PSK/DPSK 解调信号输出点（K_1 的 1、2 脚相连，输出 DPSK 解调信号，2、3 脚相连，输出 PSK 解调信号）.

PSK/DPSK 调制解调模块信号流程如图 2-5-7 所示.

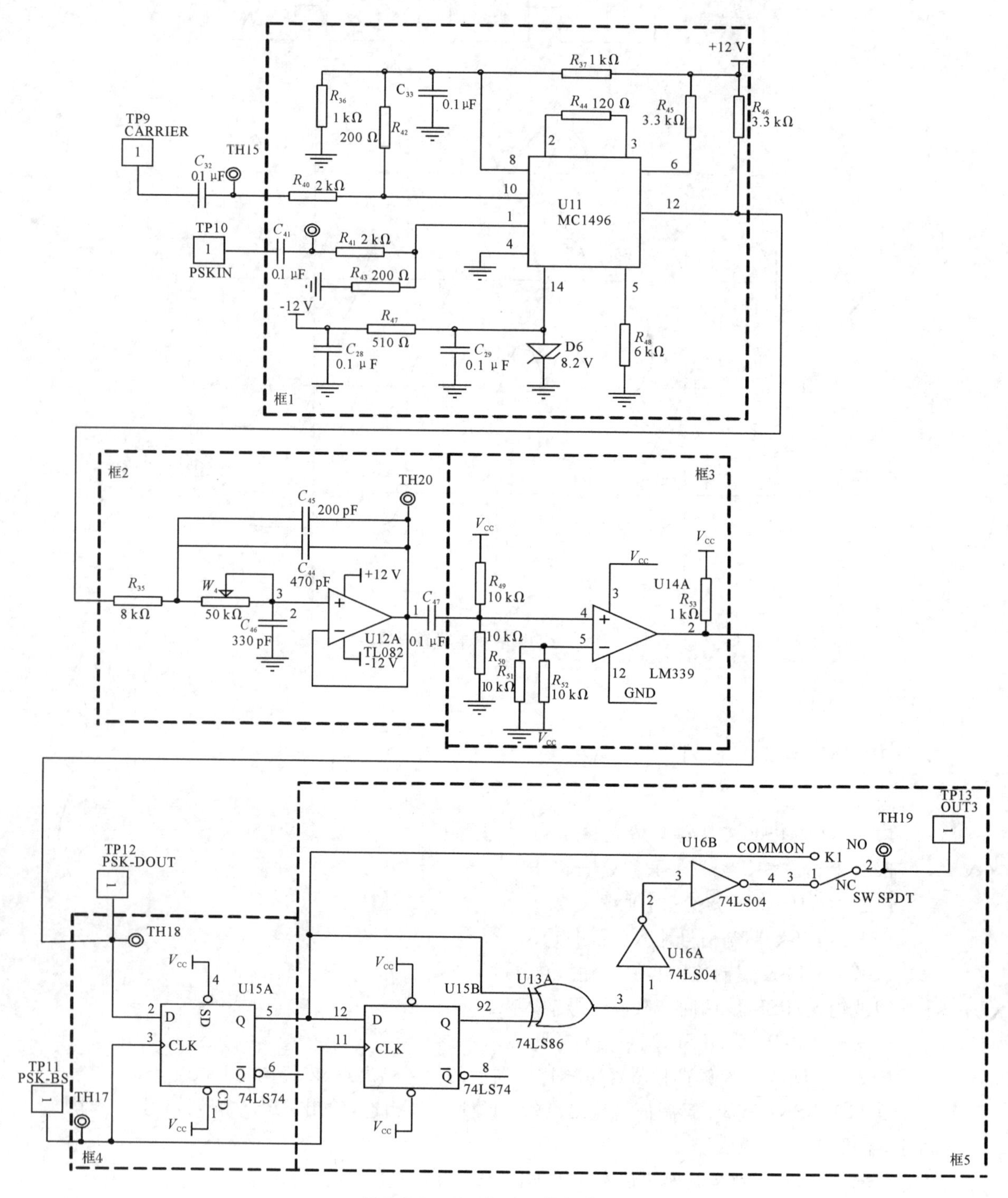

图 2-5-6　PSK/DPSK 解调电路图

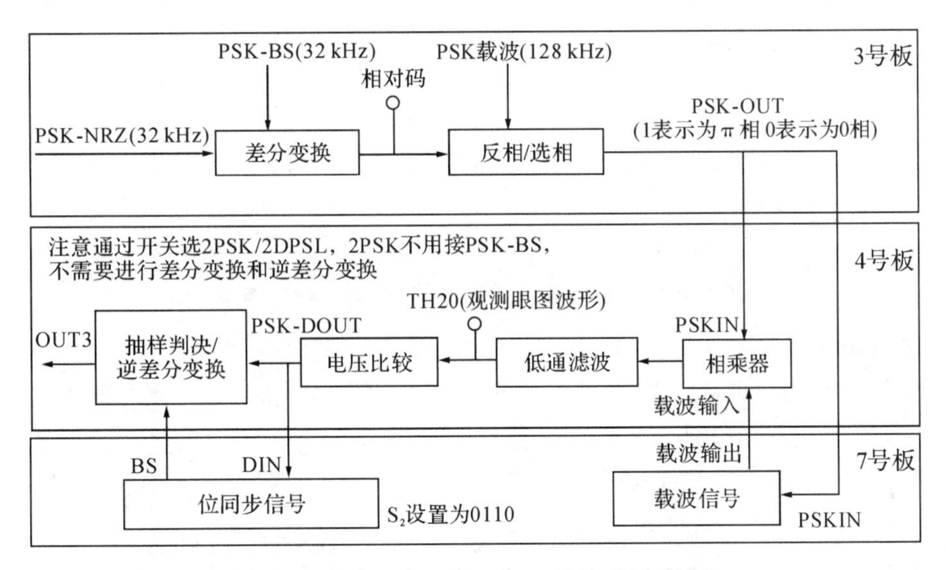

图 2-5-7　PSK/DPSK 调制解调模块信号流程图

六、实验步骤

将信号源模块和模块 3、4、7 固定在主机箱上，将黑色塑封螺钉拧紧，确保电源接触良好.

(一)PSK/DPSK 调制实验

1. 连线操作

按照下表 2-5-1 进行实验连线. 检查连线是否正确，检查无误后打开电源.

表 2-5-1　实验连线说明

源端口	目的端口	连线说明
信号源：PN(32 kHz)	模块 3：PSK-NRZ	S_4 拨为“1010”，PN 是 32 kHz 伪随机码
信号源：128 kHz 同步正弦波	模块 3：PSK 载波	提供 PSK 调制载波，幅度为 4 V

2. PSK 调制测量

将开关 K_3 拨到“PSK”端，以信号输入点“PSK-NRZ”的信号为内触发源，用双踪示波器同时观察点“PSK-NRZ”与“PSK-OUT”输出的波形. 记录波形参数画出波形图.

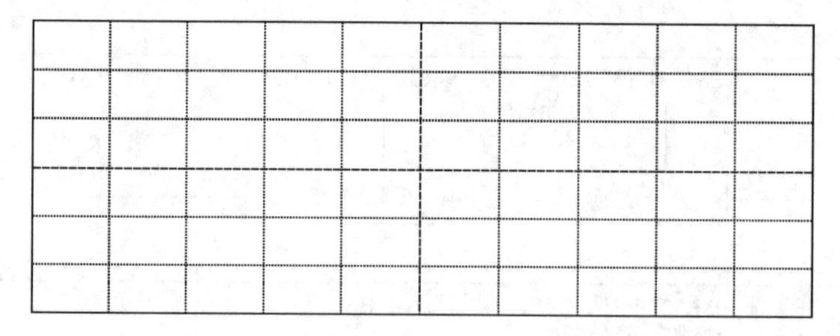

图 2-5-8 CH_1:PSK-NRZ 基带信号、CH_2:PSK-OUT 输出波形

3. 差分编码测量

不改变 PSK 调制实验连线. 将开关 K_3 拨到"DPSK"端,增加连线按照下表 2-5-2 进行.

表 2-5-2 实验连线说明

源端口	目的端口	连线说明
信号源:CLK1(32 kHz)	模块 3:PSK-BS	DPSK 位同步时钟输入

以信号输入点"PSK-NRZ"的信号为内触发源,用双踪示波器同时观察点"PSK-NRZ"绝对码与"TH12"相对码输出的波形. 记录波形参数画出波形图.

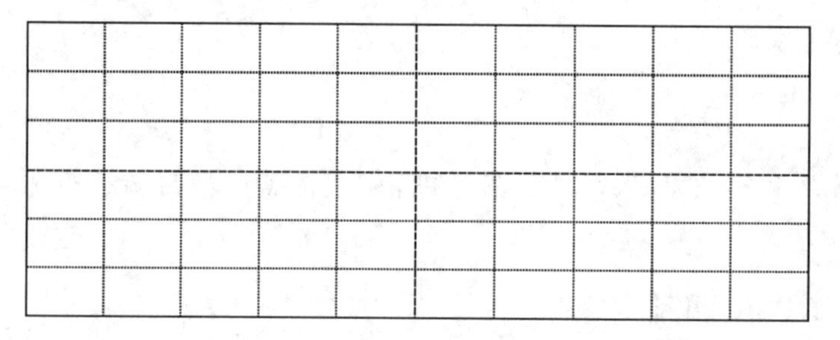

图 2-5-9 CH_1:PSK-NRZ 绝对码、CH_2:TH12 相对码波形

4. DPSK 调制测量

以信号输入点"PSK-NRZ"的信号为内触发源,用双踪示波器同时观察点"PSK-NRZ"绝对码与"TH11"DPSK 调制输出的波形. 记录波形参数画出波形图.

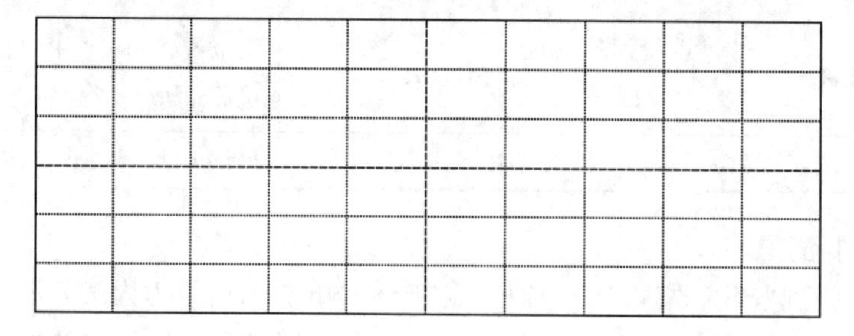

图 2-5-10 CH_1:PSK-NRZ 绝对码、CH_2:TH11 DPSK 调制输出波形

5. 提高 PN 码速率

通过信号源模块上的拨码开关 S_4 改变 PN 码速率后送出,重复上述实验,便于观察 PSK/DPSK 调制. 实验结束关闭电源.

(二)PSK/DPSK 解调实验

1. 连线操作

恢复 PSK 调制实验的连线，K_3 拨到“PSK”端，增加连线按照下表 2-5-3 进行. 检查连线是否正确，检查无误后再次打开电源.

表 2-5-3　实验连线说明

源端口	目的端口	连线说明
模块 3:PSK-OUT	模块 4:PSKIN	PSK 解调输入
模块 3:PSK-OUT	模块 7:PSKIN	载波同步提取输入
模块 7:载波输出	模块 4:载波输入	提供同步解调载波
模块 4:PSK-DOUT	模块 7:DIN	锁相环法位同步提取信号输入
模块 7:BS	模块 4:PSK-BS	提取的位同步信号

2. PSK 解调信号滤波后测量

信号测量点 TH20，示波器观察该点波形，调节模块 4 上的电位器 W_4 使解调信号滤波效果比较好. 并用双踪示波器记录 PSK-NRZ、TH20 波形参数画出波形图.

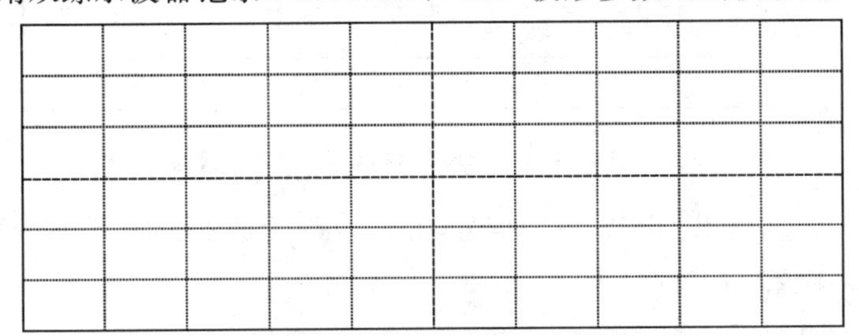

图 2-5-11　CH_1:PSK-NRZ、CH_2:TH20 波形

3. PSK 解调信号经电压比较器后测量

信号测量点 PSK-DOUT，示波器观察模块 4 上信号输出点“PSK-DOUT”处的波形. 并用双踪示波器记录 PSK-NRZ、PSK-DOUT 波形参数画出波形图，比较二者波形.

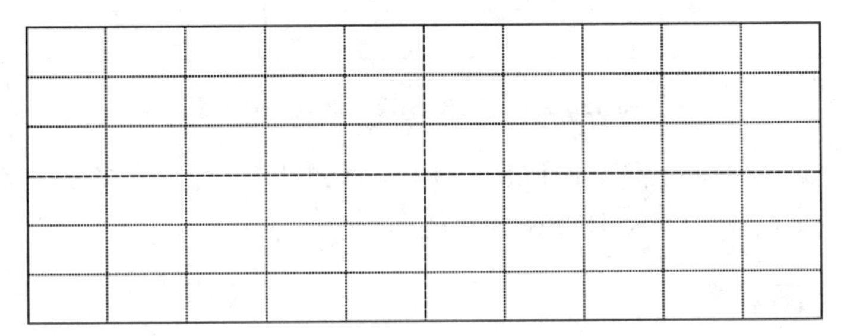

图 2-5-12　CH_1:PSK-NRZ、CH_2:PSK-DOUT 波形

信号测量点 PSK-DOUT，将模块 7 上的拨码开关 S_2 拨为“0110”，示波器观察模块 4 上信号输出点“PSK-DOUT”处的波形. 并用双踪示波器记录 PSK-BS、PSK-DOUT 波形参数画出波形图，比较二者波形.

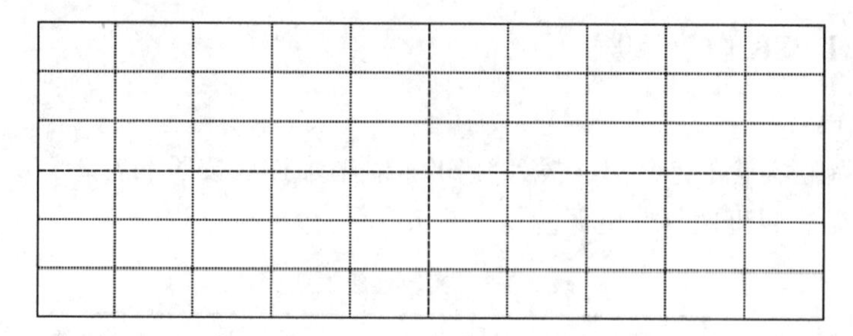

图 2-5-13 CH_1:PSK-BS、CH_2:PSK-DOUT 波形

4. PSK/DPSK 解调信号同步判决输出测量

OUT3:PSK/DPSK 解调信号输出点,K_1 的 2、3 脚相连,输出 PSK 解调信号. 并用双踪示波器记录 PSK-NRZ、OUT3 波形参数画出波形图,比较二者波形,可能会出现"倒 π"现象.

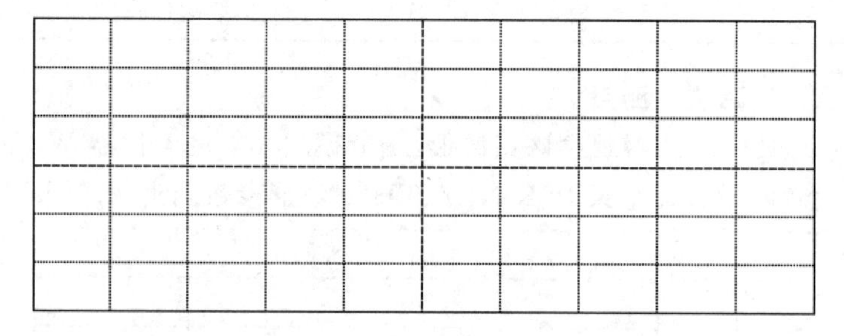

图 2-5-14 CH_1:PSK-NRZ、CH_2:OUT3 波形

K_1 的 1、2 脚相连,输出 DPSK 解调信号,并用双踪示波器记录 PSK-NRZ、OUT3 波形参数画出波形图,比较二者波形.

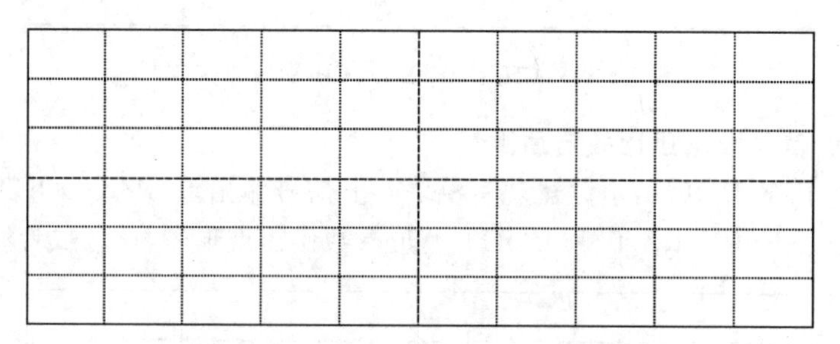

图 2-5-15 CH_1:PSK-NRZ、CH2、OUT3 波形

了解图 2-5-13、图 2-5-14 DPSK 解调与 PSK 解调基本相同,它多了一个逆差分变换过程,注意通过开关 K_1 选择 PSK/DPSK 方式解调.

(三)PSK 眼图观察

保持上面的连线,观察眼图. 以信号输入点"PSK-NRZ"的信号为内触发源,观察信号输出点"PSK-DOUT"处的波形,并调节电位器 W_5,确定在该点观察到稳定的 PN 序列. 以信号源模块时钟"CLK1"信号作为触发源,即 CLK1 接在示波器的 EXT 端,然后按最右边的 MENU,触发方式选择 EXT,然后用示波器的 CH_1 观察"TH20"处的波形,即为眼图的观测点.调节电位器 W_4,改变滤波器截止频率,调节示波器扫描时间和同步电平使眼图图形出现稳定.

记录眼图判决电压、噪声容限的参数,画出眼图图形.分析比较前面两次实验图,实验结束拆除连线,关闭模块电源开关和实验箱电源.

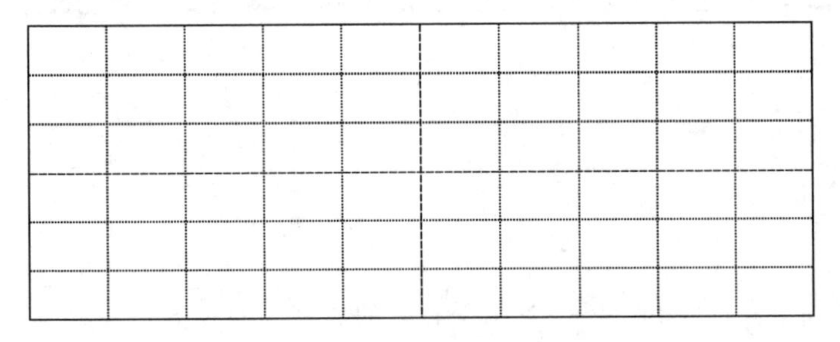

图 2-5-16　CH_1：TH20 眼图图形

七、思考题

1.在调制器端,绝对码或者相对码是如何由单极性非归零码变成双极性非归零码的?主要是哪几个器件组成的电路完成该功能的?请推导图 2-5-3 PSK/DPSK 调制电路图中框 3 的输出电平和输入电平之间的关系.

2.试分析图 2-5-3 框 4 电路是如何实现相位调制的.

3.试分析图 2-5-6 框 1 电路是如何实现解调出(代表)相位误差信号.

实验六　载波同步提取和位同步提取实验(综合性实验)

一、实验目的

1. 掌握用科斯塔斯(Costas)环提取相干载波的原理与实现方法
2. 了解相干载波相位模糊现象的产生原因
3. 掌握用数字锁相环提取位同步信号的原理及其对信息代码的要求
4. 掌握位同步器的同步建立时间、同步保持时间、位同步信号同步抖动等概念

二、实验内容

1. 观察科斯塔斯环提取相干载波的过程
2. 观察科斯塔斯环提取的相干载波,并做分析
3. 观察数字锁相环的失锁状态和锁定状态
4. 观察数字锁相环锁定状态下位同步相位抖动现象及抖动大小与固有频差的关系
5. 观察数字锁相环位同步器的同步保持时间与固有频差之间的关系

三、实验器材

1. 信号源模块　一块
2. 3 号模块　一块
3. 7 号模块　一块
4. 示波器　一台

四、实验原理

(一)载波同步

1. 科斯塔斯环法提取同步载波原理

本系统采用科斯塔斯环法提取同步载波,其原理框图如图 2-6-1 所示.加于两个相乘器的本地信号分别为压控振荡器的输出信号 $\cos(\omega_c t+\theta)$ 和它的正交信号 $\sin(\omega_c t+\theta)$,因此,通常称这种环路为同相正交环,有时也被称为科斯塔斯(Costas)环.

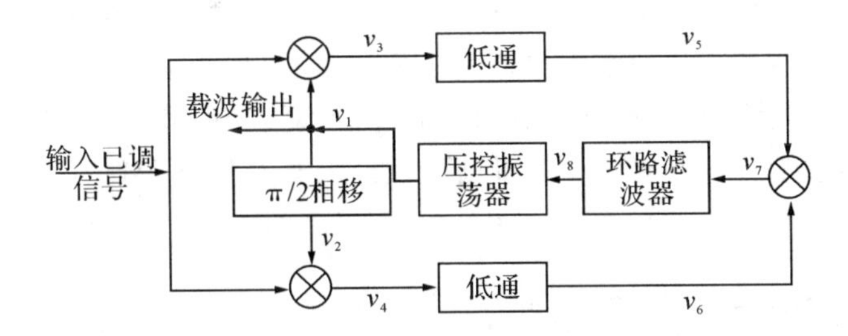

图 2-6-1　科斯塔斯环法原理框图

设输入的抑制载波双边带信号为

$$\begin{cases} v_3 = m(t)\cos\omega_c t\cos(\omega_c t+\theta) = \dfrac{1}{2}m(t)[\cos\theta+\cos(2\omega_c t+\theta)] \\ v_4 = m(t)\cos\omega_c t\sin(\omega_c t+\theta) = \dfrac{1}{2}m(t)[\sin\theta+\sin(2\omega_c t+\theta)] \end{cases} \tag{2-6-1}$$

经低通后的输出分别为：

$$\begin{cases} v_5 = \dfrac{1}{2}m(t)\cos\theta \\ v_6 = \dfrac{1}{2}m(t)\sin\theta \end{cases} \tag{2-6-2}$$

乘法器的输出为：

$$v_7 = v_5 \cdot v_6 = \frac{1}{4}m^2(t)\sin\theta\cos\theta = \frac{1}{8}m^2(t)\sin 2\theta \tag{2-6-3}$$

式中 v_7 是压控振荡器输出信号与输入已调信号载波之间的相位误差. 当较小时，式(2-6-3)可以近似地表示为：

$$v_7 \approx \frac{1}{4}m^2(t)\theta \tag{2-6-4}$$

式(2-6-4)中 v_7 的大小与相位误差成正比. 因此，它就相当于一个鉴相器的输出. 用 v_7 去调整压控振荡器输出信号的相位，最后就可以使稳态相位误差 θ 减小到很小的数值. 这样压控振荡器的输出 v_1 就是所要提取的载波. 不仅如此，当 θ 减小到很小的时候，式(2-6-2)就接近于调制信号 $m(t)$，因此，同相正交环法同时还具有解调功能，目前在许多接收机中已经被使用.

数字通信中经常使用多相移相信号，这类信号同样可以利用多次方变换法从已调信号中提取载波信息. 如以四相移相信号为例，图 2-6-1 就展示了从四相移相信号中提取同步载波的方法.

v_8 是经环路滤波器得到的仅与压控振荡器输出和理想载波之间相位差有关的控制电压，从而准确地对压控振荡器进行调整，恢复出原始的载波信号.

2. 科斯塔斯环法提取同步载波电路

图 2-6-3 中，框 1 和框 2 为乘法器，框 3 和框 4 为二阶低通滤波器，框 5 为乘法器，框 6 为环路滤波器，框 7 为振荡器，框 8 为可编程芯片实现 90°相移变换和分频. 其中构成乘法器的主要芯片是 MC1496. 本实验是对 PSK 已调信号提取载波，因此由“PSK”输入的 PSK 调制信号分两路输出至两模拟乘法器(MC1496)的输入端，乘法器 1(U2)与乘法器 2(U5)的

载波信号输入端的输入信号分别为0相载波信号与π/2相载波信号.这样经过两乘法器输出的解调信号再通过有源低通滤波器滤掉其高频分量,由乘法器U4(MC1496)构成的相乘器电路,去掉数字基带信号中的数字信息.得到反映恢复载波与输入载波相位之差的误差电压U_d,U_d经过压控晶振CRY1(16.384M)后,再进入CPLD(EPM240T)进行128分频,输出0相载波信号(I)和90°相位载波信号(Q).

(二)锁相环法位同步提取原理

采用锁相环来提取位同步信号的方法称为锁相法.锁相法位同步提取的基本原理和载波同步的类似.在接收端利用鉴相器比较接收码元和本地产生的位同步信号的相位,若两者相位不一致(超前或滞后),鉴相器就产生误差信号去调整位同步信号的相位,直至获得准确的位同步信号为止.

数字锁相环(DPLL)是一种相位反馈控制系统.它根据输入信号与本地估算时钟之间的相位误差对本地估算时钟的相位进行连续不断的反馈调节,从而达到使本地估算时钟相位跟踪输入信号相位的目的.DPLL通常有三个组成模块:数字鉴相器(DPD)、数字环路滤波器(DLF)、数控振荡器(DCO).根据各个模块组态的不同,DPLL有许多不同的类型.根据设计的要求,本实验系统采用超前滞后型数字锁相环作为解决方案,如图2-6-2所示.

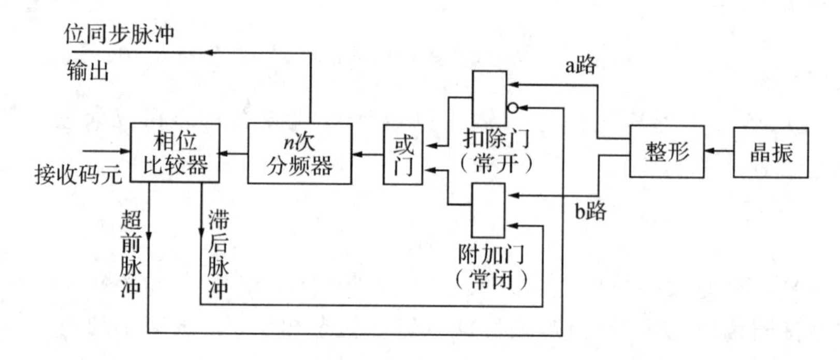

图2-6-2　超前滞后法的一种参考实现方案

(三)锁相环法位同步提取电路分析

图2-6-3中,数字锁相由高稳定度振荡器(晶振)、分频器、相位比较器和控制器组成.其中,控制器包括图中的扣除门、附加门和"或"门.高稳定度振荡器产生的信号经整形电路变成周期性脉冲,然后经控制器再送入分频器,输出位同步脉冲序列.若接收码元的速率为F(波特),则要求位同步脉冲的重复速率也为F(赫).这里,晶振的振荡频率设计在nF(赫),由晶振输出经整形得到重复频率为nF(赫)的窄脉冲,经扣除门、"或"门并n次分频后,可得重复频率为F(赫)的位同步信号.

如果接收端晶振输出经n次分频后,不能准确地和收到的码元同频同相,这时就要根据相位比较器输出的误差信号,通过控制器对分频器进行调整.下面对照图2-6-3的电路图,并结合图2-6-4,分析超前滞后数字锁相环的工作原理.

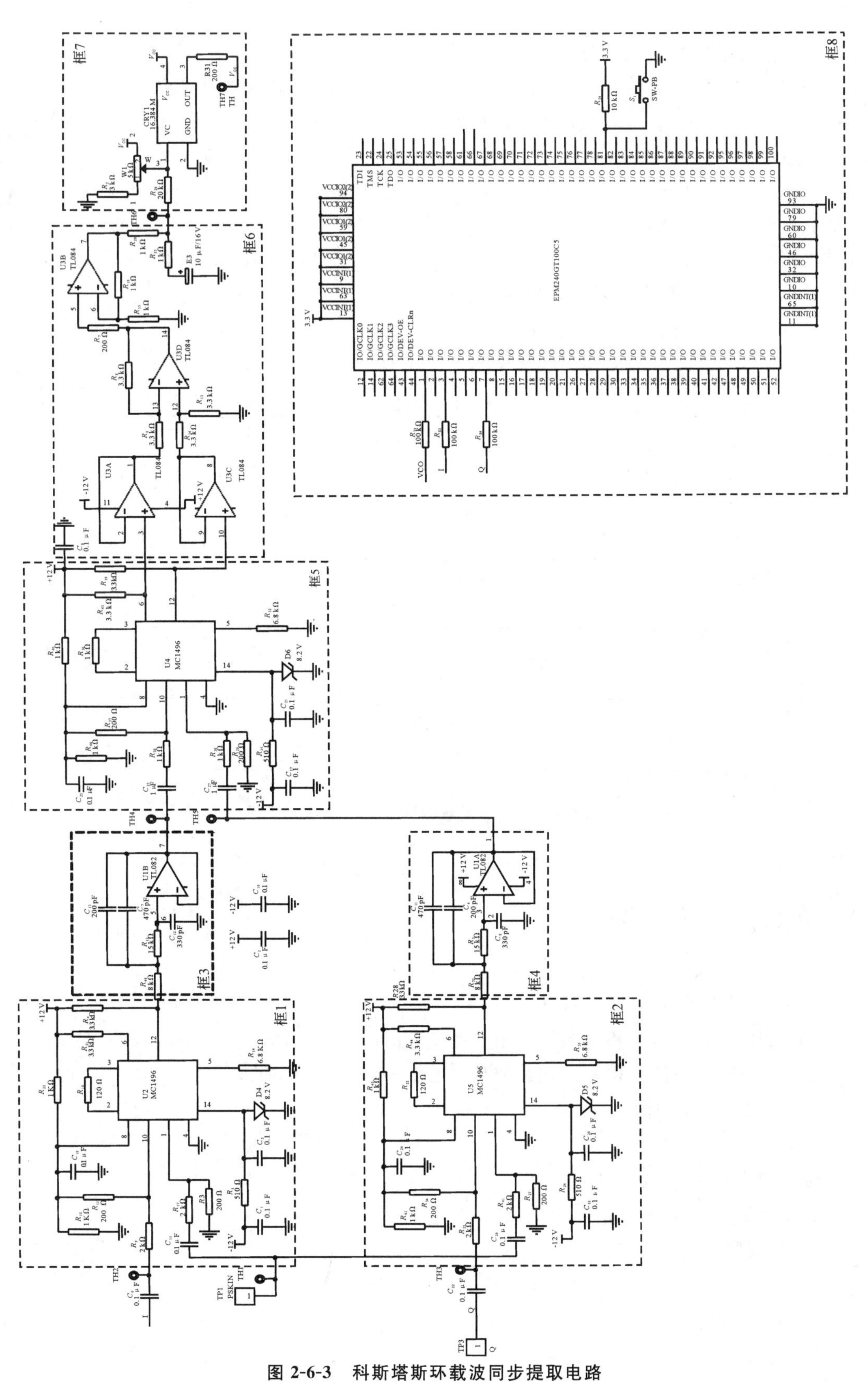

图 2-6-3　科斯塔斯环载波同步提取电路

当分频器输出的位同步脉冲超前于接收码元的相位时,相位比较器送出一超前脉冲,加到扣除门(常开)的禁止端,扣除一个 a 路脉冲,这样,分频器输出脉冲的相位就推后 1/n 周期(3600/n)(图 2-6-4);若分频器输出的位同步脉冲相位滞后于接收码元的相位,晶振的输出整形后除 a 路脉冲加于扣除门外,同时还有与路 a 相位相差 180 的 b 路脉冲序列加于附加门. 附加门在不调整时是封闭的,对分频器的工作不起作用. 当位同步脉冲相位滞后时,相位比较器送出一滞后脉冲,加于附加门,使 b 路输出的一个脉冲通过"或门",插入在原 a 路脉冲之间,使分频器的输入端添加了一个脉冲. 于是,分频器的输出相位就提前 1/n 周期. 经这样的反复调整相位,即实现了位同步.

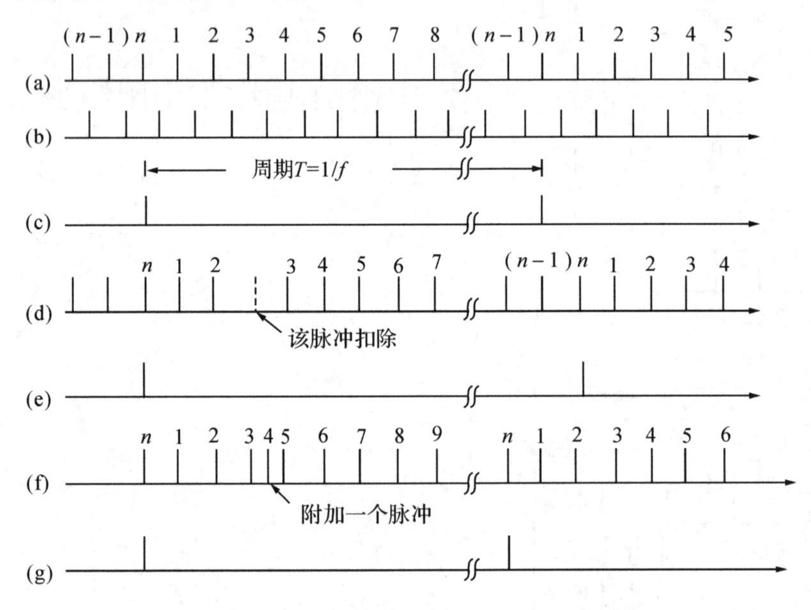

图 2-6-4 超前滞后锁相环的工作原理示意图

五、测试点说明

PSKIN:PSK 调制信号输入点.

TH4:PSK 调制信号和 0 相载波相乘滤波后的波形观测点.

TH5:PSK 调制信号和 π/2 相载波相乘滤波后的波形观测点.

TH6:误差电压观测点.

TH7:压控晶振输出.

载波输出:0 相载波信号输出点.

正交载波:π/2 相载波信号输出点.

S_1:分频器复位开关.

DIN:锁相环法位同步提取单元基带信号输入点.

BS:锁相环法提取的位同步信号.

TH9:基带信号经微分后波形.

TH8:基带信号经整流后波形.

TH10:波形变换后经低通滤波器输出波形.

SIGN:相位误差极性.

ABSVAL:相位误差绝对值.

DEDUCT:为“1”时扣除一位.

INSERT:为“1”时插入一位.

CLKHI:数字锁相环工作的主时钟,由拨码开关 S_2 选择.

载波同步提出模块信号、锁相环法位同步提取信号流程如图 2-6-5 所示.

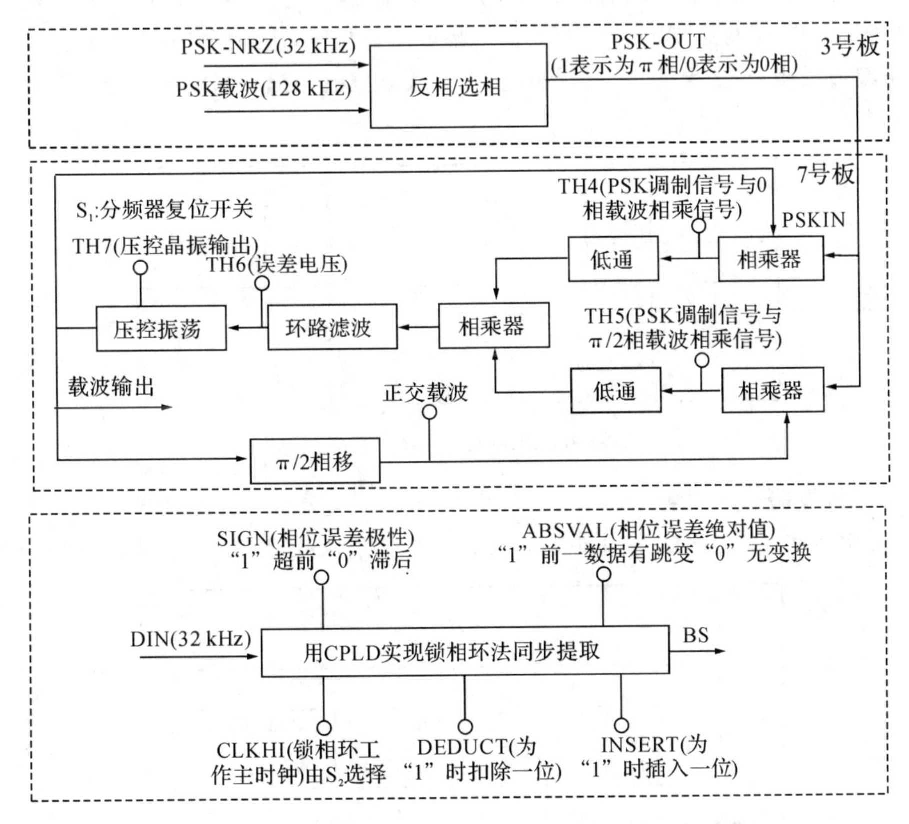

图 2-6-5　载波同步、锁相环法位同步提取模块信号流程图

六、实验步骤

将信号源模块和模块 3、7 固定在主机箱上,将黑色塑封螺钉拧紧,确保电源接触良好.将信号源模块上 S_5 拨为“1010”,将模块 3 上开关 K_3 拨到“PSK”端.

(一)载波同步

1. 连线操作

在电源关闭的状态下,按照表 2-6-1 进行实验连线. 检查连线是否正确,检查无误后打开电源.

表 2-6-1 实验连线说明

源端口	目的端口	连线说明
信号源:PN(32 kHz)	模块 3:PSK-NRZ	S_4 拨为"1010",PN 是 32K 伪随机码
信号源:128K 同步正弦波	模块 3:PSK 载波	提供 PSK 调制载波,幅度为 4V
模块 3:PSK-OUT	模块 7:PSKIN	提供载波同步提取输入

2. 两路模拟乘法器经低通输出测量

以二阶低通滤波器输出作为测量点.用双踪示波器同时观察"TH5""TH4"输出点,微调调节电位器 W_1 使两路"TH5""TH4"信号幅度刚好相等,达到同步载波相位跟踪最佳点.如果两路波形反相,按下模块 7 上分频器复位开关 S_1 观察.记录双踪示波器波形的参数,并画出波形图.

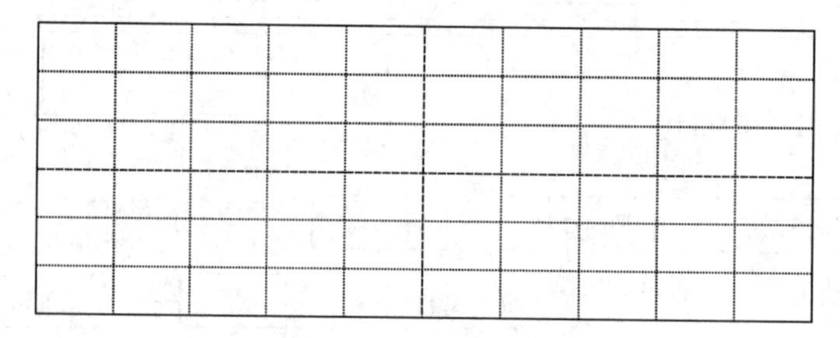

图 2-6-6 CH_1:TH5、CH_2:TH4 波形

3. 环路滤波器输出测量

以误差电压输出作为测量点.用示波器观察 TH6 输出点,记录波形的参数,并画出波形图.

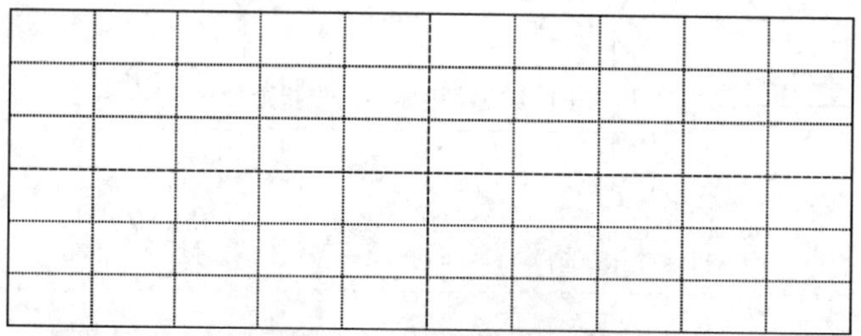

图 2-6-7 CH_1:TH6 波形

4. 载波输出测量

以 0 相载波输出作为测量点,用双踪示波器同时观察载波输出是作为 0 相载波信号输出点.正交载波是作为 $\pi/2$ 相载波信号输出点.如果两路波形反相,按下模块 7 上分频器复位开关 S_1 观察.记录双踪示波器波形的参数,并画出波形图,此时波形的频率为 128 kHz.

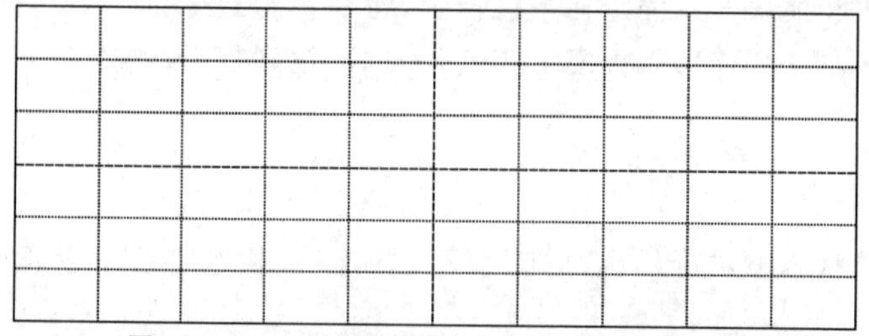

图 2-6-8 CH_1:0 相载波、CH_2:$\pi/2$ 相载波波形

5. 压控晶振输出测量

TH7 是压控晶振输出测量点. 用示波器观察记录波形的参数,并画出波形图. 该点是 EPM240T100C5 芯片主时钟,也是科斯塔斯环法、锁相环法时钟的测量点,由于频率比较高,要选择示波器探头频率 60 MHz 以上.

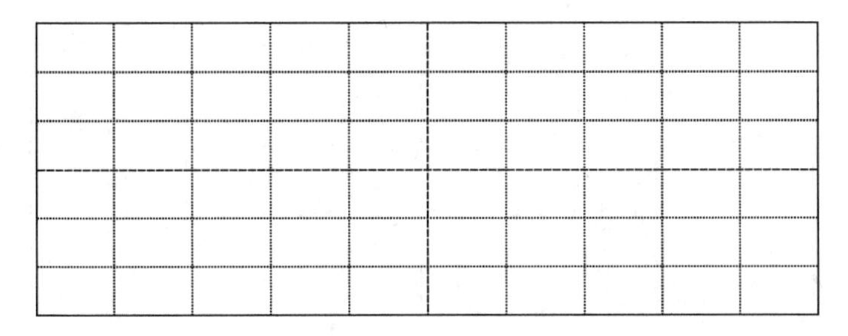

图 2-6-9　CH_1:压控晶振输出波形

实验结束关闭电源,拆除连线.

(二)锁相环法位同步提取

1. 连线操作

将信号源模块上 S_5 拨为"1010",拨动拨码开关 S_1、S_2、S_3,使"NRZ"输出的 24 位 NRZ 码设置为 00000000 10101010 10101010. 模块 7 上的 S_2 拨为"0110",即提取时钟选 512 kHz. 在电源关闭的状态下,依照表 2-6-2 完成连线,检查连线是否正确,检查无误后打开电源.

表 2-6-2 实验连线说明

源端口	目的端口	连线说明
信号源:NRZ(32K)	模块 7:DIN	32 kHz NRZ 码输入同步提取

2. NRZ 与位同步相位误差绝对值观察

以"ABSVAL"作为测量点,用示波器双踪同时观察"NRZ" 和模块 7 上"ABSVAL"两点的波形. 若前一位数据有跳变,则判断有效,以 ABSVAL 输出 1 表示;否则,输出 0 表示判断无效. 结果可以看到,"NRZ"连零时"ABSVAL"为 0,"NRZ"有跳变时"ABSVAL"为 1. 记录双踪示波器波形图.

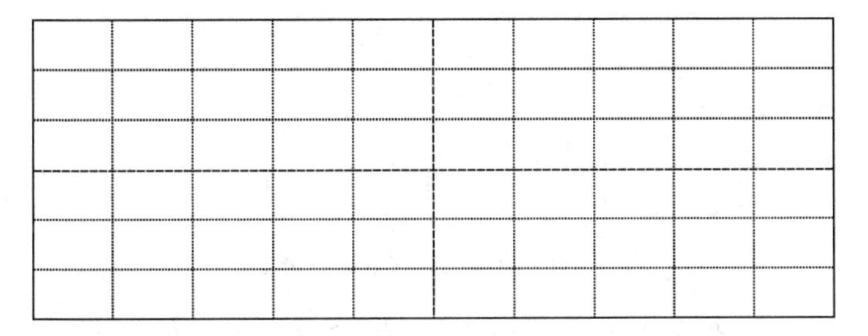

图 2-6-10　CH_1:NRZ、CH_2:ABSVAL 波形

3. NRZ 超前滞后位同步观察

以"INSERT"和"DEDUCT"两点的波形作为测量点，用示波器双踪观察到插入脉冲和扣除脉冲信号交替的给出."INSERT"为"1"时扣除一位."DEDUCT"为"1"时插入一位.记录双踪示波器波形图.

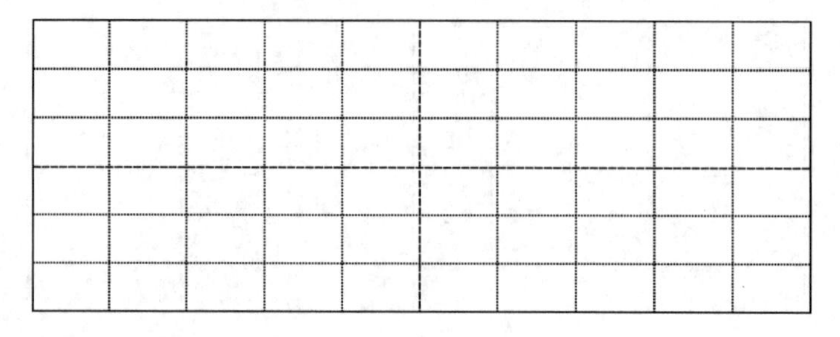

图 2-6-11　CH_1:INSERT、CH_2:DEDUCT 波形

4. 数字锁相环工作的主时钟观察

以"CLKHI"点的波形作为测量点，是数字锁相环工作的主时钟，当拨码开关 S_2 选择为"0110"时，用示波器双踪观察"CLKHI"主时钟和"BS"锁相环法提取的位同步信号.记录双踪波形的频率参数，画出波形图.应该"CLKHI"频率是"BS"的 16 倍关系.

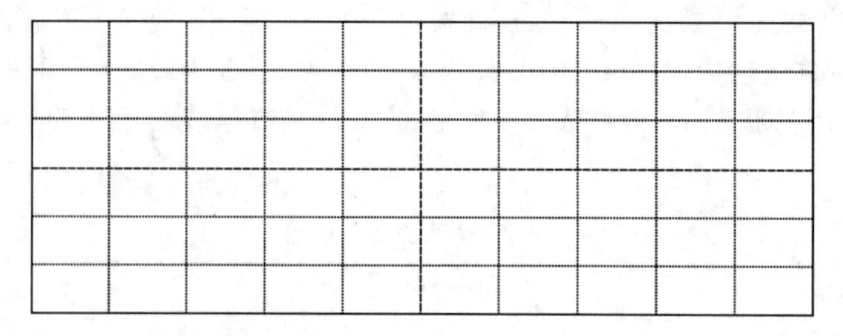

图 2-6-12　CH_1:CLKHI、CH_2:BS 波形

5. 数字锁相环位同步观察

以"BS"锁相环法提取的位同步信号作为测量点，用示波器双踪观察"NRZ"和"BS"波形，记录"BS"位同步信号同步抖动时间，画出抖动现象.

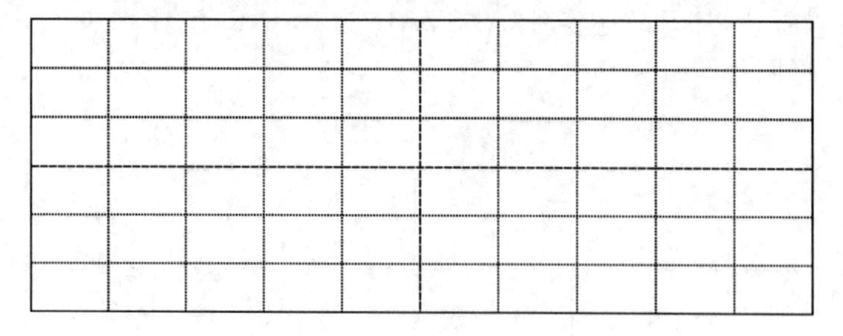

图 2-6-13　CH_1:NRZ、CH_2:BS 波形

实验结束关闭电源，拆除连线，整理实验数据及波形完成实验报告.

七、思考题

1. 简述科斯塔斯环法提取同步载波的工作过程.

2. 提取同步载波的方法除了科斯塔斯环法外，还有什么方法？至少设计一种电路，并分析其工作的过程.

3. 在数字锁相位同步方法中，试问为什么通过扣除或附加脉冲能实现位同步呢？

4. 分析“BS”位同步信号为什么会产生抖动现象. 如果不抖动是否属于正常？为什么？

5. 框 7 电路中 W_1 可调电位器的作用是什么？在实验中如何判断正确调整方法？如果调整不当，最终导致什么信号不正常？

实验七　ASK 解调电路设计实验(设计性实验)

一、实验目的

1. 培养查阅、分析和综合资料的能力
2. 掌握 ASK 解调电路设计方法
3. 提高实践动手能力

二、设计内容及要求

1. 通过查阅有关设计 ASK 解调资料,设计出 ASK 解调器,其原理建议采用包络检波法解出判决前基带信号

2. 设调制信号 PN 为 2 kHz,已调波 ASK 的载波为 100 kHz. 根据载波频率来计算解调电路中的低通滤波器的元件参数. 运放统一采用 TL084 集成电路

3. 画出 ASK 解调器设计电路

4. 论证可行性的设计方案

三、实验器材

1. 信号源模块、3 号模块	一块
2. 主要元器件:TL084 运放一块、其他器件	若干
3. 双踪示波器	一台
4. 万能实验板	一块

四、实验步骤

1. 熟悉万能实验板结构请见附录 3,可以该在板上完成设计电路的各元器件连接起来.

2. 连接完毕,检查连接是否正确,特别要检查电源的正负极性是否接正确了. 然后打开电源开关上电,检查各测试点波形是否正确,通过调试,改变器件参数反复试验使各测试点信号满足设计方案的要求.

五、参考电路

图 2-7-1 为 ASK 包络检波法解调的电路实现方案.

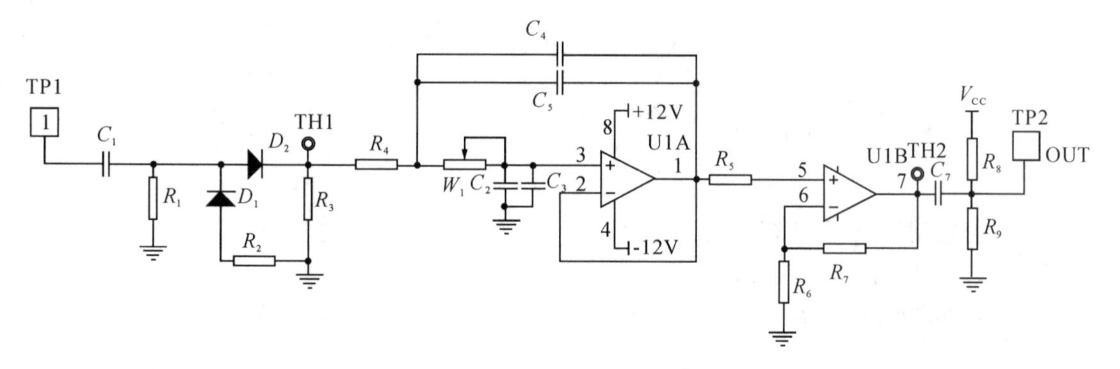

图 2-7-1　ASK 解调电路

六、实验报告要求

1. 画出 ASK 解调电路,并表注元器件符号及参数. 根据截止频率,计算二阶低通滤波器的元件参数.

2. 记录 ASK 解调输入信号波形、包络检波法前后信号波形、ASK 解调放大输出波形.

3. 写出在调试过程中遇到的问题和解决方法以及体会.

实验八　(FSK)解调电路设计实验(设计性实验)

一、实验目的

1. 培养查阅、分析和综合资料的能力
2. 掌握 FSK 解调设计方法
3. 提高实践动手能力

二、设计内容及要求

1. 通过查阅有关设计 FSK 的解调资料，设计 FSK 解调器，其原理建议采用过零检测法，恢复出判决前原始基带信号

2. 设已调波 FSK 的 A 载波为 80 kHz、B 载波为 40 kHz、调制信号 PN 为 2 kHz

3. 根据已调波 FSK 的两个载波过零点数就可以得到关于频率的差异，选择上升沿触发和下降沿触发时间常数的元件参数及低通滤波器的元件参数. 运放统一采用 TL084、比较器采用 LM339、单稳触发器采用 74LS123、两路单稳后相加器采用 74LS32 集成电路

4. 画出 FSK 解调器设计电路

5. 论证可行性的设计的方案

三、实验器材

1. 信号源模块、3 号模块	一块
2. 主要元器件：TL084、LM339、74LS123、74LS32 其他器件	若干
3. 双踪示波器	一台
4. 万能实验板	一块

四、实验步骤

1. 熟悉万能实验板结构请见附录 3，可以将该板上完成设计电路的各元器件连接起来.

2. 连接完毕，检查连接是否正确，特别要检查电源的正负极性是否接正确了. 然后打开

电源开关上电，检查各测试点波形是否正确，通过调试，改变器件参数反复试验使各点测试点信号满足设计方案的要求.

五、参考电路

图 2-8-1 为 FSK 过零检测法解调的电路实现方案.

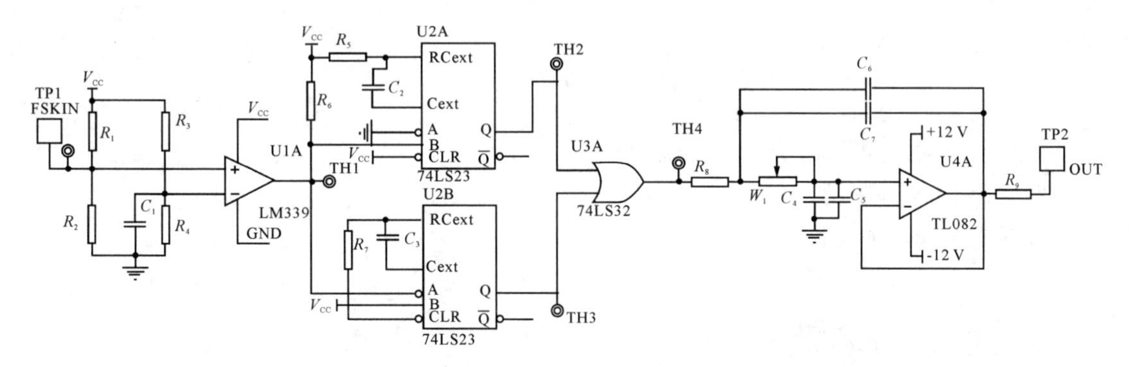

图 2-8-1　FSK 解调电路

六、实验报告要求

1. 画出 FSK 解调电路，并表注元器件符号及参数. 根据截止频率，计算的二阶低通滤波器的元件参数.

2. 记录 FSK 解调输入信号波形、过零检测前后信号波形、两路单稳后相加器前后、FSK 低通滤波解调输出波形.

3. 写出在调试过程中遇到的问题和解决方法以及体会.

实验九　PSK 调制电路设计实验(设计性实验)

一、实验目的

1. 培养查阅、分析和综合资料的能力.
2. 掌握 PSK 调制设计方法.
3. 提高实践动手能力.

二、设计内容及要求

1. 通过查阅有关 PSK 的解调设计资料,设计 PSK 解调器.根据 PSK 调制原理,是利用基带信号去调制载波相位的变化表征被传输数字信息状态.具体调制载波基本思想是将单极性非归零码基带信号变换变成双极性非归零码,然后与载波相乘可获得 PSK 信号

2. 要求调制基带信号 PN 码取 8 kHz、载波信号取 128 kHz.运放统一采用 TL084、乘法器采用 MC1496 集成电路

3. 画出 PSK 解调器设计电路

4. 论证可行性的设计方案

三、实验器材

1. 信号源模块、4 号模块	一块
2. 主要元器件:TL084、MC1496、其他器件	若干
3. 双踪示波器	一台
4. 万能实验板	一块

四、实验步骤

1. 熟悉万能实验板结构请见附录 3,可以将该板上完成设计电路的各元器件连接起来.

2. 连接完毕,检查连接是否正确,特别要检查电源的正负极性是否接正确了.然后打开电源开关上电,检查各测试点波形是否正确,通过调试,改变器件参数反复试验使各点

测试点信号满足设计方案的要求.最后还要通过 PSK 解调来验证是否能够解出原基带信号.

五、参考电路

图 2-9-1 为 PSK 调制电路实现方案.

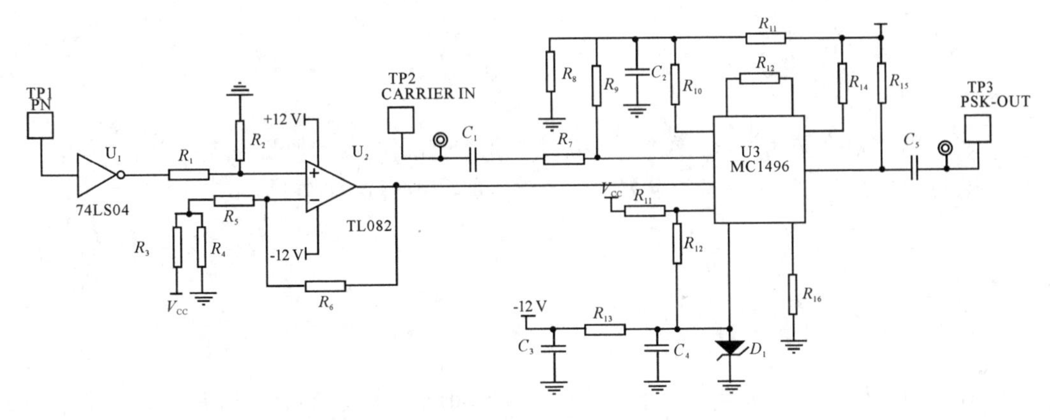

图 2-9-1　PSK 调制电路参考电路

六、实验报告要求

1. 画出 PSK 调制电路,并表注元器件符号及参数.

2. 记录 PSK 调制输入基带信号波形、单极性非归零码基带信号变换变成双极性非归零码基带信号波形.过零检测前后信号波形、PSK 调制输出波形及通过 PSK 解调来验证输出波形.

3. 写出在调试过程中遇到的问题和解决方法以及体会.

实验十　抽样定理和 PAM 调制解调实验(验证性实验)

一、实验目的

1. 通过脉冲幅度调制实验,学生能加深理解脉冲幅度调制的原理
2. 通过对电路组成、波形和所测数据的分析,加深理解这种调制方式的优缺点

二、实验内容

1. 观察模拟输入正弦波信号、抽样时钟的波形和脉冲幅度调制信号,并注意观察它们之间的相互关系及特点
2. 改变模拟输入信号或抽样时钟的频率,多次观察波形

三、实验器材

1. 信号源模块	一块
2. 1 号模块	一块
3. 20 MHz 双踪示波器	一台
4. 连接线	若干

四、实验原理

(一)基本原理

1. 抽样定理

抽样定理表明:一个频带限制在$(0, f_H)$内的时间连续信号$m(t)$,如果以$T \leqslant \frac{1}{2f_H}$秒的间隔对它进行等间隔抽样,则$m(t)$将被所得到的抽样值完全确定.

假定将信号$m(t)$和周期为T的冲激函数$\delta_T(t)$相乘,如图 2-10-1 所示.乘积便是均匀间隔为T秒的冲激序列,这些冲激序列的强度等于相应瞬时上$m(t)$的值,它表示对函数$m(t)$的抽样.若用$m_s(t)$表示此抽样函数,则有:

$$m_s(t) = m(t)\delta_T(t)$$

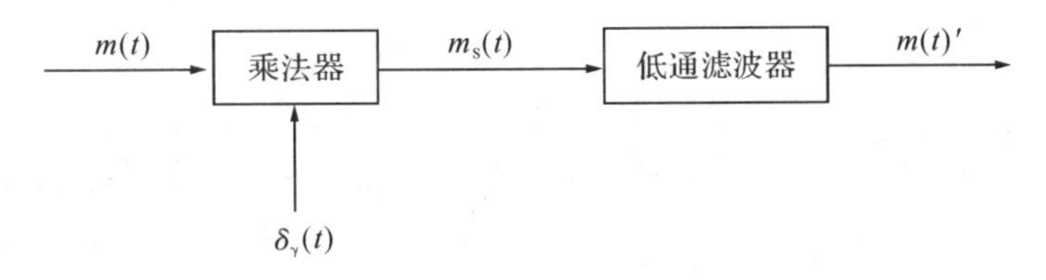

图 2-10-1　抽样与恢复

需要注意，若抽样间隔 T 变得大于$\frac{1}{2f_H}$，则 $M(\omega)$和 $\delta_T(\omega)$的卷积在相邻的周期内存在重叠(亦称混叠)，因此不能由 $M_s(\omega)$恢复 $M(\omega)$. 可见，$T=\frac{1}{2f_H}$是抽样的最大间隔，它被称为奈奎斯特间隔.

2. 脉冲振幅调制(PAM)

所谓脉冲振幅调制，即是脉冲载波的幅度随输入信号变化的一种调制方式. 如果脉冲载波是由冲激脉冲组成的，则前面所说的抽样定理，就是脉冲增幅调制的原理.

但是实际上真正的冲激脉冲串并不能付之实现，而通常只能采用窄脉冲串来实现. 因而，研究窄脉冲作为脉冲载波的 PAM 方式，将具有实际意义.

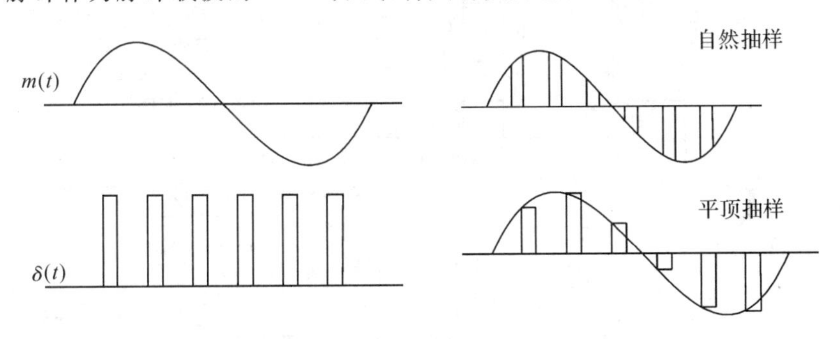

图 2-10-2　自然抽样及平顶抽样波形

PAM 方式有两种：自然抽样和平顶抽样. 自然抽样又称为"曲顶"抽样，已抽样信号 $m_s(t)$的脉冲"顶部"是随 $m(t)$变化的，即在顶部保持了 $m(t)$变化的规律(如图 2-10-2 所示). 平顶抽样所得的已抽样信号如图 2-10-2 所示，这里每一抽样脉冲的幅度正比于瞬时抽样值，但其形状都相同. 在实际中，平顶抽样的 PAM 信号常常采用保持电路来实现，得到的脉冲为矩形脉冲.

(二)电路组成

脉冲幅度调制实验系统方框图如图 2-10-3 所示，主要由抽样保持芯片 LF398 和解调滤波电路两部分组成，电路原理图如图 2-10-4 所示.

(三)实验电路

1. PAM 调制电路

如图 2-10-4 所示，LF398 是一个专用的采样保持芯片，它具有很高的直流精度和较高的采样速率，器件的动态性能和保持性能可以通过合适的外接保持电容达到最佳. LF398 的内部结构如图 2-10-5 所示.

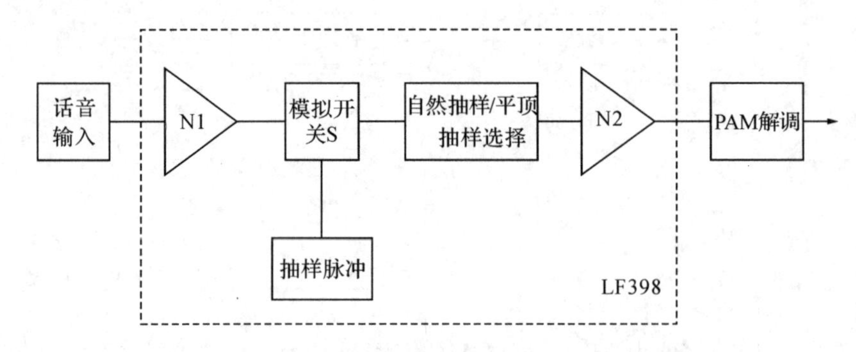

图 2-10-3　脉冲振幅调制电路原理框图

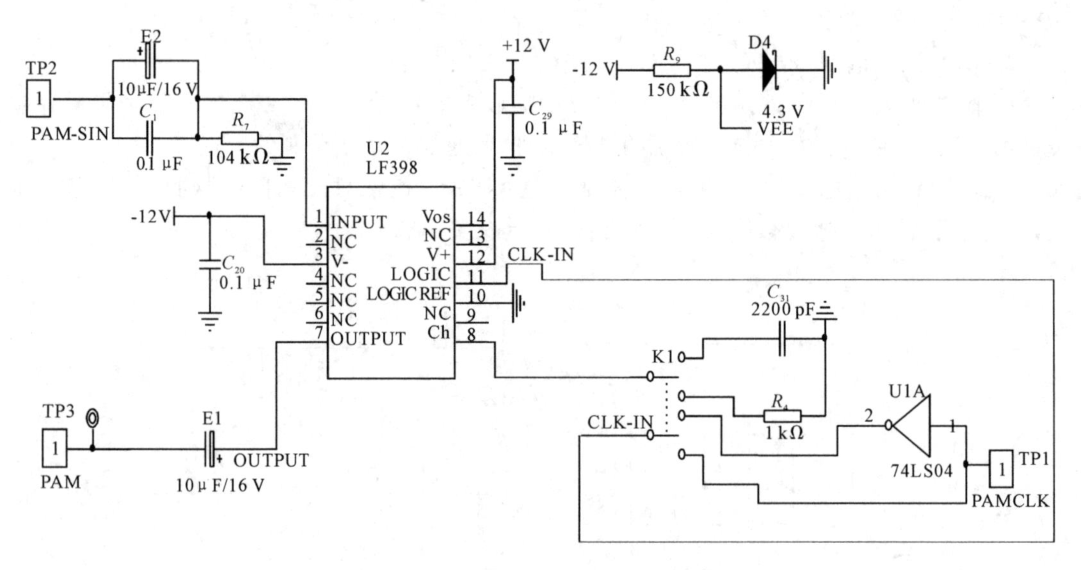

图 2-10-4　脉冲幅度调制电路原理图

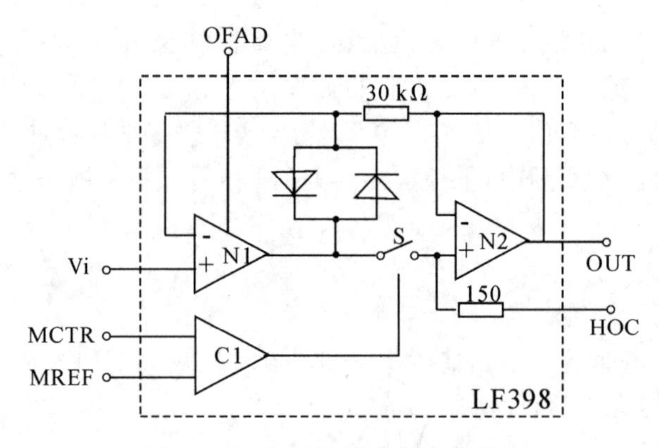

图 2-10-5　LF398 的内部电路结构

N1 是输入缓冲放大器，N2 是高输入阻抗射极输出器. S 为逻辑控制采样/保持开关，当 S 接通时，开始采样；当 S 断开时，开始保持. LF398 的引脚功能如下.

3、12 脚：正负电源输入端. 1 脚：Vi，模拟电压输入端. 11 脚：MCTR，逻辑控制输入端，高电平为采样，低电平为保持. 10 脚：MREF，逻辑控制电平参考端，一般接地. 8 脚：HOC，采样/保持电容接入端. 7 脚：OUT，采样/保持输出端. 如图 2-10-4 所示，被抽样信号从 PAM-SIN 输入，进入 LF398 的 1 脚 Vi 端，经内部输入缓冲放大器 N1 放大后送到模拟开关 S，此时，将抽样脉冲作为 S 的控制信号，当 LF398 的 11 脚 MCTR 端为高电平时开关接通，为低电平时开关断开. 然后经过射极输出器 N2 输出比较理想的脉冲幅度调制信号. K_1 为"平顶抽样""自然抽样"选择开关.

2. PAM 解调与滤波电路

解调滤波电路由集成运放电路 TL084 组成. 组成了一个二阶有源低通滤波器，其截止频率设计在 3.4 kHz 左右，因为该滤波器有着解调的作用，因此它的质量好坏直接影响着系统的工作状态. 该电路还在后续实验接收部分有用到. 电路如图 2-10-6 所示.

(四)PAM 解调电路

图 2-10-6 为脉冲振幅解调电路图，其中，框 1 为射随电路，框 2 为两个二阶有源低通滤波器电路，其截止频率设计在 3.4 kHz 左右，低通滤波器是实现 PAM 解调功能的关键模块，框 3 为放大电路，W1 调节输出信号幅度.

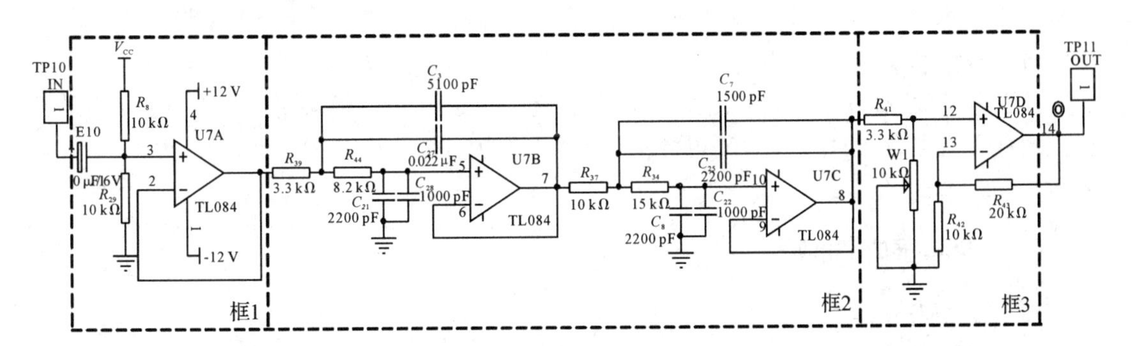

图 2-10-6　脉冲振幅解调电路图

五、测试点说明

PAM-SIN：音频信号输入端口.

PAMCLK：抽样时钟信号输入端口.

IN：PAM 解调滤波电路输入端口.

自然抽样输出：自然抽样信号输出端口.

平顶抽样输出：平顶抽样信号输出端口.

OUT：PAM 解调滤波输出端口.

PAM 调制解调模块信号流程如图 2-10-7 所示.

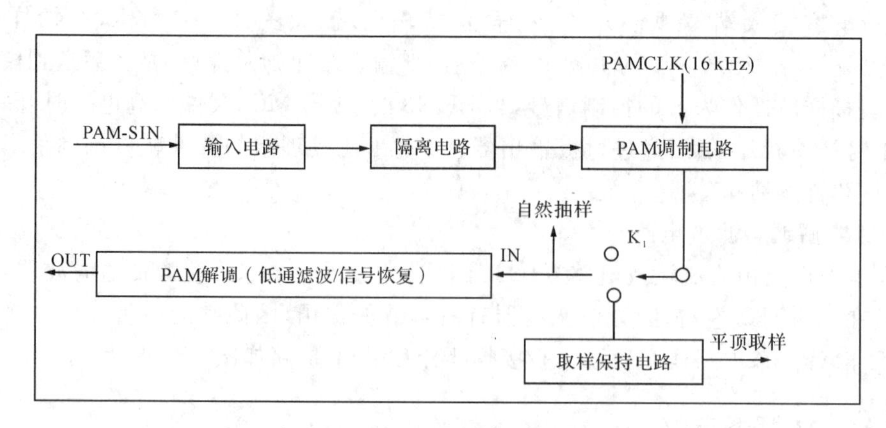

图 2-10-7　PAM 调制解调模块信号流程图

六、实验步骤

将信号源模块、模块 1 固定在主机箱上，将黑色塑封螺钉拧紧，确保电源接触良好.

插上电源线，打开主机箱右侧的交流开关，将信号源模块和模块 1 的电源开关拨下，观察指示灯是否点亮，红灯为＋5 V 电源指示灯，绿灯为－12 V 电源指示灯，黄灯为＋12 V 电源指示灯.

(一)脉冲振幅调制

1. 连线操作

用示波器观测信号源“2 kHz 同步正弦波”输出，调节 W_1 改变输出信号幅度，使输出信号峰－峰值在 4 V 左右. 将信号源上 S_4 设为“1011”，使“CLK1”输出 16 kHz 时钟. 将模块 1 上 K_1 选到“自然”. 关闭电源，按如表 2-10-1 连线. 检查连线是否正确，检查无误后打开电源.

表 2-10-1 实验连线

源端口	目的端口	连线说明
信号源：“2K 同步正弦波”	模块 1：PAM-SIN	提供被抽样信号
信号源：“CLK1”	模块 1：PAMCLK	提供抽样时钟

2. PAM 自然抽样测量

用示波器在“自然抽样输出”处观察 PAM 自然抽样波形. 双踪分别测量“PAM-SIN”“PAMCLK”、PAM 的波形图(注意相位关系). 记录波形参数画出波形图，比较二者波形.

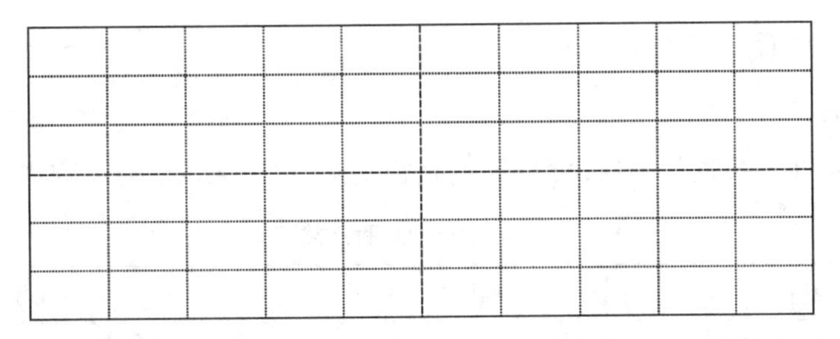

图 2-10-8　CH_1:PAM-SIN 波形、CH_2:自然抽样输出 PAM 的波形

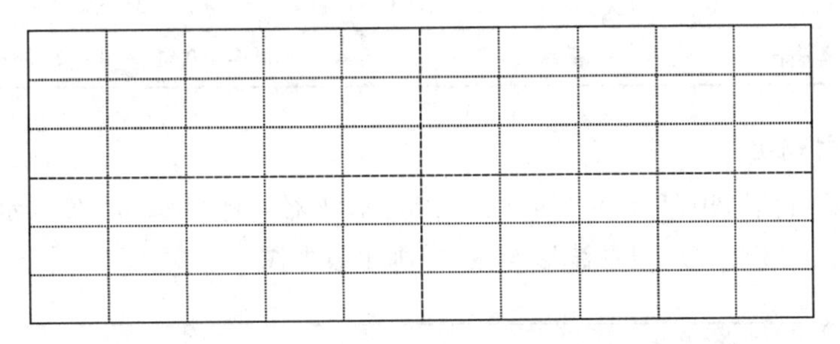

图 2-10-9　CH_1:PAMCLK 波形、CH_2:自然抽样输出 PAM 波形

3. PAM 平顶抽样测量

用示波器观测信号源"2 kHz 同步正弦波"输出,调节 W_1 改变输出信号幅度,使输出信号峰一峰值在 4 V 左右.

将信号源上 S_1、S_2、S_3 依次设为"10000000""10000000""10000000",将 S_5 拨为"1000",使"NRZ"输出速率为128 kHz,抽样频率为:NRZ 频率8 kHz(实验中的电路,NRZ 为"1"时抽样,为"0"时保持.在平顶抽样中,抽样脉冲为窄脉冲).

将 K_1 设为"平顶".关闭电源,按表 2-10-2 方式进行连线.

表 2-10-2 实验连线

源端口	目的端口	连线说明
信号源:2 kHz 同步正弦波	模块 1:PAM-SIN	提供被抽样信号
信号源:"NRZ"	模块 1:PAMCLK	提供抽样脉冲

打开电源,用示波器在"平顶抽样输出"处观察平顶抽样波形.双踪记录波形参数画出波形图.

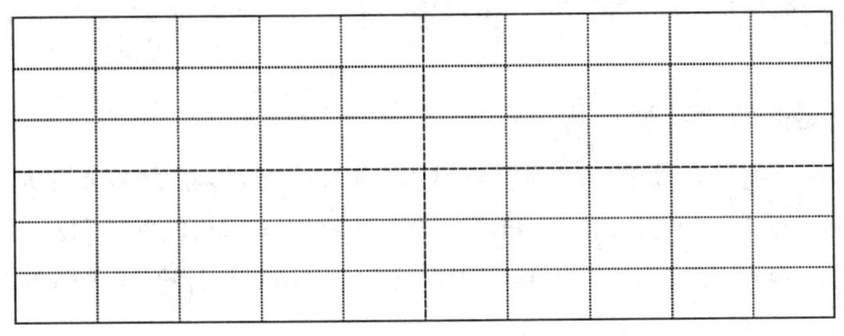

图 2-10-10　CH_1:PAMCLK 波形、CH_2:平顶抽样输出 PAM 波形

(二)PAM 解调

1. 连线操作

按如表 2-10-3 方式进行连线.检查连线是否正确,检查无误后打开电源.

表 2-10-3　实验连线

源端口	目的端口	连线说明
信号源:"2 kHz 同步正弦波"	模块 1:PAM-SIN	提供被抽样信号
信号源:"CLK1"	模块 1:PAMCLK	提供抽样时钟
模块 1:"自然抽样输出"	模块 1:IN	将 PAM 信号进行译码

2. 解调信号输出

将 K_1 设为"自然",用"PAM-SIN"信号作为示波器的触发源,用双踪示波器对比观测"PAM-SIN"和"OUT"波形.记录波形参数,并画出波形图.

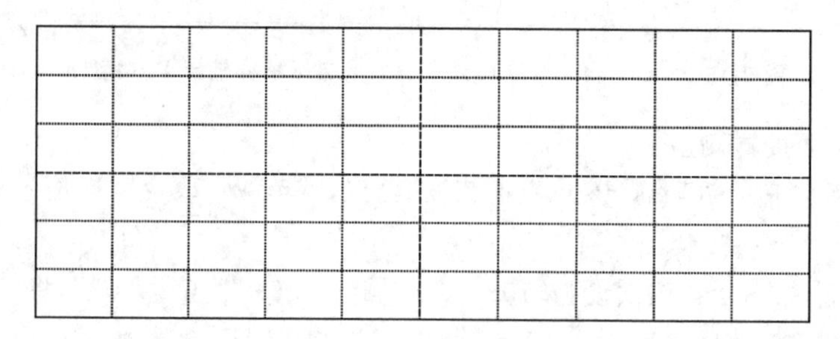

图 2-10-11　CH_1:PAM-SIN 波形、CH_2:OUT 波形

(三)抽样定理验证与分析

1. 改变调制端抽样脉冲

在自然抽样的情况下,改变调制端抽样脉冲 CLK1 的频率,分别为 2 kHz、4 kHz、8 kHz,用双踪示波器分别观察"PAM-SIN" 调制 PAM 信号和解调信号输出"OUT"波形.记录波形参数画出波形图.

2. 语音调制 PAM 信号和解调

输入将信号源产生的音乐信号输入到模块 1 的"PAM-SIN""自然抽样输出"和"IN"相连,PAM 解调信号输出到信号源上的"音频信号输入",通过扬声器听语音,感性判断该系统对话音信号的传输质量.

3. 低通滤波器的幅频特性

测试解调器中低通滤波器的幅频特性.设定输入信号的幅度峰峰值为 4 V,测试频率分别为 100 Hz, 300 Hz, 1000 Hz,1500 Hz, 2000 Hz, 2600 Hz,3200 Hz, 3400 Hz,3700 Hz, 4500 Hz,5000 Hz,观察测试点 OUT 的波形的峰—峰值,从而绘出低通滤波器的幅频特性.

七、思考题

1. 简述平顶抽样和自然抽样的原理及实现方法.
2. 在抽样之后,调制波形中包不包含直流分量,为什么?
3. 造成恢复系统失真的原因有哪些?
4. 为什么采用低通滤波器就可以完成 PAM 解调?

实验十一　脉冲编码调制解调实验(验证性实验)

一、实验目的

1. 掌握脉冲编码调制与解调的原理
2. 掌握脉冲编码调制与解调系统的动态范围和频率特性的定义及测量方法
3. 了解脉冲编码调制信号的频谱特性
4. 了解集成电路 TP3067 的使用方法

二、实验内容

1. 观察脉冲编码调制与解调的结果,分析调制信号与基带信号之间的关系
2. 改变基带信号的幅度,观察脉冲编码调制与解调信号的信噪比的变化情况
3. 改变基带信号的频率,观察脉冲编码调制与解调信号幅度的变化情况
4. 改变位同步时钟,观测脉冲编码调制波形

三、实验器材

1. 信号源模块	一块
2. 2 号模块	一块
3. 双踪示波器	一台
4. 立体声耳机	一副
5. 连接线	若干

四、实验原理

(一)PCM 原理

脉冲编码调制(PCM)简称脉码调制,它是一种将模拟语音信号变换成数字信号的编码方式.脉码调制的过程如图 2-11-1 所示.

PCM 发送端主要包括抽样、量化与编码三个过程.

抽样:是把时间连续的模拟信号转换成时间离散、幅度连续的抽样信号;该模拟信号经

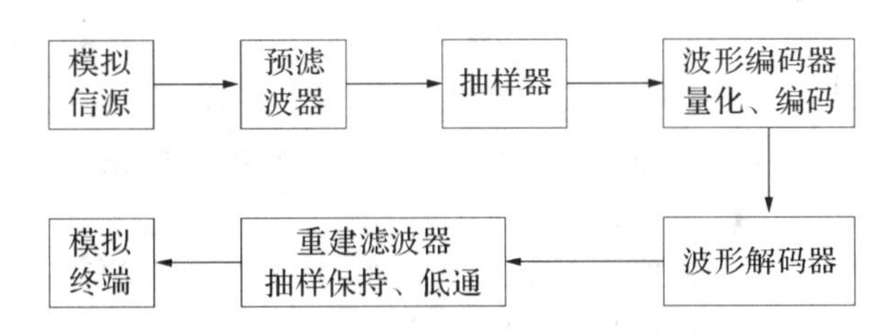

图 2-11-1　脉冲编码调制(PCM)的过程

过抽样后还应当包含原信号中所有信息,也就是说能无失真地恢复原模拟信号.它的抽样速率的下限是由抽样定理确定的.在该实验中,抽样速率采用 8 kbit/s.

量化:是把时间离散、幅度连续的抽样信号转换成时间离散、幅度离散的数字信号;就是把经过抽样得到的瞬时值将其幅度离散,即用一组规定的电平,把瞬时抽样值用最接近的电平值来表示.

编码:是将量化后的信号编码形成一个二进制码组输出.国际标准化的 PCM 码组(电话语音)是用八位码组代表一个抽样值.

预滤波是为了把原始语音信号的频带限制在 300 Hz～3400 Hz,所以预滤波会引入一定的频带失真.

在 PCM 接收端,编码后的 PCM 码组,经数字信道传输,在接收端,用二进制码组重建模拟信号,在解调过程中,一般采用译码+低通滤波器的方法恢复模拟信号.

在整个 PCM 系统中,重建信号的失真主要来源于量化以及信道传输误码.通常,用信号与量化噪声的功率比,即信噪比 S/N 来表示.国际电信联盟(ITU-T)详细规定了它的指标,还规定比特率为 64 kbps,使用 A 律或 μ 律编码律.

1. 主要器件功能

下面对 PCM 编译码专用集成电路 TP3067 芯片做一些简单的介绍.TP3067 是美国半导体公司生产的 PCM CODEC 芯片.

(1)具有串行的 I/O 接口.

(2)供电功耗低于 70 mW 而且具有自动断电功能.

(3)内部设计有性能良好的电源滤波电路.

(4)能够实现 A 律和 μ 律 PCM 编码和解码.

(5)TPC3067 在一个芯片内部集成了编码电路和译码电路,是一个单路编译码器,其编码速率为 2.048 MHz 每一帧数据为 8 bits.

(6)帧同步信号为 8 kHz.

2. TP3067 管脚排列

如图 2-11-2 所示,管脚的功能如下.

(1)FSR:接收帧同步脉冲,它启动 BCLKR,于是 PCM 数据移入 DR,FSR 为 8 kHz 脉冲序列.

(2)DR: 接收数据帧输入,PCM 数据随着 FSR 前沿移入 DR.

(3)BCLKR/CLKSEL:在 FSR 的前沿把输入移入 DR 时位时钟,其频率从 64 kHz～2.048 MHz.另一方面它也可能是一个逻辑输入,以此为在同步模式中的主时钟选择频率 1.536 MHz,1.544 MHz 或 2.048 MHz.

(4)MCLKR/PDN：接收主时钟，其频率可为 1.536 MHz,1.544 MHz 或 2.048 MHz. 它允许与 MCLKX 异步,但为了取得最佳性能应与 MCLKR 同步,当 MCLKR 连续在低电位时,MCLKX 被选用为所有内部定时,当 MCLKR 连续工作在高电位时，器件处于掉电模式.

(5)MCLKX：发送主时钟，其频率可为 1.536 MHz,1.544 MHz 或 2.048 MHz,它允许与 MCLKR 异步,同步工作能实现最佳性能.

(6)BCLKX：把 PCM 数据从 DX 上移出的位时钟,其频率可从 64 kHz～2.048 MHz,但必须与 MCLKX 同步.

(7)DX：由 FSX 启动的三态 PCM 数据输出.

(8)FSX：发送帧同步脉冲输入,它启动 BCLKX 并使 DX 上 PCM 数据移出到 PCM 数据线上.

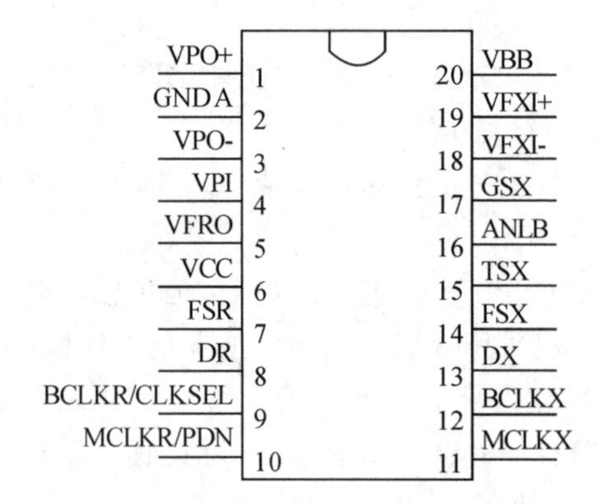

图 2-11-2 TP3067 管脚排列图

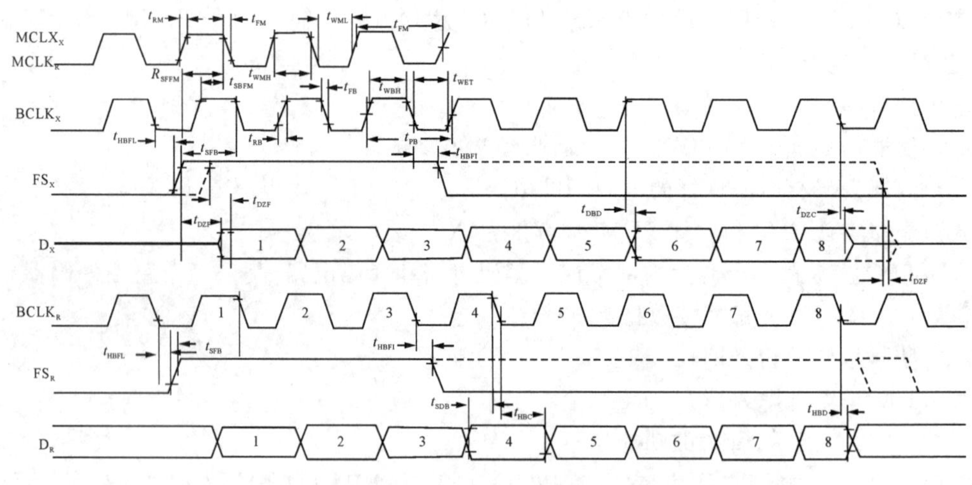

图 2-11-3 TP3067 的工作时序示意图

3. 关于 PCM 编解码的说明

(1)模拟信号在编码电路中,经过抽样、量化、编码,最后得到 PCM 编码信号.

(2)在单路编译码器中,经变换后的 PCM 码是在一个时隙中被发送出去的,在其他的时隙中编译码器是没有输出的,即对一个单路编译码器来说,它在一个 PCM 帧(例如 32 个时隙里)中，只在一个特定的时隙中发送编码信号.

(3)同样，译码电路也只是在一个特定的时隙(此时隙应与发送时隙相同，否则接收不到 PCM 编码信号)里才从外部接收 PCM 编码信号,然后进行译码,经过带通滤波器、放大器后输出.

以上现象将在实验中看到,请大家注意,并思考位同步时钟的频率与主时钟的频率之间的关系.

(二)PCM 编译码电路

以 TP3067 为核心,构成 PCM 编译码电路,如图 2-11-4 所示.本实验可以对语音信号编码,因此需要外接耳麦,耳机和麦克风的放大电路分别如图 2-11-5 和 图 2-11-6 所示.

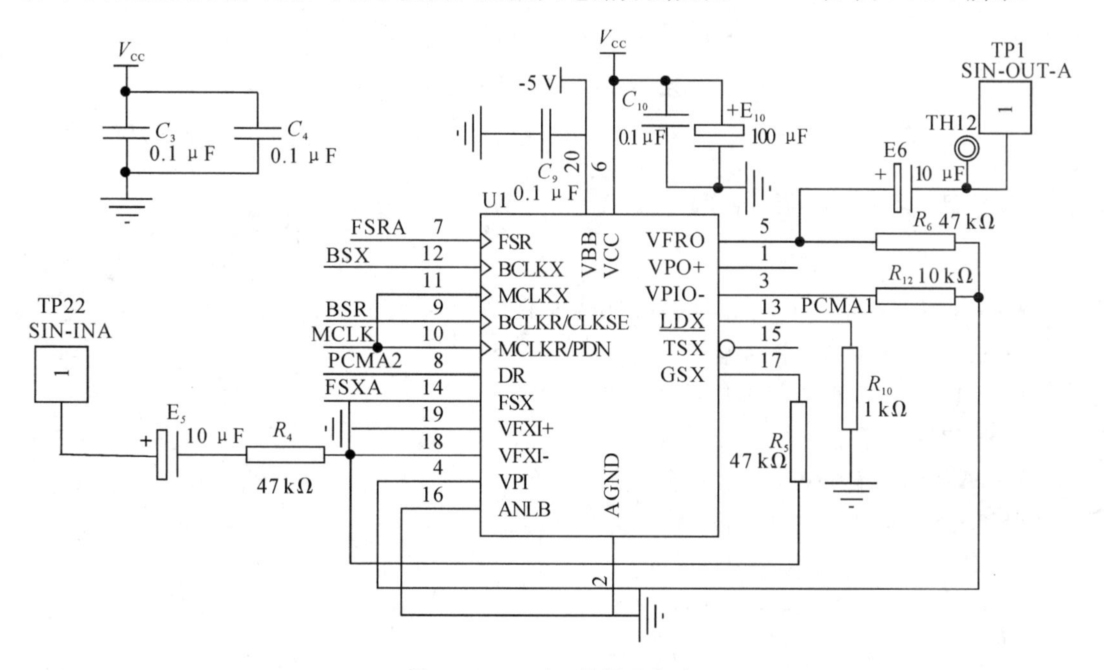

图 2-11-4　PCM 编解码电路

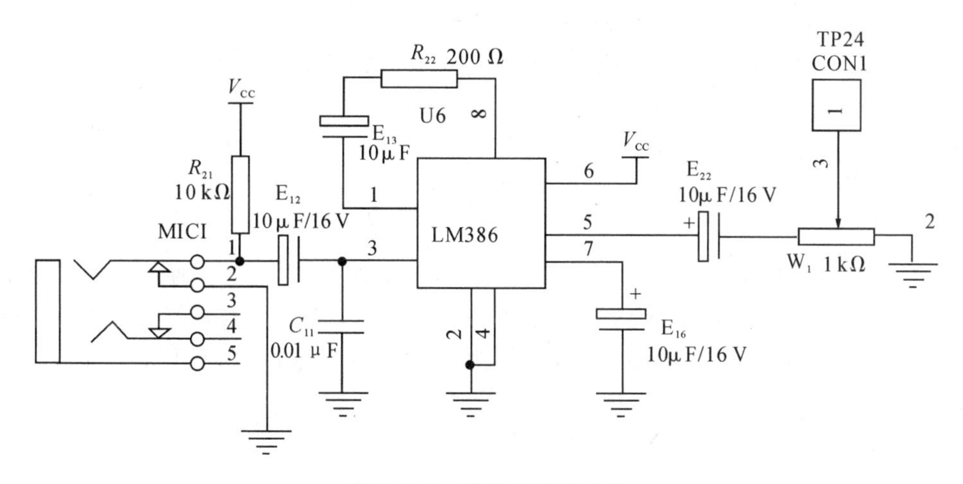

图 2-11-5　麦克风放大电路

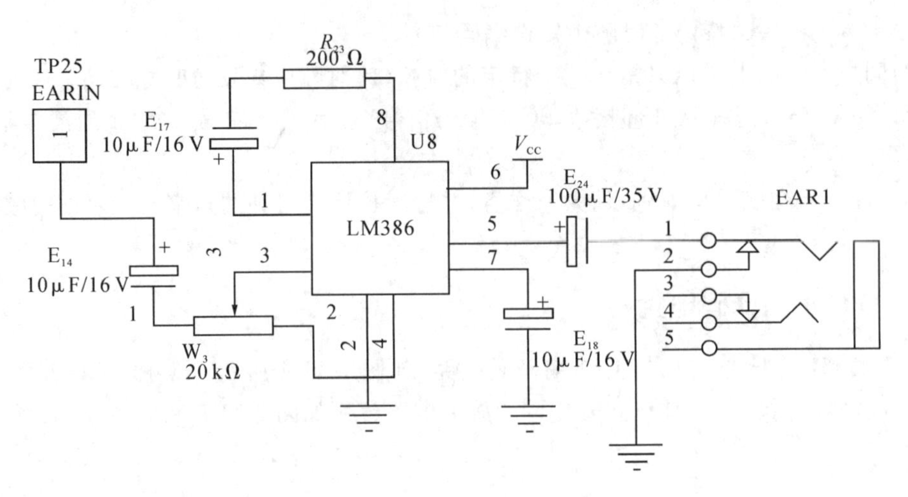

图 2-11-6　耳机放大电路

五、测试点参考说明

MCLK:芯片工作主时钟,频率为 2.048 MHz.
SIN IN-A:模拟信号输入点.
BSX:PCM 编码所需时钟信号输入点.
BSR:PCM 解码所需时钟信号输入点.
FSXA:PCM 编码帧同步信号输入点.
FSRA:PCM 解码帧同步信号输入点.
PCMIN-A:PCM 解调信号输入点.
EARIN1:耳机语音信号输入点.
MICOUT1:麦克风语音信号输出点.
PCMAOUT-A:脉冲编码调制信号输出点.
SIN OUT-A:PCM 解调信号输出点.
PCM/ADPCM 编码解码信号流程如图 2-11-7 所示.

六、实验步骤

将信号源模块和模块 2 固定在主机箱上,将黑色塑封螺钉拧紧,确保电源接触良好.插上电源线,打开主机箱右侧的交流开关,将信号源模块和模块 2 的电源开关拨下,观察指示灯是否点亮,红灯为＋5V 电源指示灯,绿灯为－12V 电源指示灯,黄灯为＋12V 电源指示灯.

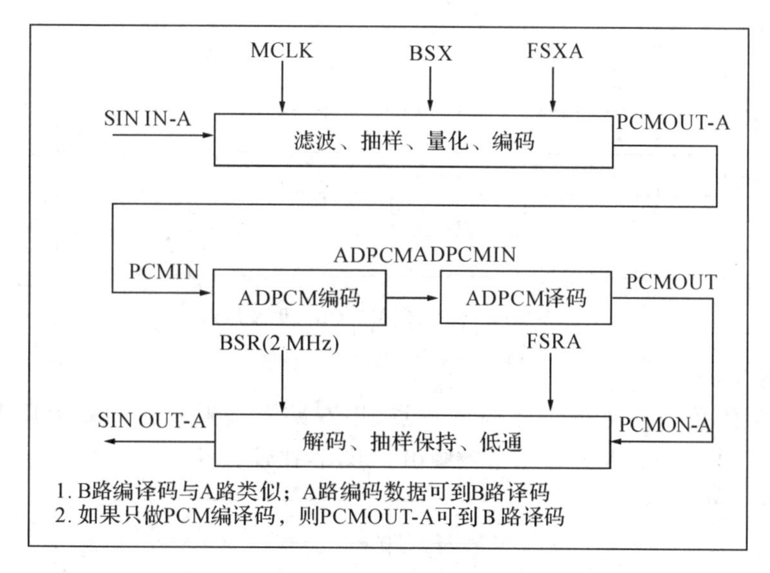

图 2-11-7　PCM/ADPCM 编码解码信号流程图

(一)PCM 编码

用示波器测量信号源板上“2 kHz 同步正弦波”点，调节信号源板上手调电位器 W_1 使输出信号峰一峰值在 3 V 左右．将信号源板上 S_4 设为 0111(时钟速率为 256 kHz)，S_5 设为 0100(时钟速率为 2.048 MHz)．

1. 连线操作

实验系统连线——关闭系统电源，如表 2-11-1 进行连接．检查连线是否正确，检查无误后打开电源．

表 2-11-1　实验连线

源端口	目的端口	连线说明
信号源:2K 同步正弦波	模块 2:SIN IN-A	提供音频信号
信号源:CLK2	模块 2:MCLK	提供 TP3067 工作的主时钟(2.048 MHz)
信号源:CLK1	模块 2:BSX	提供位同步信号(256 kHz)
信号源:FS	模块 2:FSXA	提供帧同步信号
模块 2:FSXA	模块 2:FSRA	作自环实验，直接将接收帧同步和发送帧同步相连
模块 2:BSX	模块 2:BSR	作自环实验，直接将接收位同步和发送位同步相连
模块 2:PCMOUT-A	模块 2:PCMIN-A	将 PCM 编码输出结果送入 PCM 译码电路进行译码

2. 主时钟位同步测量

以 CLK2 主时钟输入、BSX 位同步输入作为测量点，用双踪示波器观测编码“CLK2”主时钟和“BSX”位同步信号，记录波形参数画出波形图．

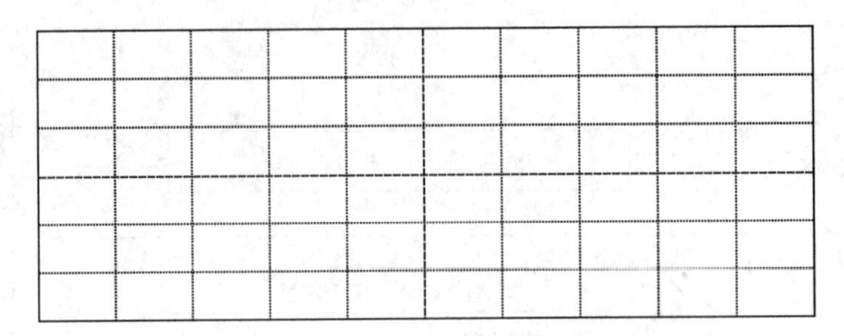

图 2-11-8　CH_1:CLK2、CH_2:BSX 波形

2. 编码输出测量

以 PCM 编码数据信号输出作为测量点，用双踪示波器观测“PCMOUT-A”编码和“FSXA”发送帧同步信号，记录波形参数画出波形图，比较二者波形.

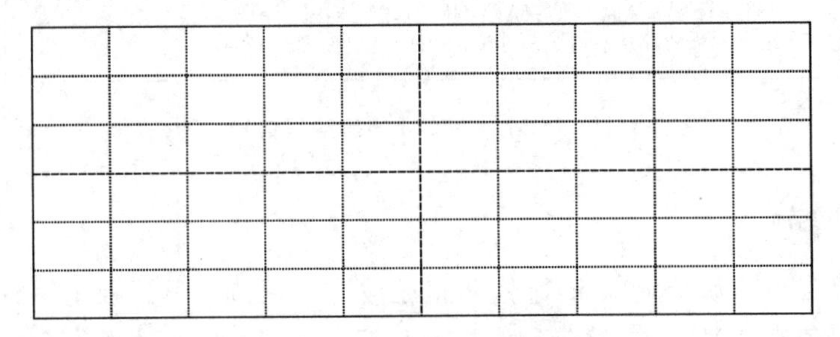

图 2-11-9　CH_1:PCMOUT-A 波形、CH_2:FSXA 波形

用双踪示波器观测“PCMOUT-A”输出编码数据信号和“SIN IN-A”输入音频信号，记录波形参数画出波形图，比较二者波形.

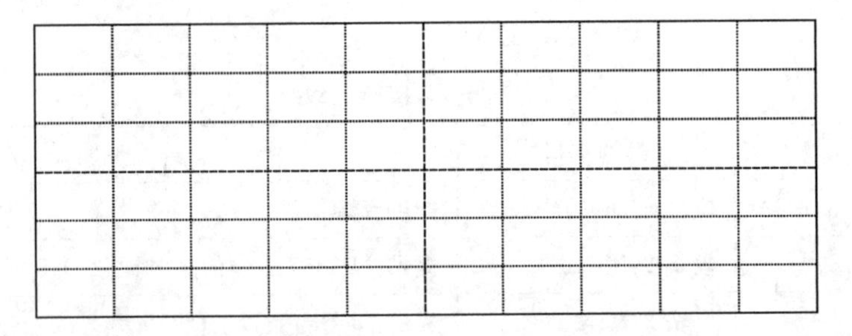

图 2-11-10　CH_1:PCMOUT-A 波形、CH_2:SIN IN-A 波形

(二)PCM 译码

1. 译码解调输出测量

以音频信号输出作为测量点，用双踪示波器观测“SIN OUT-A”译码解调音频信号和“SIN IN-A”输入音频信号，记录波形参数画出波形图，比较二者波形.

2. 改变时钟参数观测 PCM 调制和解调效果

改变位时钟为 2.048 MHz(将 S_4 设为“0100”)，观测 PCM 调制和解调波形. 记录波形参数画出波形图.

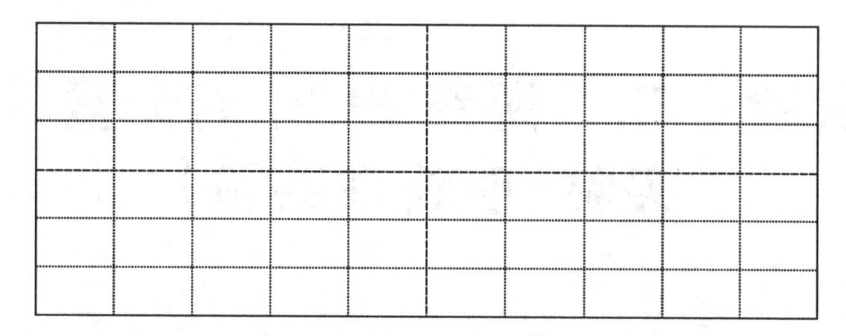

图 2-11-11　CH$_1$:SIN OUT-A 波形、CH$_2$:SIN IN-A 波形

3. 外引入音频信号观测编译码芯片内部的滤波器幅频特性

音频信号源从函数发生器引入正弦波，幅度 2 V，频率分别从 5000 Hz～100 Hz 范围设 15 个频点，输入"SIN IN-A"端观察点"SIN OUT-A"的输出波形，记录波形幅度和频率，作幅频特性图. 应可观察到，当输入正弦波的频率大于 3400 Hz 或小于 300 Hz 时，"SIN OUT-A"幅度急剧减小.

4. 外引入用麦克风或音乐输出信号

试听外引入用麦克风或音乐输出信号代替信号源模块的正弦波，输入模块 2 的端口测试点"SIN IN-A"，重复上述操作和观察，判断该通信系统性能的优劣.

七、思考题

1. 在本次实验系统中，为什么提供 2.048 MHz 的时钟？每一路语音信号 PCM 编码器输出的数据速率是多少？

2. 为什么实验时观察到的 PCM 编码信号总是随时变化的？

3. 当输入正弦信号的频率大于 3400 Hz 或小于 300 Hz 时，分析脉冲编码调制和解调的波形.

4. 试分析 PCM 系统的优缺点.

八、实验报告要求

1. 分析实验电路的工作原理，叙述其工作过程.

2. 根据实验测试记录，在坐标纸上画出各测量点的波形图，并分析实验现象.（注意对应相位关系）

3. 对实验思考题加以分析，按照要求做出回答，并尝试画出本实验的电路原理图.

4. 写出完成本次实验后的心得体会以及对本次实验的改进建议.

实验十二　两路 PCM 时分复用实验(创新性实验)

一、实验目的

1. 掌握时分复用的概念
2. 了解时分复用的构成及工作原理
3. 了解时分复用的优点与缺点
4. 了解时分复用在整个通信系统中的作用

二、实验内容

1. 对两路模拟信号进行 PCM 编码
2. 然后进行复用
3. 观察复用后的信号

三、实验器材

1. 信号源模块	一块
2. 2 号模块	一块
3. 8 号模块	一块
4. 双踪示波器	一台
5. 连接线	若干
6. 耳麦	一副

四、实验原理

在数字通信中，PCM、M、ADPCM 或者其他模拟信号的数字化，一般都采用时分复用方式来提高信道的传输效率. 所谓复用就是多路信号(语音、数据或图像信号)利用同一个信道进行独立的传输. 如利用同一根同轴电缆传输 1920 路电话，且各路电话之间的传递是相互独立的，互不干扰.

时分复用(TDM)的主要特点是利用不同时隙来传递各路不同信号,时分复用是建立在抽样定理基础上的,因为抽样定理是连续(模拟)的基带信号有可能在被时间上离散出现的抽样脉冲所代替.这样,当抽样脉冲占据较短时间时,在抽样脉冲之间就留出了时间空隙.利用这些空隙便可以传输其他信号的抽样值.因此,就可能用一条信道同时传送若干个基带信号,并且每一个抽样值占用的时间越短,能够传输的路数也就越多.TDM 与 FDM(频分复用)原理的差别在于:

TDM 在时域上是各路信号分割开来的;但在频域上是各路信号混叠在一起的.

FDM 在频域上是各路信号分割开来的;但在时域上是混叠在一起的.

TDM 的方法有两个突出的优点:多路信号的会合与分路都是数字电路,比 FDM 的模拟滤波器分路简单、可靠.信道的非线性会在 FDM 系统中产生交调失真与高次谐波,引起路际串话.因此,对信道的非线性失真要求很高;而 TDM 系统的非线性失真要求可降低.

然而,TDM 对信道中时钟相位抖动及接收端与发送端的时钟同步问题则提出了较高要求.所谓同步是指接收端能正确地从数据流中识别各路序号.为此,必须在每帧内加上标志信号(称为帧同步信号).它可以是一组特定的码组,可以是特定宽度的脉冲.在实际通信系统中还必须传送命令以建立通信连接,如传送电话通信中的占线、摘机与挂机信号以及振铃信号等命令.上述所有信号都是时间分割,按某种固定方式排列起来,称为帧结构.

采用 TDM 制的数字通信系统,在国际上已逐步建立起标准.原则上是先把一定路数电话语音复合成一个标准数据流(称为基群),然后再把基群数据流采用同步或准同步数字复接技术,会合成更高速的数据信号,复接后的序列中按传输速率不同,分别成为一次群、二次群、三次群、四次群等.

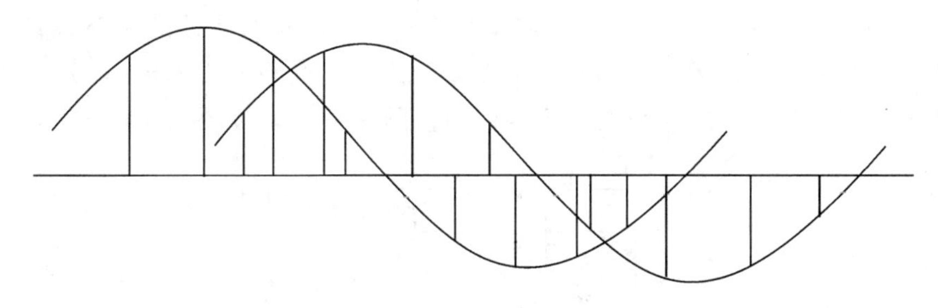

图 2-12-1　两个信号的时分复用

本实验单元由 PCM 编码电路、复接器、解复接器、PCM 译码电路,话路终端电路组成.PCM 编译码原理在脉冲编码调制实验中已作详细介绍,下面主要介绍复用原理.解复用原理和话路终端电路.

(一)时分复用原理

我国使用的 PCM 系统,规定采用 PCM30/32 路的帧结构,如图 2-12-2 所示.

抽样频率 f_s 为 8 kHz,所以帧长度 $T_s=1/8\ \text{kHz}=125\mu\text{s}$.一帧分为 32 个时隙,其中 30 个时隙供 30 个用户(即 30 路话)使用,即 TS1～TS15 和 TS17～TS31 为用户时隙.因为采用的是 13 折线 A 律编码,因此所有的时隙都是采用 8 位二进制码.TS0 是帧同步时隙,TS16 是信令时隙.帧同步码组成为 * 0011011,它是在偶数帧中 TS0 的固定码组,接收端根据此码组建立正确的路序,即实现帧同步.其中的第一位码元“ * ”供国际间通信用.奇数帧

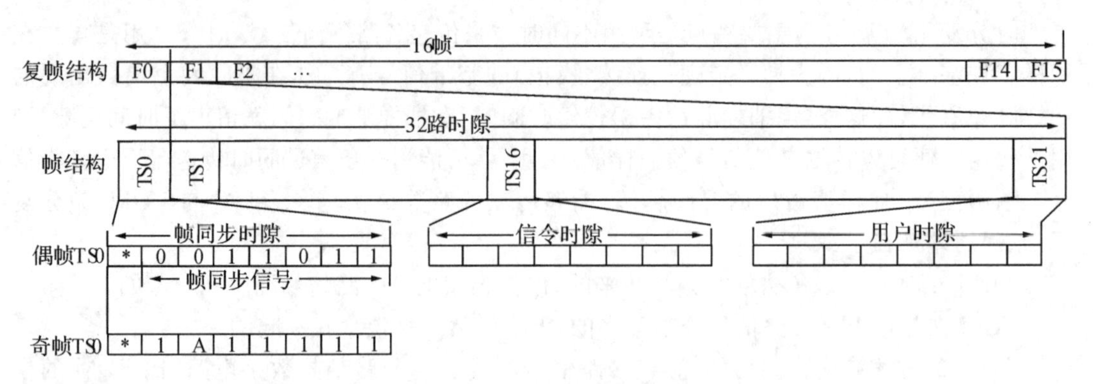

图 2-12-2 PCM 基群帧结构

中 TS0 不作为帧同步用，供其他用途. TS16 用来传送话路信令. 话路信令有两种：一种是共路信令，另一种是随路信令. 若将总比特率为 64 kbps 的各 TS16 统一起来使用，称为共路信令传输，这里必须将 16 个帧构成一个更大的帧，称之为复帧. 若将 TS16 按时间顺序分配给各个话路，直接传送各话路的信令，称之为随路信令传送. 此时每个信令占 4 bit，即每个 TS16 含两路信令. 根据以上帧结构，我们不难看到，PCM30/32 系统传码率为：

$R_{BP} = f_s \times n \times N = 8000 \times 32 \times 8 = 2.048$ Mbps

式中 f_s 为抽样率.

n 为一帧中所含时隙数.

N 为一个时隙中所含码元数.

因为码元是二进制，所以该系统传信率 $R_{BP} = 2.048$ Mbps.

在本实验中通过 FPGA 产生的帧同步信号 FS1 和 FS_SEL 来使两个 W681512 其编码产生的数据分别在 3 时隙和可选时隙. 其中 FS_SEL 是由拨码开关来选择 27 个时隙，十位由一个两位的拨码开关选择，个位由一个四位的拨码开关选择. 如图 2-12-3 所示.

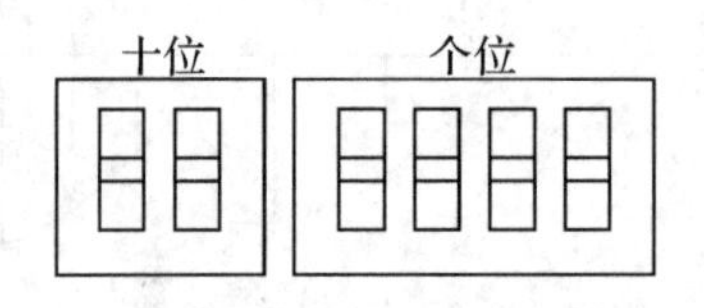

图 2-12-3 拨码开关

拨码开关拨 ON 为“1”，拨 OFF 为“0”. 拨码开关所对应的时隙如表 2-12-1 所示. 注：16 时隙为信令时隙，不可选.

表 2-12-1 时隙表

十　位	个　位	所选时隙
00	0000～0011	第 4 时隙
00	0100～1001	第 4～9 时隙
00	1010～1111	第 4 时隙
01	0000～1001	第 10～19 时隙
01	1010～1111	第 4 时隙

续表

十　位	个　位	所选时隙
10	0000～1001	第 20～29 时隙
10	1010～1111	第 4 时隙
11	0000～0001	第 30～31 时隙
11	0010～1111	第 4 时隙

时分复用的原理框图如图 2-12-4 所示.

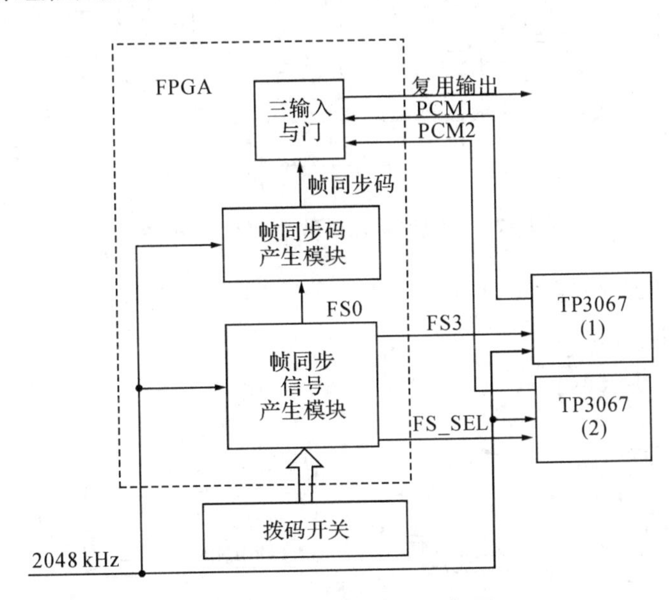

图 2-12-4　时分复用原理框图

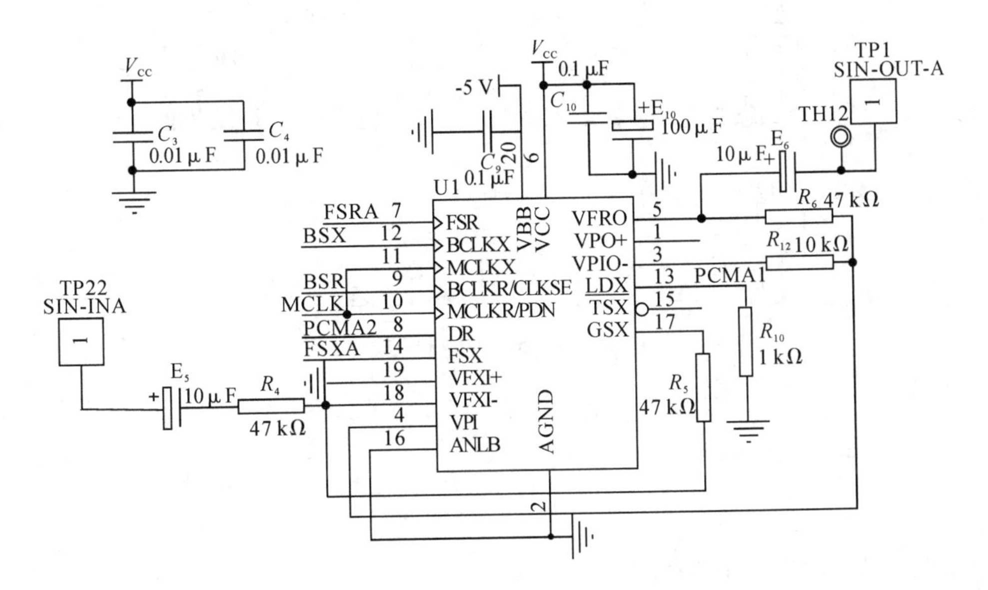

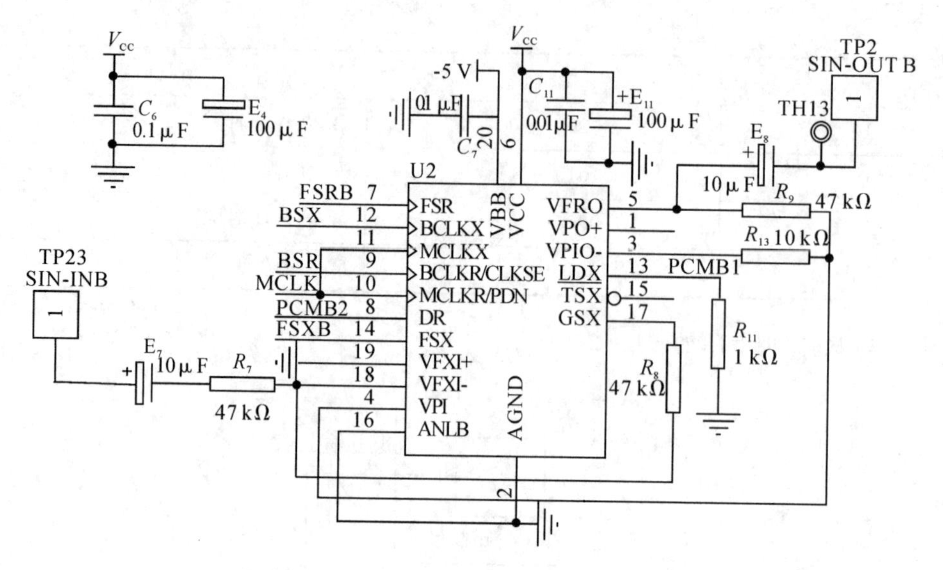

图 2-12-5　TP3067 编译码 PCM1、PCM2 电路

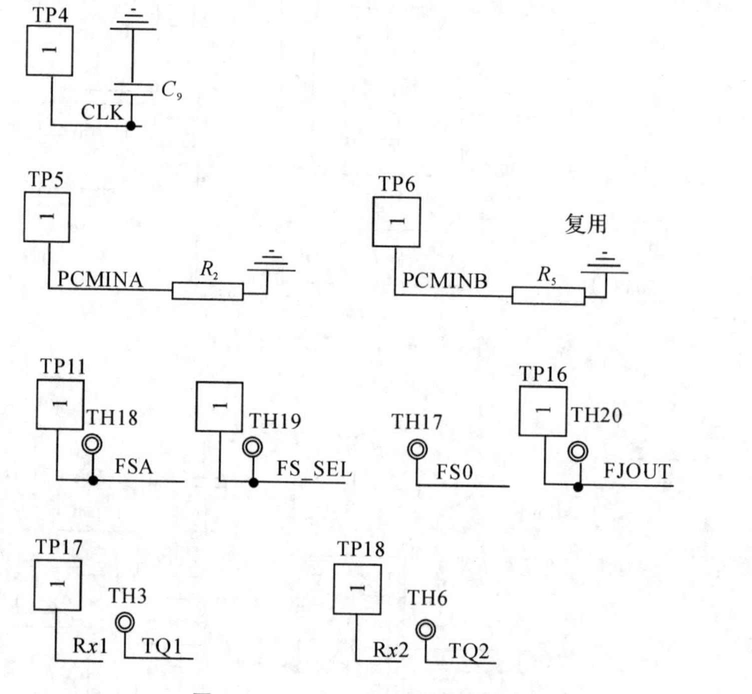

图 2-12-6　时分复用测试点图

五、测试点说明

CLK：主时钟输入点，时钟为 2.048 Mbps.

PCMAIN；第一路 PCM 信号输入点.

PCMBIN:第二路 PCM 信号输入点.

FS0:帧同步码所在 0 时隙的帧同步信号.

FS3:第一路 PCM 信号所在的 3 时隙的帧同步信号.

FS_SEL:第二路 PCM 信号所在时隙的帧同步信号,时隙由 4～32 可选(第 16 时隙除外).

FJOUT:复接信号输出.

六、实验步骤

(一)PCM 时分复用实验

将信号源模块和模块 2、8 固定在主机箱上,将黑色塑封螺钉拧紧,确保电源接触良好.将信号源模块上 S_4 拨为“0100”,S_5 也拨为“0100”.在电源关闭的状态下,按照表 2-12-2 完成实验连线.检查连线是否正确,检查无误后打开电源.

表 2-12-2　实验连线

源　端　口	目的端口	连线说明
信号源:CLK1(2048 kHz)	模块 8:CLK;	S_4 拨为“0100”,时钟输入
信号源:CLK2(2048 kHz)	模块 2:MCLK;BSX	S_5 拨为“0100”,时钟输入
信号源:同步正弦波(2 kHz)	模块 2:SIN IN-A;SIN IN-B	PCM 编码输入信号
模块 8:FS3	模块 2:FSXA	A 路 PCM 编码帧同步输入
模块 8:FS_SEL	模块 2:FSXB	B 路 PCM 编码帧同步输入
模块 2:PCMOUT-A	模块 8:PCMAIN	A 路 PCM 编码输入信号
模块 2:PCMOUT-B	模块 8:PCMBIN	B 路 PCM 编码输入信号

1. 复接信号输出测量

将模块 8 上的拨码开关 S_1、S_2 分别设置为“0000”“0100”,用示波器观察模块 8 上“FJOUT”处的输出波形,改变拨码开关为其他值,观察输出波形变化情况.记录波形参数画出波形图.

实验结束关闭电源.

七、实验报告要求

1. 分析实验电路的工作原理,叙述其工作过程.
2. 根据实验测试记录,在坐标纸上画出各测量点的波形图,并分析实验现象.
3. 写出完成本次实验后的心得体会以及对本次实验的改进建议.

实验十三　两路 PCM 解复用实验(创新性实验)

一、实验目的

1. 掌握时分复用的概念
2. 了解时分复用解复用的构成及工作原理

二、实验内容

1. 对复用后的信号进行解复用
2. 然后进行 PCM 解码
3. 观察解复用后的两路解码信号与原两路模拟信号是否相同

三、实验器材

1. 信号源模块	一块
2. 2 号模块	一块
3. 7 号模块	一块
4. 8 号模块	一块
5. 双踪示波器	一台
6. 连接线	若干
7. 耳麦	一副

四、实验原理

1. 解复用原理

解复用是通过帧同步提取模块提取的帧同步信号和位时钟提取模块控制计数器产生帧同步信号 TS0、TS1 和 TS_SEL. 然后，再通过 TSO、TS1、TS_SEL 将复用的信号分离开. 原理框图如图 2-13-1 所示.

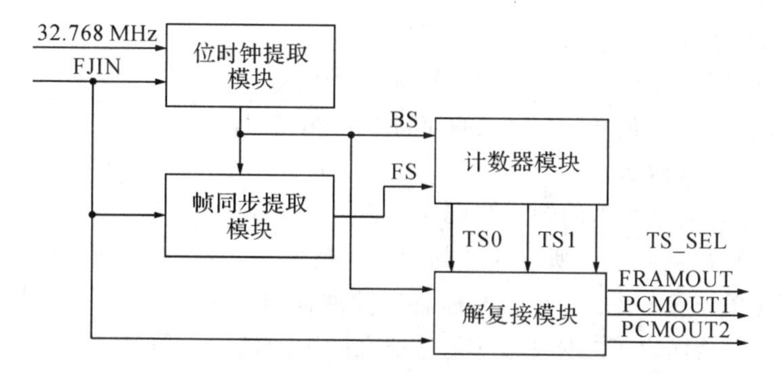

图 2-13-1　解复用原理框图

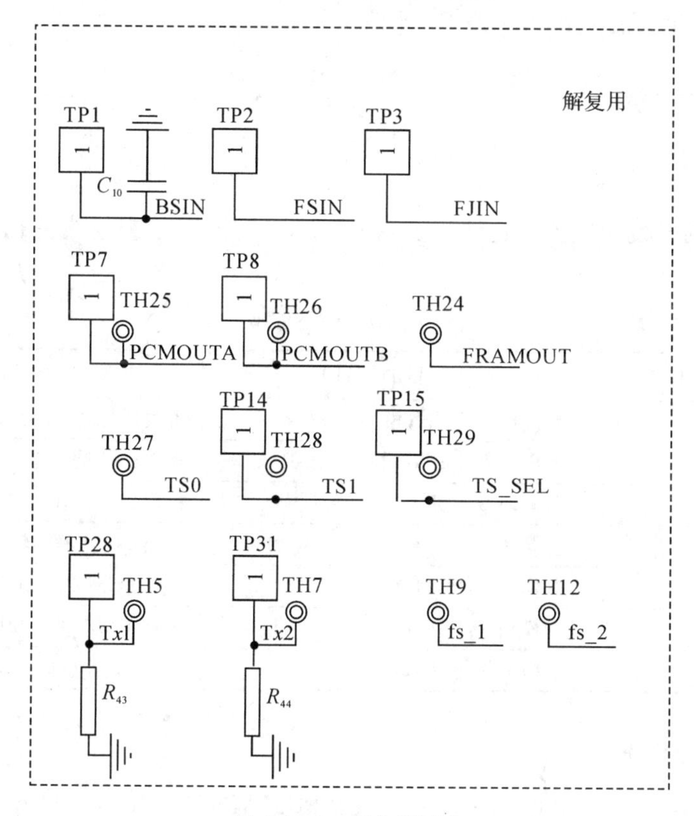

图 2-13-2　解复测试点

五、测试点说明

CLK：主时钟输入点，时钟为 2.048 Mbps.

PCMAIN：第一路 PCM 信号输入点.

PCMBIN：第二路 PCM 信号输入点.

BSIN：解复用位时钟输入.

FSIN：解复用帧同步信号输入.

FJIN：复用信号输入.

FS0:帧同步码所在0时隙的帧同步信号.

FS3:第一路PCM信号所在的3时隙的帧同步信号.

FS_SEL:第二路PCM信号所在时隙的帧同步信号,时隙由4～32可选(第16时隙除外).

FJOUT:复接信号输出.

FRAMOUT:解复接输出的帧同步码.

TS0:解复接输出帧同步码所在时隙的帧同步信号.

TS3:解复接输出第一路PCM信号所在时隙的帧同步信号.

TS_SEL:解复接输出第二路PCM信号所在时隙的帧同步信号.

PCMOUTA:解复接输出第一路PCM信号.

PCMOUTB:解复接输出第二路PCM信号.

六、实验步骤

(一)连线

保持PCM时分复用实验的连线不变,按表2-13-1连线.检查连线是否正确,检查无误后再次打开电源.

表2-13-1　实验连线

源　端　口	目的端口	连线说明
模块8:FJOUT	模块8:FJIN;模块7:DIN	解复用输入;同步提取输入
模块7:BS	模块8:BSIN;模块2:BSR	提取的位同步输入
模块7:FS	模块8:FSIN	提取的帧同步输入
模块8:PCMOUTA	模块2:PCMIN-A	A路PCM解码输入信号
模块8:PCMOUTB	模块2:PCMIN-B	B路PCM解码输入信号
模块8:TS3	模块2:FSRA	A路PCM解码帧同步输入
模块8:TS_SEL	模块2:FSRB	B路PCM解码帧同步输入

(二)测量模块8

1.测量用双踪示波器对比观察模块8上的“PCMAIN”和“PCMOUTA”,画出波形图.

2.“PCMBIN”和“PCMOUTB”的波形是否一致?画出波形图.

3.用双踪示波器对比观察模块2上“SIN IN-A”和“SIN OUT-A”画出波形图.

4.“SIN IN-B”和“SIN OUT-B”的波形是否一致?画出波形图.

5.实验结束关闭电源.

七、实验报告要求

1.分析实验电路的工作原理,叙述其工作过程.

2.根据实验测试记录,在坐标纸上画出各测量点的波形图,并分析实验现象.

3.写出完成本次实验后的心得体会以及对本次实验的改进建议.

实验十四　增量调制编译码系统实验(验证性实验)

一、实验目的

1. 掌握增量调制编译码的基本原理,并理解实验电路的工作过程
2. 了解不同速率的编译码,以及低速率编译码时的输出波形
3. 理解连续可变斜率增量调制系统的电路组成与基本工作原理
4. 熟悉增量调制系统在不同工作频率、不同信号频率和不同信号幅度下跟踪输入信号的情况

二、实验内容

1. 观察增量调制编码各点处的波形并记录下来
2. 观察增量调制译码各点处的波形并记录下来
3. 工作时钟可变时 ΔM 编译码比较实验

三、实验器材

1. 信号源模块	一块
2. 1 号模块	一块
3. 20M 双踪示波器	一台
4. 连接线	若干

四、实验原理

1. CVSD 增量调制解调系统框图

连续可变斜率增量调制(Continuously Variable Slope Delta Modulation),其英文缩写为 CVSD. 本实验模块中的电路采用四连"0"、四连"1"压扩检测算法的连续可变斜率增量调制器,其核心部分是 MC3418 大规模集成电路.

从图 2-14-1 系统框图中可以看到,与简单的增量调制相比,编译码器中关键增加了音

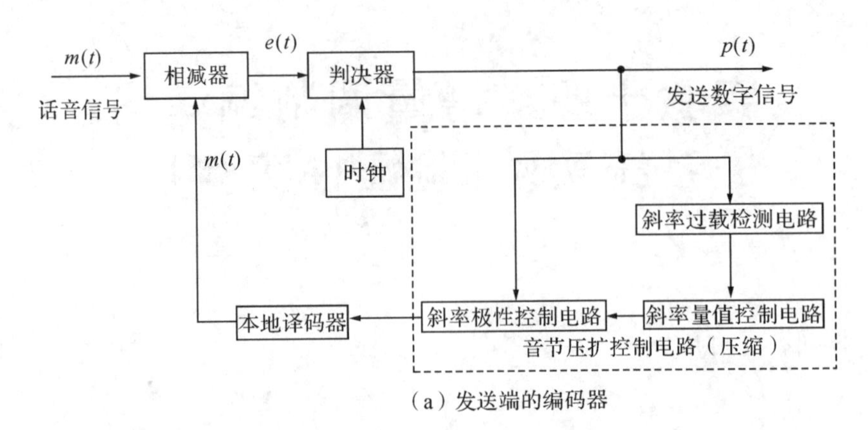

（a）发送端的编码器

图 2-14-1　CVSD 增量调制解调系统框图

节压扩控制电路.音节压扩控制电路主要包含三个部分：

(1)斜率过载检测电路：用来检测过载状态，它是由一个 4 比特移位寄存器构成的输出四连“1”码或四连“0”码，其电路由 D 触发器作移位寄存器，电路辅有与门、或门.斜率过载检测电路也称为电平检测电路.

(2)斜率量值控制电路：用来转换量化阶距 δ 的大小.其电路由 RC 音节平滑滤波器、电压电流转换器和非线性网络组成.

(3)斜率极性控制电路：用来转化量化阶距的极性，当 $e(t)\geqslant 0$ 时，输出为正极性，当 $e(t)<0$ ，输出为负极性，其电路由脉冲幅度调制器和积分网络组成.

2. 编码电路原理图

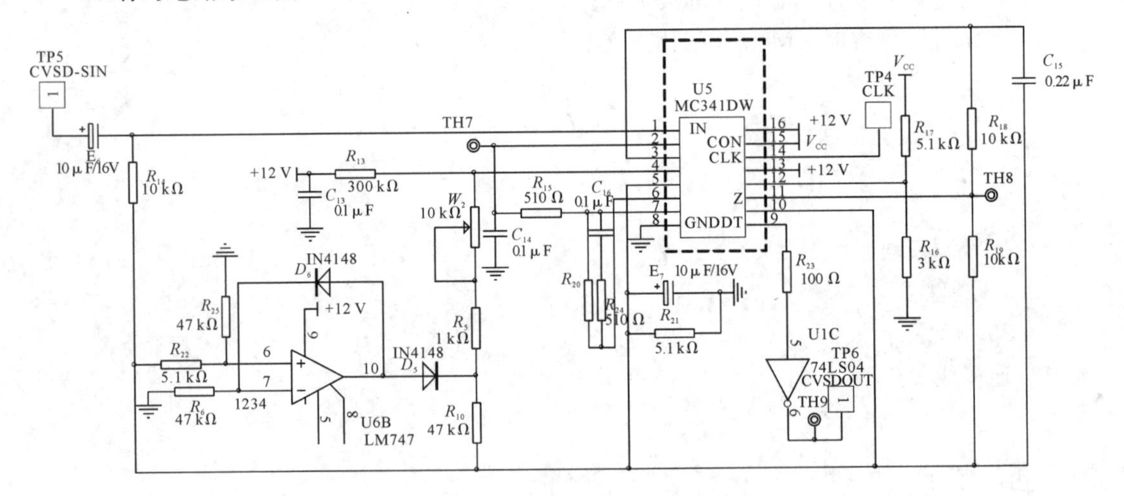

图 2-14-2　CVSD 增量调制电路图

音频模拟信号由“CVSD－SIN”点输入，经过发送通道电路输出到电解电容 E_6，经过耦合至 MC3418 的模拟信号输入端——第 1 引脚.因为本实验是编码工作方式.因此，置高电平给 U5(MC3418)的第 15 引脚.此时芯片内的模拟输入运算放大器与移位寄存器接通，从第 1 引脚(ANI)输入的模拟信号与第 2 引脚(ANF)输入的本地解码信号相减并放大得到误差信号，然后根据该信号极性编成数据信码从第 9 引脚(DOT)输出.该信码在片内经过 3

级或 4 级移位寄存器及检测逻辑电路. 检测过去的 3 位或 4 位信码中是否为连续“1”或连续“0”的出现. 一旦当移位寄存器各级输出为全“1”码或全“0”码时，表明积分运算放大器增益过小，检测逻辑电路从第 11 引脚(COIN 端)输出负极性一致脉冲，经过外接音节平滑滤波器后得到量阶控制电压输入到第 3 引脚(SYL 端)，由内部电路决定，GC 端电压与 SYL 端相同，这就相当于量阶控制电压加到 GC 端. 该端外接调节电位器 W_2，调节 W_2 即可改变 GC 端的输入电流，以此控制积分量阶的大小，从而改变环路增益，展宽动态范围. 第 4 脚(GC)的输入电流经电压/电流变换运算放大器，再经量阶极性控制开关送到积分运算放大器电路，极性开关由信码控制. 外接积分网络与芯片内部积分运算放大器相连，在二次积分网络上得到本地解码信号送回 ANF 端与输入信号再进行比较，从而完成整个编码过程.

在没有音频模拟信号输入时，话路是空闲状态，则编码器应能输出稳定的“1”“0”交替码，这需要一个最小积分电流来实现，该电流可通过调节电位器增大阻值来获得. 由于极性开关的失配，积分运算放大器与模拟运算放大器的电压失调，此电流不能太小，否则无法得到稳定的“1”“0”交替码. 该芯片总环路失调电压约为 1.5 mV，所以量阶可选择为 3 mV. 当本地积分时间常数为 1ms 时，最小积分电流取 10 uA，就可得到稳定的“1”“0”交替码. 如果输出不要求有稳定的“1”“0”交替码，量阶可减小到 0.1 mV，但环路仍可正常工作.

3. 译码电路原理

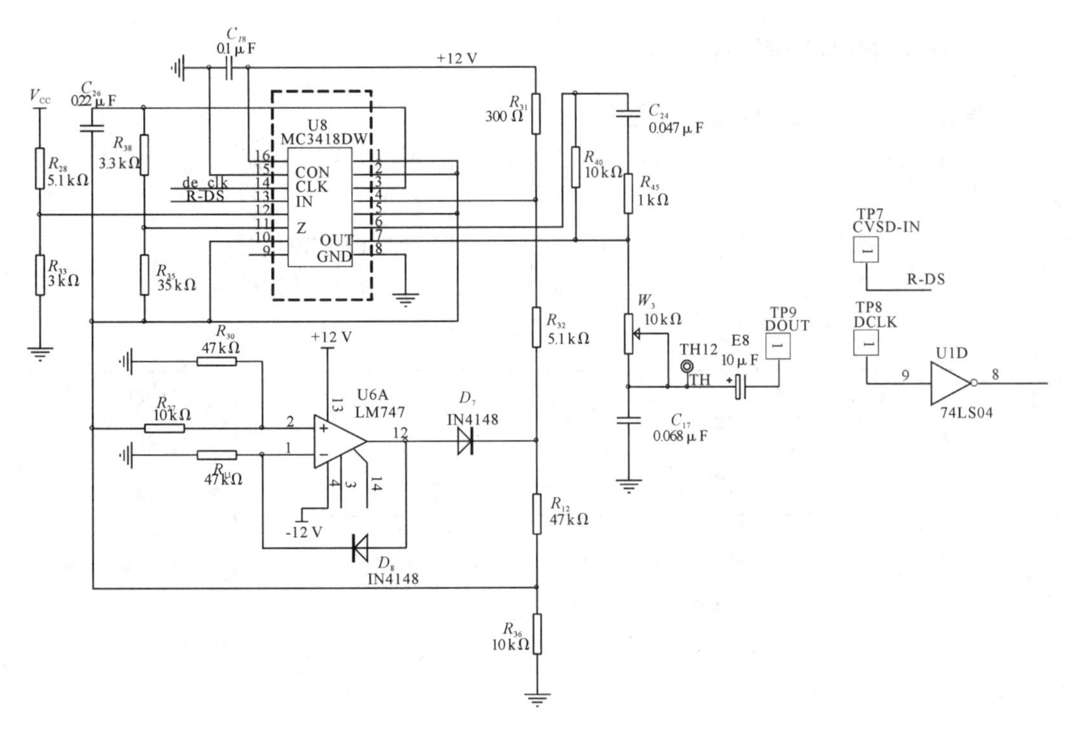

图 2-14-3　CVSD 增量解调电路图

由发端送来的编码数据信号送到图 2-14-3 中 U8(MC3418)芯片的第 13 引脚，即接收数据输入端. 本系统因为是译码电路，故置低电平至 U8(MC3418)的 15 引脚，使模拟输入运算放大器与移位寄存器断开，而数字输入运算放大器与移位寄存器接通，这样，接收数据信码经过数字输入运算放大器整形后送到移位寄存器，后面的工作过程与编码时相同，只是解调信号不再送回第2引脚(ANF端),而是直接送入后面的积分网络中,再通过接收通道低通滤波电路滤去高频量化噪声,最后得到解调信号.

五、测试点说明

CLK:CVSD编码时钟输入端口
DCLK:CVSD解码时钟输入端口
CVSD－SIN:模拟信号输入端口
CVSD－IN:CVSD译码电路输入端口
TH7:再生信号输出
TH8:一致性脉冲输出
CVSDOUT:CVSD编码输出
DOUT:CVSD解码输出

六、实验步骤

(一)增量调制的编码实验

1.增量调制CVSD(ΔM)编码实验

(1)用示波器测量信号源"2K同步正弦波",调节W1改变信号幅度,使输出峰—峰值为2V的正弦波信号.

(2)将信号源板上S_4设为"1010",使"CLK1"输出32K的时钟信号.

(3)关闭电源,按表2-14-1方式连线.检查连线是否正确,检查无误后打开电源.

表2-14-1　实验连线

源端口	目标端口	连线说明
信号源:"2K同步正弦波"	模块1:"CVSD－SIN"	提供音频信号
信号源:"CLK1"	模块1:"CLK"	提供编码时钟

(4)用示波器观察再生话音信号(TH7),一致性脉冲输出(TH8)和CVSD编码输出信号(CVSDOUT)波形.记录波形参数,并画出波形图.

(5)将"2K同步正弦波"改为"非同步正弦波"(S_6选为正弦波),调节S_7、S_8使$f=800$ Hz不变,调节W4改变信号幅度,再重复步骤(4).记录波形参数,并画出波形图.

(6)保持输入音频信号的幅度不变,改变信号的频率,重复步骤(4).记录波形参数,并画出波形图.

2.工作时钟可变状态下ΔM编码比较实验

用2k同步正弦波输入,保持峰－峰值2 V,改变编码时钟频率,可选时钟有8 kHz、16 kHz、64 kHz.再观测再生话音信号(TH7),一致性脉冲输出(TH8)和CVSD编码输出信号(CVSDOUT)波形,并分析测试结果.同时要注意时间相位关系.

(二)增量调制的译码实验

1. 连续可变斜率增量调制(ΔM)译码实验

2. 同等条件下的 PCM 与 ΔM 系统性能比较实验

详细内容具体说明如下：

(1)单音频信号实验.

①用示波器测量信号源“2K 同步正弦波”，调节 W1 改变信号幅度，使输出峰—峰值为 2 V 的正弦波信号.

②将信号源板上 S_4 设为“1010”，使“CLK1”输出 32K 的时钟信号.

③关闭电源，按 2-14-2 方式连线. 检查连线否正确，检查无误后打开电源.

表 2-14-2　实验连线

源端口	目标端口	连线说明
信号源:“2K 同步正弦波”	模块 1:“CVSD－SIN”	提供音频信号
信号源:“CLK1”	模块 1:“CLK”	提供编码时钟
模块 1:“CLK”	模块 1:“DCLK”	提供解码时钟
模块 1:“CVSDOUT”	模块 1:“CVSD－IN”	将 CVSD 编码信号进行解码

④打开电源，用示波器对比观测 TH7 和 DOUT 输出波形.(注意相位关系)记录波形参数，并画出波形图.

⑤调节信号源上 W_1 改变输入音频信号的幅度，重复步骤 4，并识别正常编码，起始编码与过载编码时的波形. 记录波形参数，并画出波形图.

(2)通信实验.

①将“2K 同步正弦波”改为“非同步正弦波”(S_6 选为正弦波)，调节 S_7、S_8 使 $f=1$ kHz，调节 W_4 使信号峰—峰值为 2 V，重复实验内容①的实验步骤. 记录波形参数，并画出波形图.

②保持信号幅度不变，调节 S_7、S_8，分别取频率点为 300 Hz，3400 Hz，重复实验内容①的实验步骤. 记录波形参数画出波形图.

③输入语音或音乐信号，进行实验系统通信实验，将 CVSD 积分电路输出“DOUT”连接到译码接收电路的输入点“IN”，将译码接收“OUT”的信号送入信号源/终端模块输入点“音频信号输入”，将信号源上 K_2 拨到“ON”状态，接上扬声器，即可放出语音信号或音乐信号，接收端输出语音幅度可能被放大，也可能被减小，幅度可由终端上的电位器 W_6 进行调节.

另：电位器功能说明.

W_2：调节调制时调制量阶的大小. 量阶越大，编码波形中 0、1 变化越少.

W_3：功能同上.

七、思考题

1. 在做本实验内容中的第六项实验时，分析实验结果，并记录下来.

2. MC3418P 的第 15 引脚为何要接上高电平才能作编码电路？

八、实验报告要求

1. 分析实验电路的工作原理，叙述其工作过程.

2. 根据实验测试记录，在坐标纸上画出各测量点的波形图，并分析实验现象.（注意对应相位关系）

3. 对实验思考题加以分析，按照要求做出回答，并尝试画出本实验的电路原理方框图.

4. 写出完成本次实验后的心得体会以及对本次实验的改进建议.

实验十五　汉明码编译码实验(创新性实验)

一、实验目的

1. 掌握汉明码编译码原理
2. 掌握汉明码纠错检错原理
3. 掌握用 CPLD 实现汉明码编译码的方法

二、实验内容

1. 汉明码编码实验
2. 汉明码译码实验
3. 汉明码纠错检错能力验证实验
4. 自行设计任意码长汉明码电路,下载并进行验证

三、实验器材

1. 汉明码模块

四、实验原理

在随机信道中,错码的出现是随机的,且错码之间是统计独立的. 例如,由高斯白噪声引起的错码就具有这种性质. 因此,当信道中加性干扰主要是这种噪声时,就称这种信道为随机信道. 由于信息码元序列是一种随机序列,接收端是无法预知的,也无法识别其中有无错码. 为了解决这个问题,可以由发送端的信道编码器在信息码元序列中增加一些监督码元. 这些监督码元和信码之间有一定的关系,使接收端可以利用这种关系由信道译码器来发现或纠正可能存在的错码. 在信息码元序列中加入监督码元就称为差错控制编码,有时也称为纠错编码. 不同的编码方法有不同的检错或纠错能力. 有的编码就只能检错,不能纠错.

那么,为了纠正一位错码,在分组码中最少要加入多少监督位才行呢? 编码效率能否提高呢? 从这种思想出发进行研究,便诞生了汉明码. 汉明码是一种能够纠正一位错码且编码

效率较高的线性分组码.下面我们介绍汉明码的构造原理.

一般说来,若码长为n,信息位数为k,则监督位数$r=n-k$.如果希望用r个监督位构造出r个监督关系式来指示一位错码的n种可能位置,则要求:

$$2^r-1\geqslant n \text{ 或 } 2^r\geqslant k+r+1 \tag{2-15-1}$$

下面我们通过一个例子来说明如何具体构造这些监督关系式.

设分组码(n,k)中$k=4$,为了纠正一位错码,由式(2-15-1)可知,要求监督位数$r\geqslant3$.若取$r=3$,则$n=k+r=7$.我们用$\alpha_6\alpha_5\cdots\alpha_0$表示这7个码元,用$S_1$、$S_2$、$S_3$表示三个监督关系式中的校正子,则$S_1$、$S_2$、$S_3$的值与错码位置的对应关系可以规定如表2-15-1所列.

表2-15-1 S_1、S_2、S_3的值与错码位置的对应关系

S_1、S_2、S_3	错码位置	S_1、S_2、S_3	错码位置
001	α_0	101	α_4
010	α_1	110	α_5
100	α_2	111	α_6
011	α_3	000	无错

由表中规定可见,仅当一错码位置在α_2、α_4、α_5或α_6时,校正子S_1为1;否则S_1为0.这就意味着α_2、α_4、α_5和α_6四个码元构成偶数监督关系

$$S_1=\alpha_6\oplus\alpha_5\oplus\alpha_4\oplus\alpha_2 \tag{2-15-2}$$

同理,α_1、α_3、α_5和α_6构成偶数监督关系

$$S_2=\alpha_6\oplus\alpha_5\oplus\alpha_3\oplus\alpha_1 \tag{2-15-3}$$

以及α_0、α_3、α_4和α_6构成偶数监督关系

$$S_3=\alpha_6\oplus\alpha_4\oplus\alpha_3\oplus\alpha_0 \tag{2-15-4}$$

在发送端编码时,信息位α_6、α_5、α_4和α_3的值决定于输入信号,因此它们是随机的.监督位α_2、α_1和α_0应根据信息位的取值按监督关系来确定,即监督位应使上三式中S_1、S_2和S_3的值为零(表示变成的码组中应无错码)

$$\left.\begin{aligned}\alpha_6\oplus\alpha_5\oplus\alpha_4\oplus\alpha_2&=0\\ \alpha_6\oplus\alpha_5\oplus\alpha_3\oplus\alpha_1&=0\\ \alpha_6\oplus\alpha_4\oplus\alpha_3\oplus\alpha_0&=0\end{aligned}\right\} \tag{2-15-5}$$

由上式经移项运算,解出监督位

$$\left.\begin{aligned}\alpha_2&=\alpha_6\oplus\alpha_5\oplus\alpha_4\\ \alpha_1&=\alpha_6\oplus\alpha_5\oplus\alpha_3\\ \alpha_0&=\alpha_6\oplus\alpha_4\oplus\alpha_3\end{aligned}\right\} \tag{2-15-6}$$

给定信息位后,可直接按上式算出监督位,其结果如表2-15-2所列.

表 2-15-2　四个码元监督位

信息位	监督位	信息位	监督位
$a_6a_5a_4a_3$	$a_2a_1a_0$	$a_6a_5a_4a_3$	$a_2a_1a_0$
0000	000	1000	111
0001	011	1001	100
0010	101	1010	010
0011	110	1011	001
0100	110	1100	001
0101	101	1101	010
0110	011	1110	100
0111	000	1111	111

接收端收到每个码组后，先按式(2-15-2)～(2-15-4)计算出 S_1、S_2 和 S_3，再按表 2-15-2 判断错码情况. 例如，若接收码组为 0000011，按式(2-15-2)～(2-15-4)计算可得 $S_1=0$，$S_2=1$，$S_3=1$. 由于 $S_1\ S_2\ S_3$ 等于 011，故根据表 2-15-1 可知在 a_3 位有一错码. 按上述方法构造的码称为汉明码. 表 2-15-2 中所列的(7,4)汉明码的最小码距 $d_0=3$，因此，这种码能纠正一个错码或检测两个错码.

汉明码有以下特点：

码长　　$n=2^m-1$　　最小码距 $d=3$

信息码位　　$k=2^n-m-1$　　纠错能力 $t=1$

监督码位　　$r=n-k=m$

这里 m 为≥2 的正整数，给定 m 后，即可构造出具体的汉明码(n,k).

汉明码的编码效率等于 $k/n=(2^r-1-r)\ /\ (2^r-1)=1-r\ /\ (2^r-1)=1-r/n$. 当 n 很大时，则编码效率接近 1，可见，汉明码是一种高效码.

汉明码的编码器和译码器电路如图 2-15-1 所示.

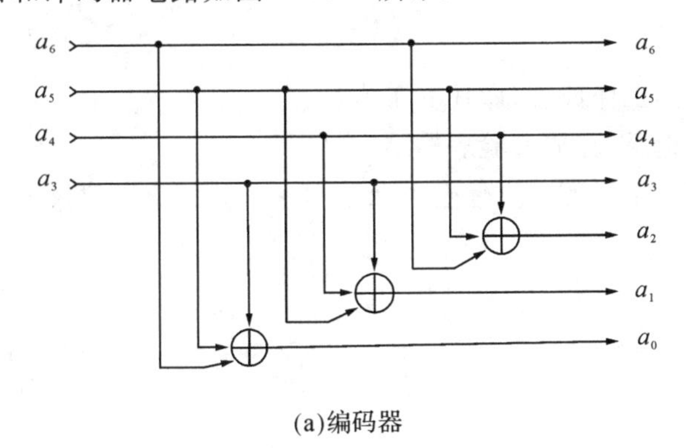

(a)编码器

图 2-15-1　汉明码的编译码器

五、实验步骤

将模块 10 固定在主机箱上，将黑色塑封螺钉拧紧，确保电源接触良好.

将拨码开关 S_1 按如下顺序依次拨上，拨下为“0”，拨上为“1”. 为“1”时指示灯点亮. 观测指示灯 DB7～DB1 点亮情况，DB7～DB1 分别对应汉明码编码结果的 α_6～α_0，并填入表 2-15-3，验证汉明码编码结果.

表 2-15-3　验证汉明码编码

输入	编码输出	输入	编码输出
$\alpha_6\alpha_5\alpha_4\alpha_3$	$\alpha_6\alpha_5\alpha_4\alpha_3\alpha_2\alpha_1\alpha_0$	$\alpha_6\alpha_5\alpha_4\alpha_3$	$\alpha_6\alpha_5\alpha_4\alpha_3\alpha_2\alpha_1\alpha_0$
0000		1000	
0001		1001	
0010		1010	
0011		1011	
0100		1100	
0101		1101	
0110		1110	
0111		1111	

1. 观察发光二极管 DC4～DC1 点亮情况，并与 DA4～DA1 相比较，看解码结果和输入是否一致.

2. 把拨码开关 S_2 任一位拨上，在编码结果中插入一个误码，观察解码结果和误码指示输出. 验证汉明码纠错能力.

3. 把拨码开关 S_2 任两位拨上，在编码结果中插入一个误码，观察解码结果和误码指示输出. 验证汉明码纠错能力.

六、实验报告要求

1. 分析实验电路的工作原理，叙述其工作过程.
2. 根据实验测试记录，完成实验表格.
3. 写出完成本次实验后的心得体会以及对本次实验的改进建议.

实验十六　码型变换实验(创新性实验)

一、实验目的

1. 了解几种常用的数字基带信号
2. 掌握常用数字基带传输码型的编码规则
3. 掌握常用 CPLD 实现码型变换的方法

二、实验内容

1. 观察 NRZ 码、RZ 码、AMI 码、HDB3 码、CMI 码、BPH 码的波形
2. 观察全 0 码或全 1 码时各码型的波形
3. 观察 HDB3 码、AMI 码的正负极性波形
4. 观察 RZ 码、AMI 码、HDB3 码、CMI 码、BPH 码经过码型反变换后的输出波形
5. 自行设计码型变换电路，下载并观察波形

三、实验器材

1. 信号源模块　一块
2. ⑥号模块　一块
3. ⑦号模块　一块
4. 20M 双踪示波器　一台
5. 连接线　若干

四、实验原理

(一)基本原理

在数字通信中，有些场合可以不经过载波调制和解调过程而让基带信号直接进行传输. 例如，在市区内利用电传机直接进行电报通信，或者利用中继方式在长距离上直接传输 PCM 信号等. 这种不使用载波调制装置而直接传送基带信号的系统，我们称它为基带传输系统，它的基本结构如图 2-16-1 所示.

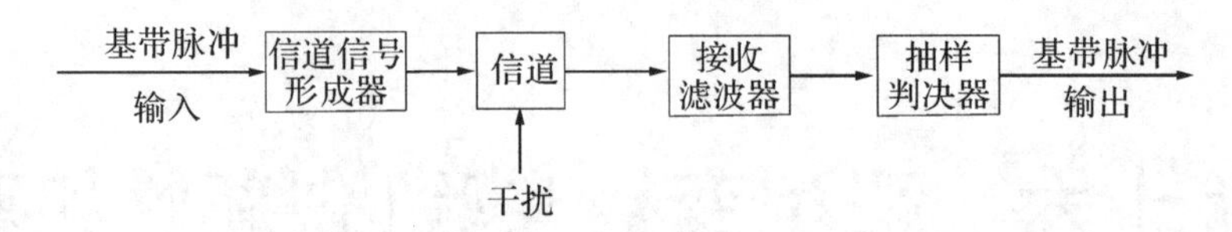

图 2-16-1　基带传输系统的基本结构

该结构由信道信号形成器、信道、接收滤波器以及抽样判决器组成. 这里信道信号形成器用来产生适合于信道传输的基带信号,信道可以是允许基带信号通过的媒质(例如能够通过从直流至高频的有线线路等);接收滤波器用来接收信号和尽可能排除信道噪声和其他干扰;抽样判决器则是在噪声背景下用来判定与再生基带信号.

若一个变换器把数字基带信号变换成适合于基带信号传输的基带信号,则称此变换器为数字基带调制器;相反,把信道基带信号变换成原始数字基带信号的变换器,称之为基带解调器.

基带信号是代码的一种电表示形式. 在实际的基带传输系统中,并不是所有的基带电波形都能在信道中传输. 例如,含有丰富直流和低频成分的基带信号就不适宜在信道中传输,因为它有可能造成信号严重畸变. 单极性基带波形就是一个典型例子. 再例如,一般基带传输系统都从接收到的基带信号流中提取定时信号,而收定时信号又依赖于代码的码型,如果代码出现长时间的连"0"符号,则基带信号可能会长时间出现 0 电位,而使收定时恢复系统难以保证收定时信号的准确性. 归纳起来,对传输用的基带信号的主要要求有两点:(1)对各种代码的要求,期望将原始信息符号编制成适合于传输用的码型;(2)对所选码型的电波形要求,期望电波形适宜于在信道中传输.

(二)编码规则

1. NRZ 码

NRZ 码的全称是单极性不归零码. 在这种二元码中用高电平和低电平(这里为零电平)分别表示二进制信息"1"和"0",在整个码元期间电平保持不变. 如图 2-16-2 所示:

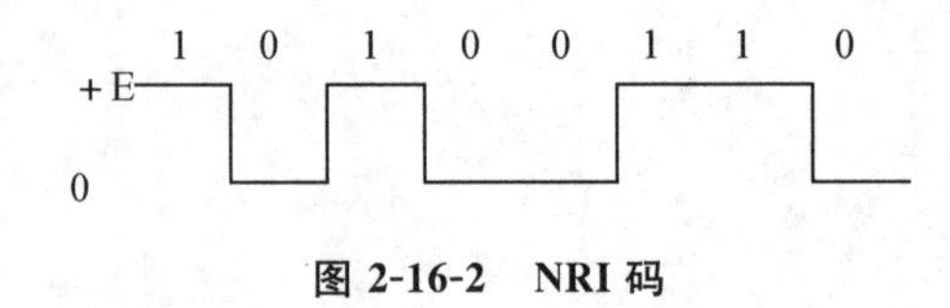

图 2-16-2　NRI 码

2. RZ 码

RZ 码的全称是单极性归零码. 与 NRZ 码不同的是,发送"1"时在整个码元期间高电平只持续一段时间,在码元的其余时间内则返回到零电平. 如图 2-16-3 所示:

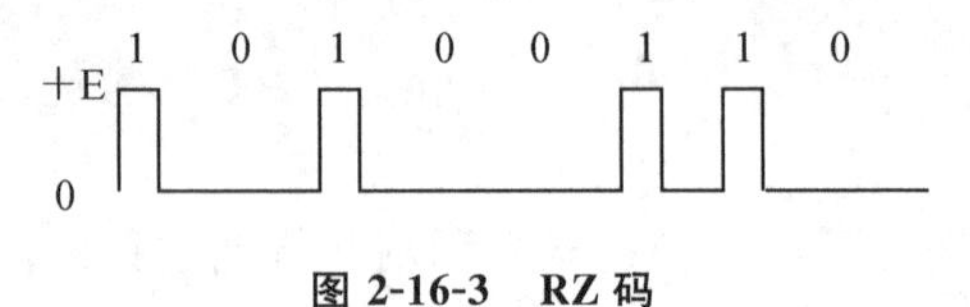

图 2-16-3　RZ 码

3. AMI 码

AMI 码的全称是传号交替反转码. 这是一种将信息代码 0(空号)和 1(传号)按如下方

式进行编码的码：代码的0仍变换为传输码的0，而把代码中的1交替地变换为传输码的+1，−1，+1，−1，…例如：

信息代码：1 0 0 1 1 0 0 0 1 1 1…

AMI码：+1 0 0 −1 +1 0 0 0 −1 +1 −1…

由于AMI码的传号交替反转，故由它决定的基带信号将出现正负脉冲交替，而0电位保持不变的规律.这种基带信号无直流成分，且只有很小的低频成分，因而它特别适宜在不允许这些成分通过的信道中传输.

除了上述特点以外，AMI码还有编译码电路简单以及便于观察误码情况等优点，它是一种基本的线路码，在高密度信息流的数据传输中，得到广泛采用.但是，AMI码有一个重要缺点，即当它用来获取定时信息时，由于它可能出现长的连0串，因而会造成提取定时信号的困难.

4. HDB3码

HDB3码是对AMI码的一种改进码，它的全称是三阶高密度双极性码.其编码规则如下：先检查消息代码（二进制）的连0情况，当没有4个或4个以上连0串时，按照AMI码的编码规则对信息代码进行编码；当出现4个或4个以上连0串时，则将每4个连0小段的第4个0变换成与前一非0符号（+1或−1）同极性的符号，用V表示（即+1记为+V，−1记为−V），为使附加V符号后的序列不破坏"极性交替反转"造成的无直流特性，还必须保证相邻V符号也应极性交替.当两个相邻V符号之间有奇数个非0符号时，用取代节"000V"取代4连0信息码；当两个相邻V符号间有偶数个非0符号时，用取代节"B00V"取代4连0信息码.例如：

代码：　1 0 0 0　0　1 0 0 0　0　1　1　000　0　1　1

AMI码：−1 0 0 0　0 +1 0 0 0　0 −1 +1　000　0 −1 +1

HDB3码：−1 0 0 0 −V +1 0 0 0 +V −1 +1 −B00 −V −1 +1

HDB3码的特点是明显的，它除了保持AMI码的优点外，还增加了使连0串减少到至多3个的优点，而不管信息源的统计特性如何.这对于定时信号的恢复是十分有利的.HDB3码是CCITT推荐使用的码型之一.

5. CMI码

CMI码是传号反转码的简称，其编码规则为："1"码交替用"11"和"00"表示；"0"码用"01"表示.例如：

代码：	1	1	0	1	0	0	1
CMI码：	11	00	01	11	01	01	00

这种码型有较多的电平跃变，因此含有丰富的定时信息.该码已被CCITT推荐为PCM（脉冲编码调制）四次群的接口码型.在光缆传输系统中有时也用作线路传输码型.

6. BPH码

BPH码的全称是数字双相码（Digital Biphase），又称Manchester码，即曼彻斯特码.它是对每个二进制码分别利用两个具有2个不同相位的二进制新码去取代的码，编码规则之一是：

0→01（零相位的一个周期的方波）

1→10（π相位的一个周期的方波）

例如：

代码：	1	1	0	0	1	0	1
双相码：	10	10	01	01	10	01	10

双相码的特点是只使用两个电平，这种码既能提供足够的定时分量，又无直流漂移，编码过程简单，但这种码的带宽要宽些.

(三)电路原理

将信号源产生的 NRZ 码和位同步信号 BS 送入 U1(EPM7064)进行变换，可以直接得到各种单极性码和各种双极性码的正、负极性编码信号(因为 CPLD 的 IO 口不能直接接负电平，所以只能将分别代表正极性和负极性的两路编码信号分别输出，再通过外加电路合成双极性码)，如 HDB_3 码的正、负极性编码信号送入 U2(CD4051)的选通控制端，控制模拟开关轮流选通正、负电平，从而得到完整的 HDB_3 码. 解码也同样需要将双极性的 HDB_3 码变换成分别代表正极性和负极性的两路信号，再送入 CPLD 进行解码，得到 NRZ 码. 其他双极性码的编、解码过程相同.

各编码波形如图 2-16-4 所示.

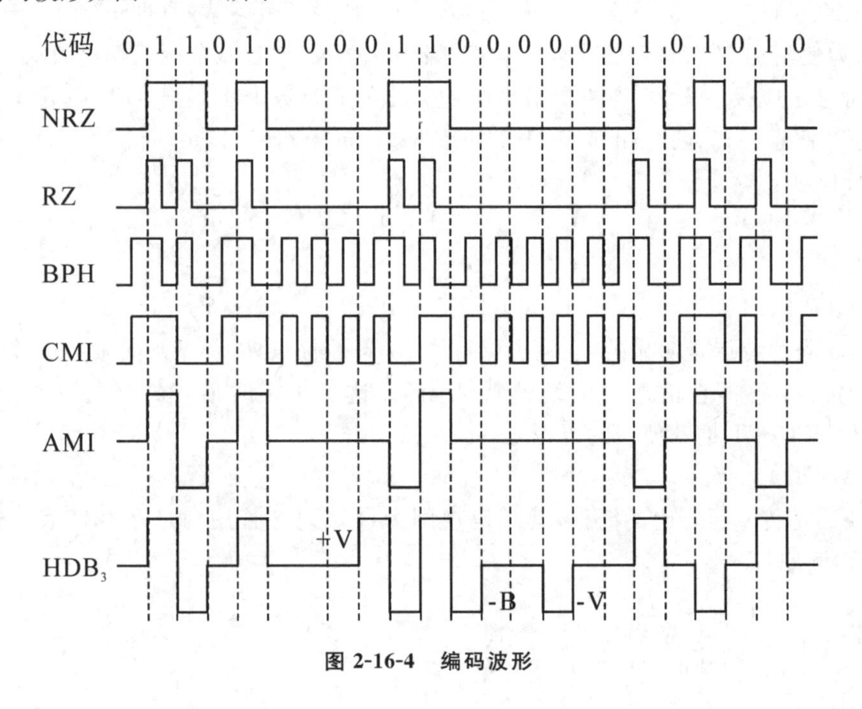

图 2-16-4 编码波形

五、测量点说明

NRZ：NRZ 码输入点.

BS：编码时钟输入点.

BSR：解码时钟输入点.

IN－A：正极性 HDB3/AMI 码编码输入点.

IN－B：负极性 HDB3/AMI 码编码输入点.

DIN1：正极性 HDB3/AMI 码解码输入点.

DIN2：负极性 HDB3/AMI 码解码输入点.

HDB3/AMI－IN：HDB3/AMI 码编码输入点.

DOUT1：编码输出，由拨码开关 S_1 控制编码码型. 选择 AMI、HDB3 码型时，为正极性编码输出.

DOUT2：编码输出，由拨码开关 S_1 控制编码码型. 选择 AMI、HDB3 码型时，为负极性编码输出，选择其他码型时，无输出.

OUT－A：正极性 HDB3/AMI 码解码输出点.

OUT－B：负极性 HDB3/AMI 码解码输出点.

HDB3/AMI－OUT：HDB3/AMI 码编码输出点.

NRZ－OUT：解码输出.

六、实验步骤

1. CMI、RZ、BPH 码编解码电路观测

(1)将信号源模块和模块 6、7 固定在主机箱上，将塑封螺钉拧紧，确保电源接触良好.

(2)通过模块 6 上的拨码开关 S_1 选择码型为 CMI 码，即"00100000".

(3)信号源模块上 S_4、S_5 都拨到"1100"，S_1、S_2、S_3 分别设为"01110010""01010101""00110011".

(4)对照表 2-16-1 完成实验连线. 检查连线是否正确，检查无误后打开电源.

表 2-16-1　实验连线

源端口	目的端口	连线说明
信号源：NRZ(8K)	模块 6：NRZIN	8KNRZ 码基带传输信号输入
信号源：CLK2(8K)	模块 6：BS	提供编译码位时钟
模块 6：DOUT1	模块 6：DIN1	电平变换的编码输入 A
模块 6：DOUT1	模块 7：DIN	提取编码数据的位时钟
模块 7：BS	模块 6：BSR	提取的位时钟给译码模块

(5)将模块 7 的 S_2 设置为"0111".

(6)以 "NRZIN"为内触发源，用双踪示波器观测编码输出"DOUT1"波形.

(7)以 "NRZIN"为内触发源，用双踪示波器对比观测解码输出"NRZ－OUT"波形，观察解码波形与初始信号是否一致.

(8)拨码开关 S_1 选择码型为 RZ 码(00010000)、BPH 码(00001000)，重复上述步骤.

(9)实验结束关闭电源.

2. AMI、HDB3码编解码电路观测

(1)通过模块6上的拨码开关S_1选择码型为AMI码,即"01000000".

(2)将信号源S_4、S_5拨到"1100",S_1、S_2、S_3分别设为"01110010""00011000""01000011".

(3)对照表2-16-2实验连线完成实验连线.检查连线是否正确,检查无误后打开电源.

表2-16-2 实验连线

源端口	目的端口	连线说明
信号源:NRZ(8K)	模块6:NRZIN	8KNRZ码基带传输信号输入
信号源:CLK2(8K)	模块6:BS	提供编译码位时钟
模块6:HDB3/AMI-OUT	模块7:输入	锁相环法同步提取输入
模块7:位同步输出	模块6:BSR	提取的位同步输入
模块6:DOUT1	模块6:IN-A	电平变换A路编码输入
模块6:DOUT2	模块6:IN-B	电平变换B路编码输入
模块6:HDB3/AMI-OUT	模块6:HDB3/AMI-IN	电平反变换输入
模块6:OUT-A	模块6:DIN1	电平反变换A路编码输出
模块6:OUT-B	模块6:DIN2	电平反变换B路编码输出

(4)模块7的S_2设置为"1000".

(5)以"NRZIN"为内触发源,分别用双踪示波器观测"DOUT1""DOUT2""HDB3/AMI-OUT"三点的波形.

(6)以"NRZIN"为内触发源,用双踪示波器观测"OUT-A""OUT-B""NRZ-OUT"三点的波形,观察解码波形与初始信号是否一致.

(7)通过拨码开关S_1选择码型为HDB3码(10000000),重复上述步骤.

3. 将信号源模块上的拨码开关S_1、S_2、S_3全部拨为0或者全部拨为1,重复步骤1、2,观察各码型编解码输出

4. 按通信原理教材中阐述的编码原理自行设计其他码型变换电路,下载并观察各点波形(选做)

5. 实验结束关闭电源,拆除连线,整理实验数据及波形,完成实验报告

七、实验报告要求

1. 分析实验电路的工作原理,叙述其工作过程.
2. 根据实验测试记录,在坐标纸上画出各测量点的波形图,并分析实验现象.
3. 写出完成本次实验后的心得体会以及对本次实验的改进建议.

附录 1　示波器手册

一、GOS-6103C 型

(一)前面板

1. 显示器控制

显示器控制钮调整萤光幕上的波形和提供探棒补偿的讯号源.

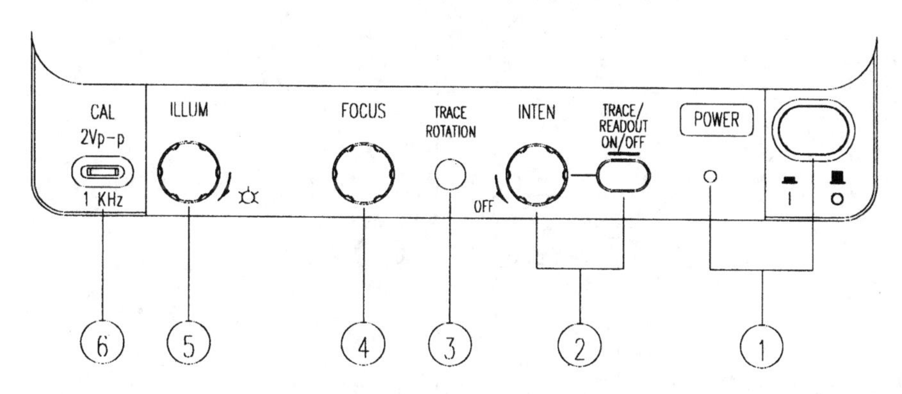

附图 1-1　显示器控制面板

(1)POWER—按钮符号的表示:开(1),以及关(0).

当电源接通后,LED 全部都会亮. 在成功的完成内部测试后,一般的操作程序会显示. 然后执行上次关机前的设定,LED 显示进行中的状态.

(2)INTEN-TRACE/READOUT & READOUT ON/OFF-INTEN 是轨迹及直读字型亮度控制钮. 顺时针方向调整旋钮增加亮度,反时针为减低亮度. TRACE/READOUT 按钮的功能是选择轨迹亮度和游标亮度,按下按钮后,会依下述文字顺序变化显示:"TRACE INTEN"—"READOUT INTEN"—"TRACE INTEN".

READOUT ON/OFF 用来打开或关闭读出装置.

(3)TRACE ROTATION.

TRACE ROTATION 是使水平轨迹与刻度线成平行的调整钮,这个电位计可用小螺丝起子来调整.

(4)FOCUS.

轨迹和游标读出的聚焦控制钮.

(5)ILLUM.

刻度明亮度的调整钮.

(6)CAL.

此端子输出一个 $2V_{p\text{-}p}$、2kHz 的参考讯号,给探棒校正使用.

2. 垂直控制

垂直控制钮主要是用来选取显示的讯号和控制讯号振幅大小.

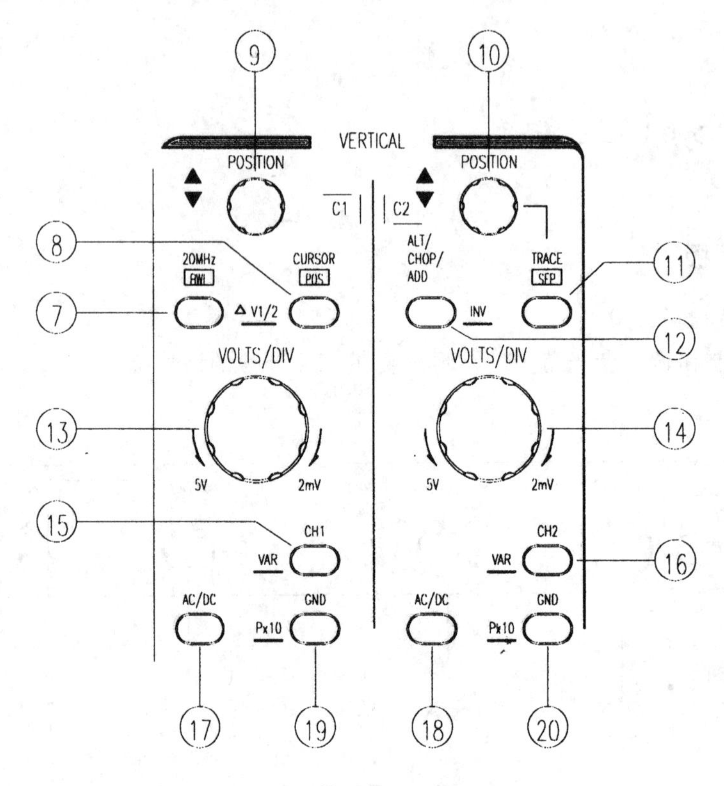

附图 1-2　垂直控制面板

(7)20MHz BWL—有 LED 指示器的按钮.

按一下按钮,频宽会减低到 20 MHz,并从波形中排除不需要的高频讯号进行量测.触发讯号中超过的 20 MHz 的高频成份亦被排除掉.

(8)CURSOR POS-△V1/2—包括两种功能和相关的 LED 指示.

此功能可选取游标位置或 CH1/CH2 位置,只有在按下游标功能的按钮后,才能来进行游标量测.

按一下此钮,使相关的 LED 亮起,CH1/CH2 的位置控制钮此时当作游标 1 和游标 2 的位置控制.

△V1/2

只有在 DUAL 模式时,才需要这个功能和△V(电压)结合测试.此仪器提供两组量测系数,按住这个按钮一段时间,测试结果显示为"△V1..."或"△V2...".游标的设定,必须与选取的通道讯号相关.

(9)CH1 POSITION-C1—含两种功能的控制钮.

此控制钮可以设定 CH1 的垂直轨迹的位置.在游标测试模式时,也可当作游标 1 的位置控制.

(10)CH2 POSITION-C2—包括多种功能的控制钮.

此控制钮可以设定 CH2 的垂直轨迹的位置. 在游标测试模式时,也可当作游标 2 的位置控制. 在交替时基模式时,这个控制钮可将延迟时基轨迹从主时基轨迹分离出来.

(11)TRACE SEP.

此仪器包括一个轨迹分离功能,在交替时基模式时,可将延迟时基轨迹从主时基轨迹以垂直方向分离出来. 因此,这个功能只用于交替时基模式. 按一次此按钮,相关的 LED 会亮,CH2 位置的控制钮此时当作延迟时基轨迹的垂直位置控制.

(12)ALT/CHOP/ADD-INV.

这个按钮有多种功能,只有在两个通道都开启后,才用得上.

ALT—在读出装置显示交替通道的扫描模式.

在仪器内部每一时基扫描后,切换至 CH1 或 CH2,反之亦然.

CHOP—切割模式的显示.

在每一扫描期间,不断的与 CH1 和 CH2 间作切割扫描.

ADD—在读出装置显示相加的模式.

由相位关系和 INV 的设定显示将两个输入讯号的相加(加法)或差异(减法). 结果,两个讯号成为一个讯号显示. 两个通道的偏向系数必需相等,测试才正确.

INV—按住此钮一段时间,设定 CH2 的反相功能. 反相状态将会与读出装置显示“$\overline{\text{CH2}}$”. 反相功能可使 CH2 讯号反相 180°.

(13)CH1 VOLTS/DIV.

(14)CH2 VOLTS/DIV-CH 1/CH 2 的控制钮含有两个功能.

顺时针方向调整旋钮,以 1-2-5 的顺序增加灵敏度,反方向调整则为减低灵敏度. 档位从 2mV/div 到 5V/div. 假如关掉相关的通道,此控制钮自动跟着不动作. 在使用中通道的偏向系数和附加资料都显示在读出装置上. 例如:“CH1 偏向因素,输入耦合”,当显示“＝”符号时,表示目前为已校正量测条件,当显示为“＞”符号为非校正条件.

(15)CH1-VAR.

(16)CH1/CH2.

按一下开启 CH1(CH2),偏向系数显示在读出装置上标示目前状态(“CH1...CH2...”).

VAR

按住此钮一段时间选择 VOLTS/DIV 作为衰减器或为调整的功能. 开启 VAR 后以“＞”符号显示,反时针旋转控制钮以减低讯号的高度,且偏向系数成为非校正条件.

(17)CH1 /DC.

(18)CH2 AC/DC.

按一下此钮切换交流(“～”的符号)或直流(“$\overline{....}$”符号)的输入耦合. 此设定及偏向系数显示在读出装置上.

(19)CH1 GND-P×10.

(20)CH2 GND-P×10—含两种功能的按钮.

GND

按一下此钮,使垂直放大器的输入端接地. 接地符号“⏚”显示在读出装置上.

P×10

按住此钮一段时间选取 1∶1 和 10∶1 间之读出装置的通道偏向系数.

10∶1 电压的探棒以符号标示在通道前(例如:"P10",CH1). 在进行游标电压量测时,会自动包括探棒的电压因素.

3. 水平控制

水平控制钮可选择时基操作模式和调整水平刻度、位置和讯号的扩展.

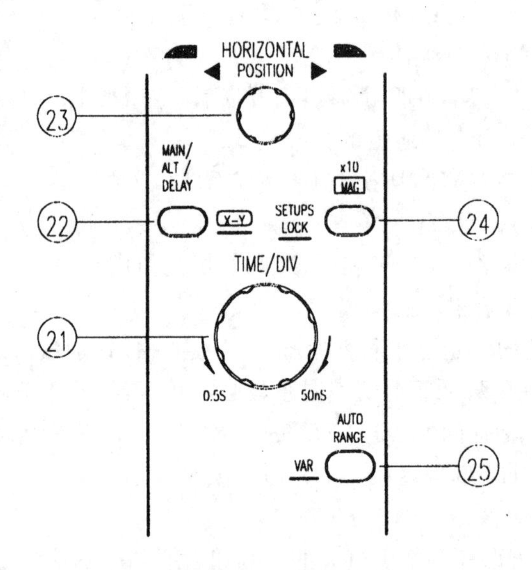

附图 1-3　水平控制面板

(21)TIME/DIV—含两种功能的按钮.

顺时针方向旋转旋钮以 1-2-5 的顺序递减时间偏向系数,反方向旋转为递增其时间偏向系数. 时间偏向系数会显示在读出装置上. 在主时基模式时,假如×10 MAG 不动作,可在 0.5 s/div和 50 ns/div 之间选择以 1-2-5 的顺序的时间偏向系数.

在交替延迟时基的操作期间,调整控制钮以 1-2-5 的顺序改变延迟时基的设定,时间偏向系数档位可从 50 ms/div 至 50 ns/div(不放大十倍),但时间偏向系数范围由主时基的设定来决定. 示波器内部的控制可避免延迟时间的偏向系数高于主时基的偏向系数的无效的操作条件.

(22)MAIN/ALT/DELAY—X-Y—时基模式选择的按钮.

这个仪器包括主时基和延迟时基. 以延迟时基为辅,由主时基显示的讯号部分可以往 X 方向展开. 扩展比率由两个时基的时间偏向系数比来决定("MTB=0.1 ms""DTB=1 μs" 100∶1). 较高的扩展比率,则延迟时基的轨迹亮度就会降低. 按一下按钮,时基模式以 MAIN-ALT-DELAY-MAIN 的顺序改变. 实际的设定显示在读出装置上.

MAIN

TIME/DIV 控制钮只有在主时基模式下操作. 读出装置只显示主时基时间偏向系数.

假如改变时基模式,主时基时间偏向系数将被记忆.

ALT

假如选择交替时基模式,TIME/DIV 控制钮只用于延迟时基切换. 交替时基模式是延迟时基的副功能,两个时基轨迹可以同时显示. 因此,两个时基的偏向系数可被读出. 主时基线视窗区域指示讯号部分可从延迟时基显示看到.

可使用延迟时基的控制钮(DELAY TIME)以水平方向连续移动视察部分.显示在视窗的延迟时间是两个时基轨迹起始点的差异.从读出装置也显示出大约值(例如:"DLY=0.125 ms")且相关于于校正的主时基偏向系数的值的讯息(未校准 例如:"DLY>0.125 ms").视窗的宽度因延迟时间偏向系数设定在较低的值(较高的偏移速度)而减小.延迟时基轨迹可被垂直移动以得到好的观测位置.

DELAY

在延迟时基模式,显示主时基轨迹被视察选择的区域及主时基系数会从读出装置消失.在这种情况下,已不需要分离轨迹,所以这个功能也关闭了.结果只有延迟时基系数被显示在读出装置上.

X-Y

按住此钮一段时间打开或关闭X-Y模式.在X-Y模式时,偏向系数显示在读出装置上,将垂直模式选择在CH1或CH2,或都开启的模式,可决定Y轴的输入端,选择X轴输入时,将触发源按钮设定在CH1、CH2和EXT.

(23)H POSITION.

此控制钮可将讯号以水平方向移动.与×10MAG功能合并使用时,可移动萤光幕上任何讯号.

(24)×10 MAG—SETUPS LOCK—控制钮有两种功能并与MAG LED相关.

按此钮,面板上的MAG LED灯亮,显示在时基模式的讯号会扩展10倍.因此,只能看见原讯号的十分之一.调整H POSITION的控制钮可显示想看讯号的部分.

SETUPS LOCK

按住此钮一段时间可打开或关闭面板锁定功能.SETUPS LOCK的特性对长时间、重复性测试的状况极为有用,可避免因不小心碰触而改变示波器的设定.

(25)AUTO RANGE-VAR—有两种功能的控制钮.

AUTO RANGE

时间的范围会自动改变并在萤光幕上显示约1.6~4周期的波形.若在×10MAG的模式,则会显示比1.6~4周期大10倍的波形.

在100 Hz的讯号或没有触发的波形时,时间档位设在5 ms/div,讯号约16 MHz或较大时,时间档位设在之50 ns/div.时间档位随所输入的讯号不同而自动改变.

AUTO RANGE的功能要设定在主时基模式,以TRIGGER SOURCE、COUPLING和LEVEL控制钮选取触发讯号.在没有触发讯号时,AUTO RANGE的功能不会动作.

执行AUTO RANGE功能时,需花费数秒钟.

VAR

按住此钮一段时间选择TIME/DIV(21)控制钮为时基或可调功能.

可调的功能只有在主时基时才动作.打开VAR后,时间的偏移系数是校正的,直到进一步调整.反时钟方向旋转TIME/DIV以增加时间偏向系数(降低速度),偏向系数为非校正的.这时,原本显示"MTB=10 μs"将已非校正状态取代"MTB>10 μs".若切换到ALT或DELAY时基模式,先前的设定将被记忆.只要再按住VAR按钮一段时间,就可将偏向系数设定回校正状态.

4. 触发控制

触发控制钮决定两个讯号及双轨迹的扫描起始时机.

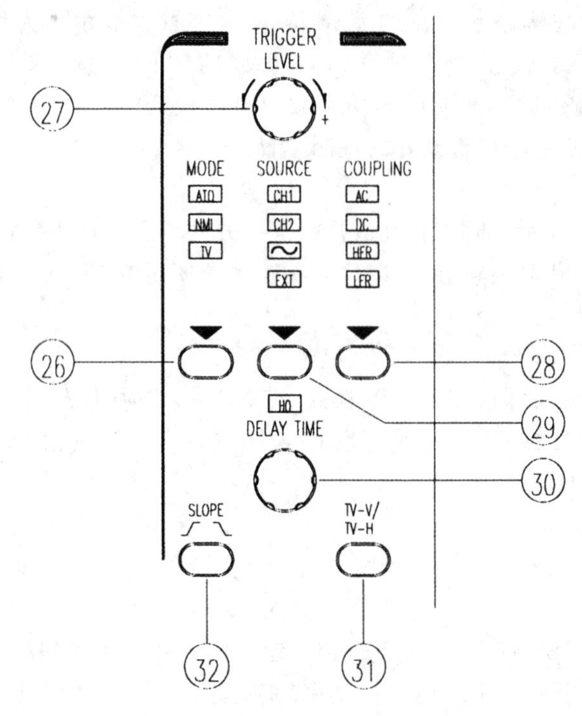

附图 1-4　触发控制面板

(26)MODE—按钮及指示 LED.

按此钮选择触发模式. LED 会显示实际的设定.

每按一次 MODE 控制钮,触发模式则依以下顺序改变:

ATO—NML—TV—ATO

ATO(Auto)

选择自动模式,假如没有触发讯号或频率低于 10 Hz,时基线会自动扫描轨迹(free-runs). 只有在 TRIGGER LEVEL 控制钮被调整到新的设定位准时,触发位准才会改变.

NML(Normal)

选取一般模式,当 TRIGGER LEVEL 控制钮设定在讯号峰对峰之间的范围而有足够的触发讯号,输入讯号会触发扫描. 当讯号未被触发,就不会表示时基绵轨迹.

TV

从混合视讯中分离出视讯同步讯号,直接连接到触发线路. 以 TV-V/TV-H/TV-STD 按钮选择水平或垂直同步讯号.

(27)LEVEL—控制钮.

旋转控制钮以输入一个不同的触发讯号(电压),设定在适合的触发位置,开始波形触发扫描. 触发准位的大约值(电压)会显示在读出装置上. 顺时针调整控制钮,触发点向触发讯号的正峰值移动. 反时钟调整控制钮,触发点向触发讯号的负峰值移动. 当设定值(电压)超过观测波形的变化部分,稳定的扫描将停止. 有时,"?"符号会显示在电压值左边的位置,表示触发耦合设定于 AC、HFR、LFR 或 VAR 的垂直偏向,则不能直接读值.

(28)COUPLING—按此钮,LED 会显示实际的设定.

按下此键选择触发耦合,实际的设定由 LED 及读出显示(source, slope. “AC”). 每次按 COUPLING 钮时,触发耦合会以下列的顺序改变:AC-DC-HFR-LFR-AC.

AC

将衰减触发讯号到 10Hz 以下频率成分,并阻隔讯号的直流成分.

交流耦合对有大的直流偏移之交流波形的触发很有帮助.

DC

耦合直流及所有的成分的频率到触发电路上.

直流耦合对大部分的讯号,尤其是低频或低重复率讯号,提供稳定的显示极为有帮助.

HFR(High Frequency Reject)

将 40 kHz 以上的高频成分予以衰减,HFR 耦合提供低频成分复合波形的稳定显示,并对除去触发讯号的高频干扰极为有帮助.

LFR(Low Frequency Reject)

将 40 kHz 以下的低频成分予以衰减,并阻隔直流成分的触发讯号. LFR 耦合提供高频成分复合波形的稳定显示,并对除去低频干扰或电源嗡嗡声极为有帮助.

(29)SOURCE—按此钮,LED 会显示实际的设定.

按此钮选择触发讯号源,或 X-Y 操作的 X 讯号. 实际的设定有 LED 指示及读显提示(“SOURCE”, slope, coupling).

CH1:

触发讯号源来自 CH1 的输入端.

CH2:

触发讯号源来自 CH2 的输入端.

∿(Line)

触发讯号源从交流电源取样波形获得. 对显示与交流电源频率相关波形极为有帮助.

EXT

触发讯号源从外部连接器(EXT)输入,作为外部触发源讯号.

在 X-Y 操作模式中,X 轴可由外部运接器输入.

(30)HO-DELAY—此钮有两种功能,LED 会显示实际的设定.

此控制钮有两种不同的功能,独立于时基模式.

HO(Hold-off time)

在主时基模式,控制钮可用在(Hold off)时间的设定,若 HO LED 为不亮时,则持闭时间为最小值.

顺时针旋转控制钮打开 HO LED,可将持闭时间延到最长. 大约的持闭时间会显示出来(例如 HO=25%).

若改变主时基档位,持闭时间会自动设定最短的时间(HO LED 是暗的). 若选择 ALT 或 DELAY 时基模式,持闭时间的设定值会被记忆,且不动作.

DELAY TIME

在 ALT 或 DELAY 时基模式,旋钮作为控制延迟时间的设定. 在 ALT 时基模式下,延迟时间是示于主轨迹的开端到视窗的开端. 大约的延迟时间会显示在读出装置(“DLY=0.

125 ms”). 若只选择 DELAY 时基模式，延迟时间可变化. 但因看不到主轨迹，所以不会显示选择视窗.

(31)TV-V/TV-H—视讯同步选择钮.

TV-V

主轨迹始于视讯图场的开端. SLOPE 的极性必须配合复合视讯的极性(为负极性)以便触发在电视图场的垂直同步脉波.

TV-H

主轨迹始于视讯图线的开端. SLOPE 的极性必须配合复合视讯的极性，以便触发在电视图场的水平同步脉波.

此设定在读出装置显示“source, video polarity, TV-H”.

(32)SLOPE-TV SYNC POLA—触发斜率或视讯极性的选择.

若在 AUTO 或 NML 触发模式，按一下此按钮选择讯号的触发斜率以产生时基. 每按一下此钮，斜率方向会从下降线(falling edge)移动到上升线(rising edge)，反之亦然.

此设定在“source, SLOPE, coupling”的状态下显示在读出装置上.

若在 TV 触发模式，按一下此钮选择影像极性，在读出装置上以表示正极性的影像讯号，以表示负极性的影像读号.

(二)量测和面板设定控制

此部分包含游标量测(Cursor Measurement)，自动量测(Auto Measurement)及 10 组面板设定储存(Save)与呼叫(Recall).

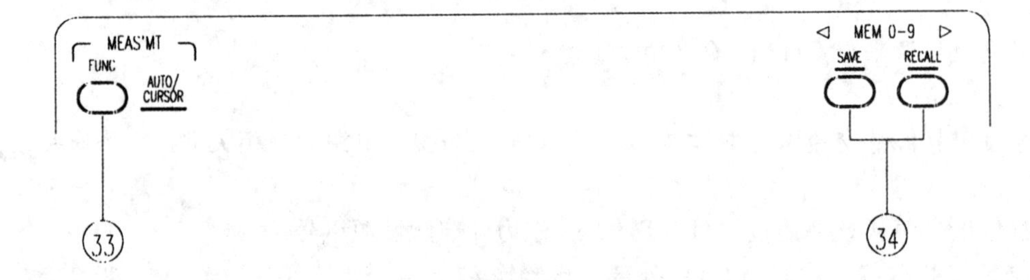

附图 1-5 量测和面板设定控制钮

(33)MEAS’MT FUNC—AUTO/CURSOR—.

AUTO/CURSOR

按住此钮选择 AUTO 和 CURSOR 的量测模式.

在 AUTO 量测模式，内建的 6 位数万用计数器之精确度在±0. 01%之内，可测试 50 Hz到100 MHz之间的频率.

在 CURSOR 量测模式，游标线属于读出装置的一部分，只有在打开读出装置时才看得见游标绵.

FUNC(Function)

在 AUTO 量测模式，每按一次钮，可依序选择以下四种量测参数：

FREQ—PERIOD—±WIDTH—±DUTY—OFF

在 CURSOR 量测模式，每次按一下此钮，即可依序选取以下功能：

△V：　　　电压差的测量

△V%：　　电压差的测量以百分比表示(5div=100%参考值)

△VdB：　　电压增益的测量(以 5div=0dB 为参考值△V dB=20log △V div/5div)

△T：　　　时间差的测量

△T%：　　时间差的测量以百分比表示(以 5 div=100%为参考值)

1/△T：　　频率测量

△θ：　　　相位测量(以 5div=360°为参考值)

OFF：

(34)◁ MEMO-0～9 ▷—SAVE/RECALL.

这个机种含 10 组非挥发性的记忆体，可用于储存和呼叫所有电子式的选择钮的设定状态.

按◁或▷钮选择记忆位置. 此时“MEM”的字母后跟着 0 到 9 之储存位置被显示. 每按一下▷钮，储存位置的号码会一直增加，直到 9 的数字. 按◁钮则是一直减小到 0 为止. 按住 SAVE 约三秒钟将状态储存到记忆体，并显示“SAVED”讯息.

呼叫前板的设定状态，选择如上所述的方式，按住 RECALL 按键约 3 秒钟，即呼叫先前的设定状态. 并显示“RECALLED”的讯息.

二、YB4365 型

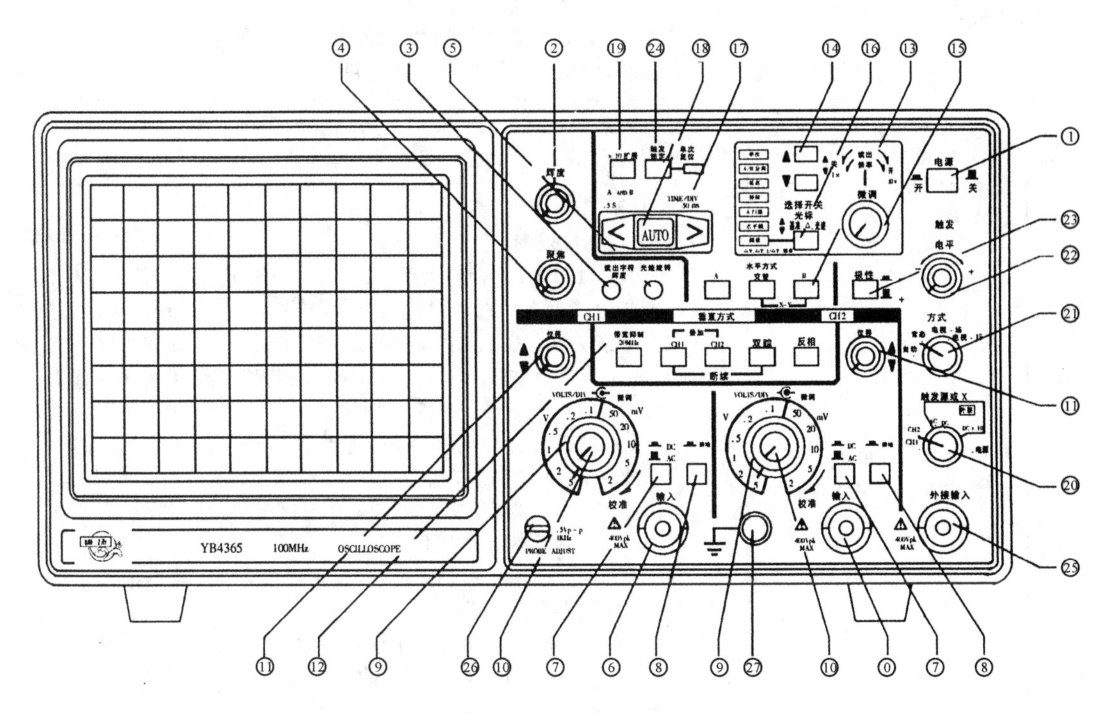

附图 1-6　前面板控制件位置图

序号	控制件名称	控制件作用
(1)	电源的开关(POWER)	按入状态电源接通,弹出状态电源切断.
(2)	辉度旋钮(INTEN)	顺时针旋转,辉线亮度增大.
(3)	读出字符亮度旋钮 (READ OUT INTEN)	顺时针旋转,字符亮度增大.
(4)	聚焦旋钮(FOCUS)	用辉度旋钮将辉线的亮度调整合适后,用此旋钮进行聚焦调整. 本示波器具有自动聚焦补偿功能,但有时可能会有微小的偏差,需要进一步调整.
(5)	光迹旋转旋钮 (TRACEROTATION)	受地磁影响,水平辉线可能会与水平刻度线形成夹角,用此旋钮可使水平辉线旋转,进行校准.
(6)	垂直信号输入插座 (INPUT)	
(7)	输入耦合方式切换开关 (AC-DC)	按入时为DC耦合,弹出时为AC耦合. DC耦合:直接耦合,输入信号的直流成分和交流成分同时显示. AC耦合:经电容器耦合,输入信号的直流成分被抑制,只显示其交流成分.
(8)	输入接地开关(GND)	按入时为接地状态,输入信号被切断,垂直放大器的输入端被接地.
(9)	垂直偏转系数衰减开关 (VOLTS/DIV)	根据需要输入信号的幅度进行适当的设定.
(10)	微调旋钮(VAR)	可连续调整垂直偏转系数,逆时针方向旋转,可使显示波形的幅度连续减小,直到原来幅度的1/2.5以下. 进行双波形比较和测量脉冲的建立时间时,用此旋钮改变波形的幅度. 正常测试时,请将此旋钮顺时针旋转到底.
(11)	垂直移位旋钮 (POSITION)	顺时针方向旋转,辉线上升,逆时针方向旋转辉线下降. "注":CH2反相时,CH2的辉线移动方向相反.
(12)	垂直方向选择开关 (VERTICAL MODE)	CH1:仅显示CH1的信号. CH2:仅显示CH2的信号. 双踪:显示CH1和CH2两路的信号.显示方式根据用TIME/DIV开关设定的扫描速度自动选择.扫描速度低于或等于2 ms/DIV时,显示方式为断续方式.扫描速度高于2 ms/DIV时,显示方式为交替方式.显示方式为交替方式时,CH1和CH2两路信号交替地在管面上显示. 断续:CH1和双踪开关同时按入时,即使扫描速度高于2 ms/DIV,显示方式也被设置为断续方式.此时与扫描速度无关. "注":在断续显示方式下,由于切换噪声的存在,可能出现触发不稳定的现象.请仔细调整触发电平. 叠加:CH1和CH2开关同时按入时,进入叠加状态,显示的波形为CH1与CH2两路信号的代数和. CH2反相:CH2信号极性反转:便于比较极性相反的信号和利用叠加功能观测CH1与CH2两路信号的差信号[CH1]-[CH2]. 带宽抑制:带宽抑制开关.按下此开关,通道的带宽降至约20 MHz,可以将不需要的高频信号滤除进行观测.

续表

序号	控制件名称	控制件作用
(13)	水平方式选择开关 (HORIZONTAL MODE)	A:A 扫描(主扫描)显示于管面,一般情况下使用这种工作方式. 交替:A 扫描和 B 扫描(延迟扫描)显示于管面. B:B 扫描显示于管面.扫描速度用 BTIME/DIV 设定. X-Y:交替和 B 两开关同时按入时,变成 X-Y 工作方式.
(14)	水平项目和光标选择开关 (SELECTOR)	按照▲、▼方向按动此开关,先使欲选择的项目的指示灯发光,然后用微调旋钮进行设定. 单次:单次扫描状态指示灯.在此状态下,A 扫描进行单次扫描. A/B 分离:A/B 分离状态指示灯,在此状态下,交替扫描时单独调整 B 扫描波形的垂直位置. 延迟:延迟时间调整状态指示灯.在此状态下,延迟扫描的开始点与主扫描的开始点之间的延迟时间,从主扫描的开始点开始连续可调,延迟时间以字符的形式在管面上显示. 释抑:释抑时间调整状态指示灯.测量复杂信号、高频信号、不定周期信号等仅靠调节触发电平难以取得同步的信号时,在此状态下,可以通过调节微调旋钮改变释抑时间取得扫描同步. TIME/DIV 开关切换时,释抑时间被自动地设置为最小值.在电源接通之后,释抑时间也被设置于最小值. A 扫描:A 扫描速度指示灯.通过调节微调旋钮可以连续改变主扫描的扫描速度,顺时针方向调节该旋钮,最后将成为扫描速度等于由 TIME/DIV 开关所决定的数值的校准状态.一般情况下,应设置于校准状态(管面上显示出"A="). TIME/DIV 开关切换时,A 扫描速度被设置于校准状态.在电源接通后,A 扫描速度也被设置于校准状态. 水平线:辉线水平位置调整状态指示灯.在此状态下,顺时针调节微调旋钮,辉线水平位置右移,反之辉线水平位置左移. 测量:测量状态指示灯.在此状态下,可通过连续向下按动选择开关的重复操作,根据管面上依次显示出的光标和字符,选择△V、△T、1/△T、FREQ 等测量项目,并利用光标进行相应的测量. △V:管面上显示出两条水平光标线.两条光标线之间的电压根据 VOLTS/DIV 开关的设定值与光标线间的距离自动进行换算.测试结果以字符的形式与△V 同时显示于管面的上方. △T:管面上显示出两条垂直光标线.两条光标线之间的扫描时间根据 TIME/DIV 开关的设定值与光标线间的距离的自动进行换算,测试结果以字符的形式与△T 同时显示于管面的上方. 1/△T:管面上显示出两条垂直光标线.两条光标线之间的扫描时间的倒数(频率)根据 TIME/DIV 开关的设定值与光标线间的距离自动进行换算,测试结果以字符的形式与 1/△T 同时显示于管面的上方. FREQ:CH1 输入信号的频率与 FREQ 同时显示于管面的上方. 垂直方式置于双踪状态使用 FREQ 功能时,显示方式被固定于断续方式.扫描速度较高时,有可能造成观测困难,此时请解除 FREQ 状态.
(15)	微调旋钮(VARIABLES)	用选择开关选中的项目可以利用这个无限循环的旋钮进行调整.顺时针方向旋转,向上或向右变化,逆时针方向旋转,向下或向左变化.可以利用选择开关和微调旋钮的组合使用消除读出显示或设置探头的 1×与 10×换算倍率.

续表

序号	控制件名称	控制件作用
(16)	基准·△光迹(CURSORS REF·△·TRACKING)	基准:移动管面上显示的两条光标线中的基准光标线(由▽或▷指示). △:移动管面上显示的两条光标线中的测量光标线(由▽或▷指示). 光迹:保持两条光标线的间距不变,同时移动两条光标线(出现两个▽或▷).
(17)	A和B扫描设定开关(A和B TIME/DIV)	A,B扫描时间系数设定开关. A,B扫描共用,其作用对象由水平方式的状态决定. TIME/DIV的设定值显示于管面. A扫描时间系数:0.5s/DIV~50ns/DIV(0.1ns/DIV) B扫描时间系数:0.5ms/DIV~50ns/DIV(0.1ns/DIV) B扫描只能选择高于A扫描时间系数的速度(50ns时例外) "注":切换TIME/DIV开关时,读出数据的显示有时会瞬间消失.
(18)	自动扫描速度开关(AUTO)	按下TIME/DIV开关的正中间,AUTO指示灯发亮.此时自动对输入信号进行检测,并自动设置扫描速度,在管面上显示约2~5个信号周期(但是对于50 Hz以下或不能取得扫描同步的信号,扫描速度将被自动设置为10ms/DIV;另外当信号频率在约8 MHz以上时,扫描速度将被设置于最大值.扫描速度将会自动跟随输入信号变化而变化.)
(19)	扫描扩展开关(×10MAG)	A,B扫描可被扩展10倍. 调整辉线水平位置将波形中需要扩展观察的部分移至中心刻度线,然后按下此开关,管面中心的波形将被向左右扩展.此时管面上显示的扫描速度为自动换算后的数值.
(20)	触发信号源选择或X-Y状态下的X信号选择开关(TRIGGER SOURCE or X)	CH1:以CH1的输入信号作为触发信号源. CH2:以CH2的输入信号作为触发信号源. 外接AC:以交流耦合、滤除直流分量的外接输入信号作为触发信号源. 外接DC:以直流耦合、包括直流分量的外接输入信号作为触发信号源.用于观测超低频信号和直流信号等情况下的触发. 外接DC÷10:以直流耦合、包括直流分量的外接输入信号衰减至1/10后,作为触发信号源.用于观测超低频信号和直流信号等情况下的触发. 电源:用于观测与交流电源频率同步信号.
(21)	触发方式选择开关	自动:自动扫描方式,任何情况下都有扫描线.通常使用这种方式比较方便. 有触发信号时,正常进行同步扫描,波形静止;无信号输入或触发失步时,也自动进行扫描.触发电平根据输入信号的振幅进行自动调整,可以方便地得到扫描同步. 常态:触发扫描方式,仅在有触发信号时进行扫描.无信号输入或触发失步时,无扫描线出现.观测超低频信号(低于30Hz)和单次扫描时请用此触发方式. 电视·场:视频-场方式.观测视频场信号时使用此方式. 电视·行:视频-行方式.观测视频行信号时使用此方式.
(22)	触发电平调整旋钮(TRIGGER LEVEL)	根据触发电平决定扫描开始的位置.

续表

序号	控制件名称	控制件作用
(23)	触发极性选择开关(SLOPE)	用于选择触发极性的正负.根据+、-的设定,触发极性随之改变.
(24)	触发锁定/单次复位按钮及其指示灯(TRIGGER LOCK/SINGLERESET)	非单次状态时:按动此按钮,指示灯发光,发光前的触发状态被锁定保持.如果在指示灯发光前已经取得扫描同步,触发状态被锁定后,即使扫描速度等状态发生变化,也能保证正常的同步扫描. 单次状态时:按动此按钮,指示灯发光,此时进入单次扫描的等待状态.另外触发方式若为自动.按动此按钮可以进行一次单次扫描.
(25)	外接输入(EXTINPUT)	外接同步信号和外部扫描信号以及 X-Y 状态下的 X 信号等信号的输入插座,BNC 型.
(26)	探极校准信号(PROBE ADJUST)	用于校正探头方波和检测 Y 偏转系数.
(27)	GND	接地端子.
(28)	AC 输入	交流电源输入插座.
(29)	保险丝盒(FUSE)	内含保险丝.
(30)	Z 轴调制(ZAXIS)	直流耦合,输入信号为正时,辉线亮度减弱,输入信号为负时,辉线亮度增强.
(31)	触发信号输出插座(TRIGGER SIGNAL OUTPUT)	被触发源或 X 开关所选定的信号的输出插座.

附录 2　通信原理实验实例波形图

通信原理实验实例波形图如下：

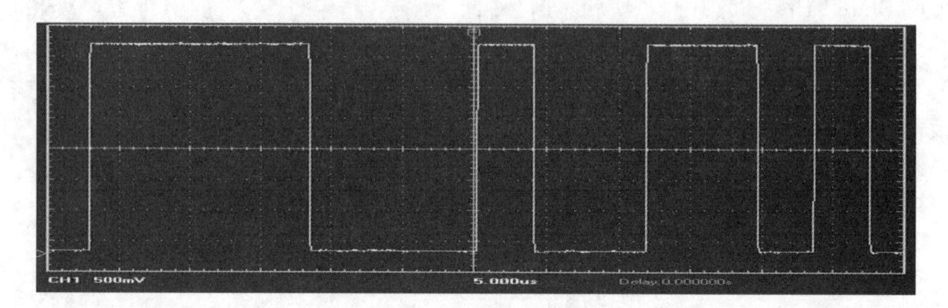

附图 2-1　PN 码波形

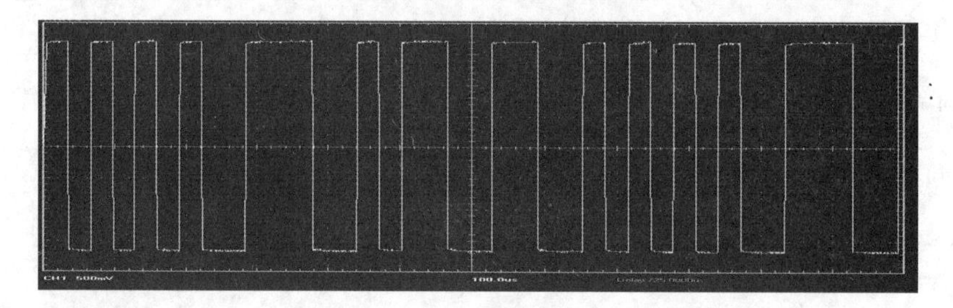

附图 2-2　NAZ 码波形

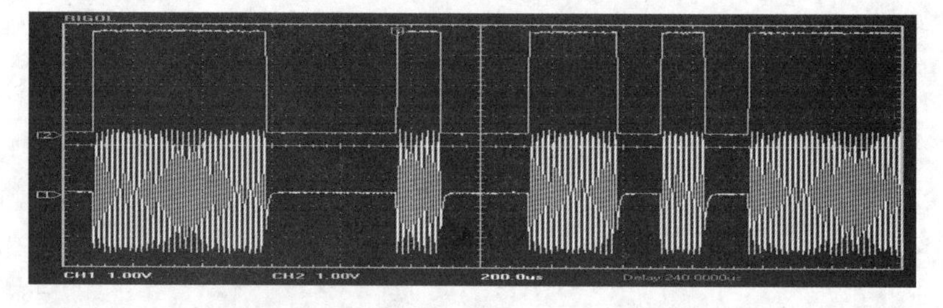

附图 2-3　ASK 调制：PN 码、ASK-OUT 波形

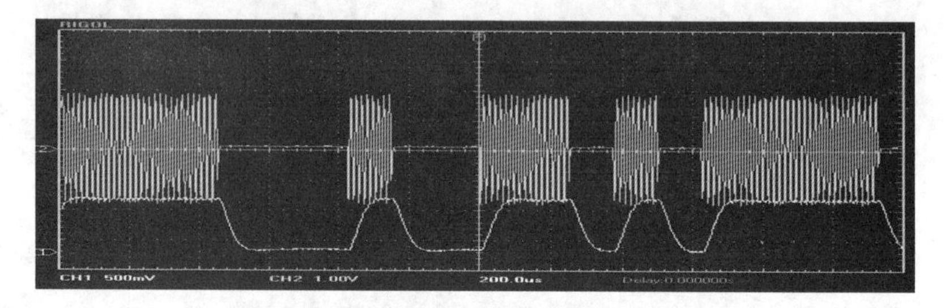

附图 2-4　ASK 解调：ASK-IN、TH2 波形

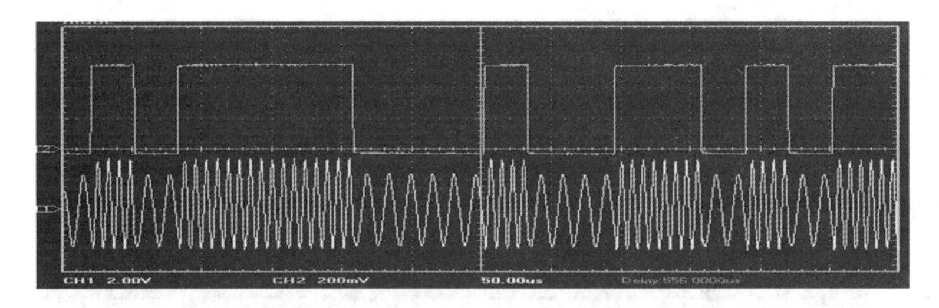

附图 2-5　FSK 调制:PN 码、FSK-OUT 波形

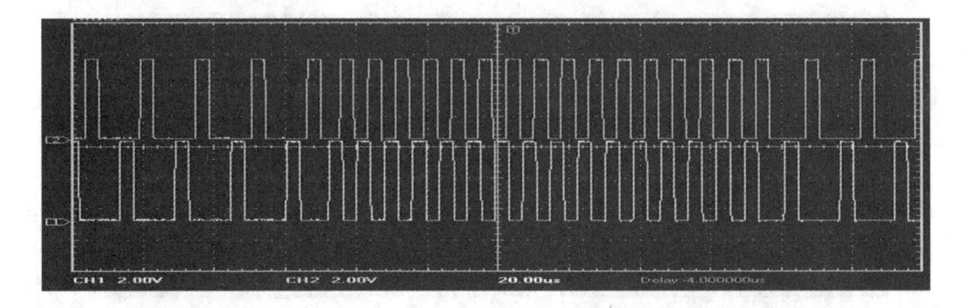

附图 2-6　FSK 解调(过零检测):两个单稳 TH8、TH9 波形

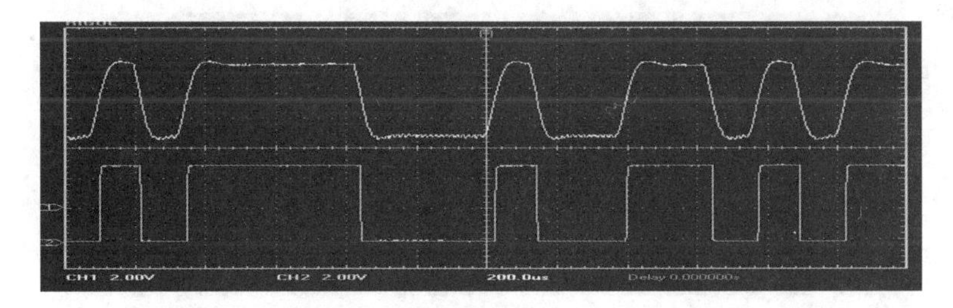

附图 2-7　FSK 解调:(滤波整形)TH11、FSK-DOUT 波形

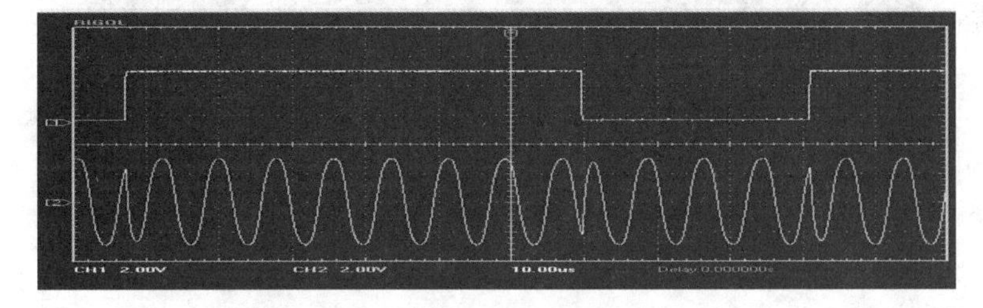

附图 2-8　PSK 调制: 基带、PSK-OUT 波形

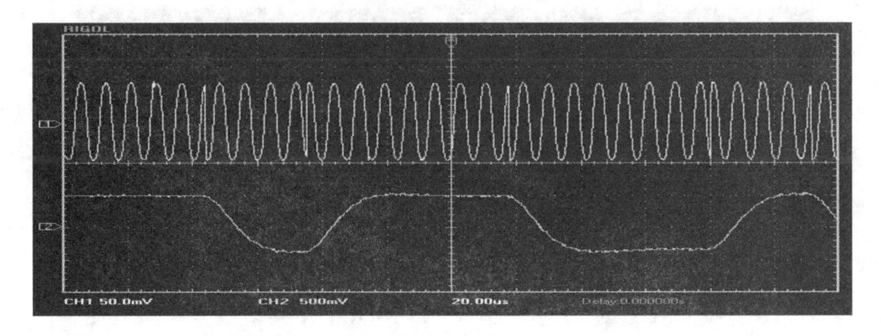

附图 2-9　PSK 解调:PSK-IN、TH20 波形

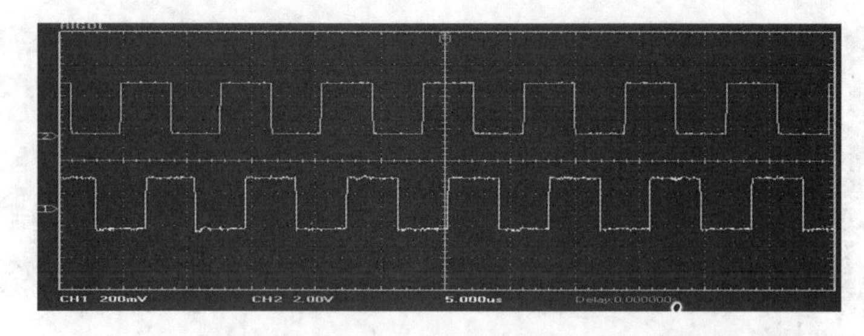

附图 2-10　载波同步提出:0 相载波、π/2 相正交载波波形

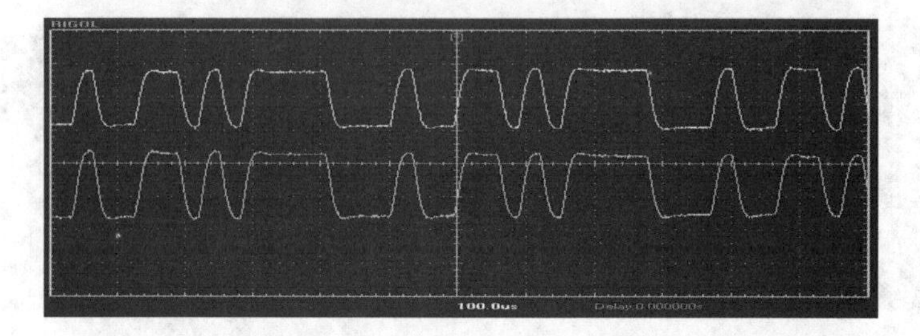

附图 2-11　载波同步提出:0 相环路滤波 TH4、π/2 相环路滤波 TH5 波形

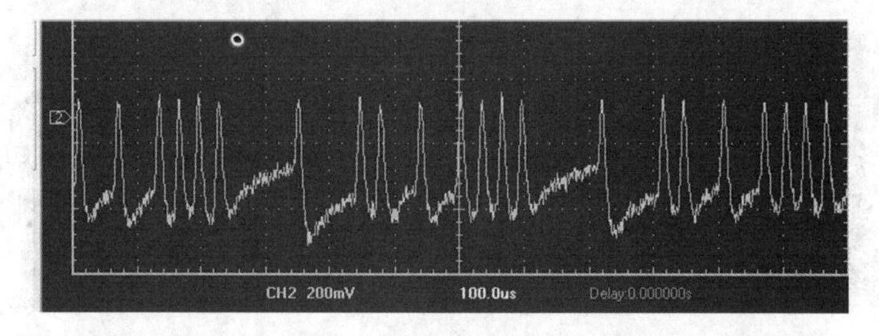

附图 2-12　载波同步提出:锁相环路误差信号电压波形

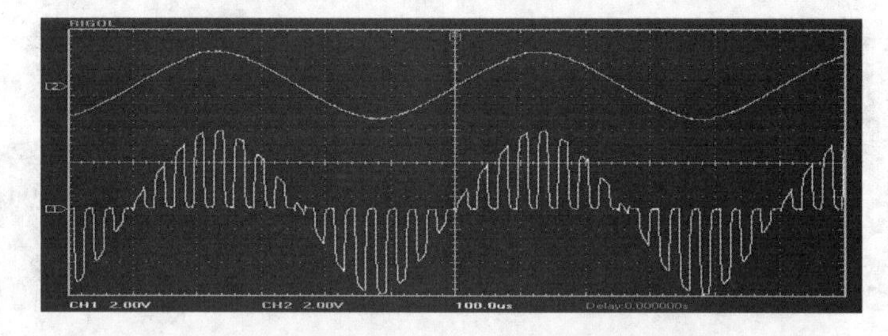

附图 2-13　PAM 自然抽样:音频信号、PAM 输出波形

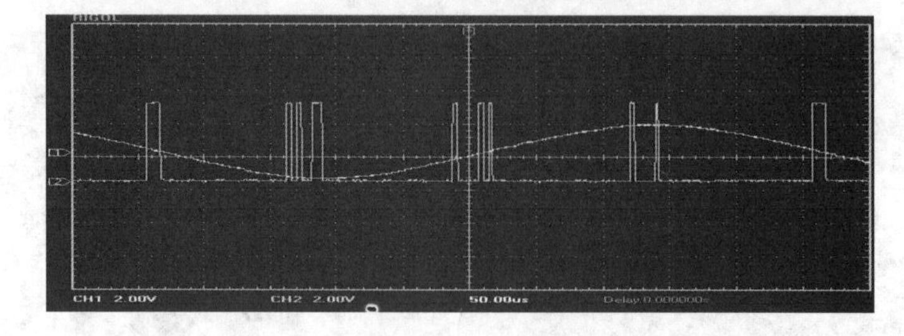

附图 2-14　PCM 编码:音频信号、PCMOUT-A 编码数字信号波形

附录 3　万能实验板图

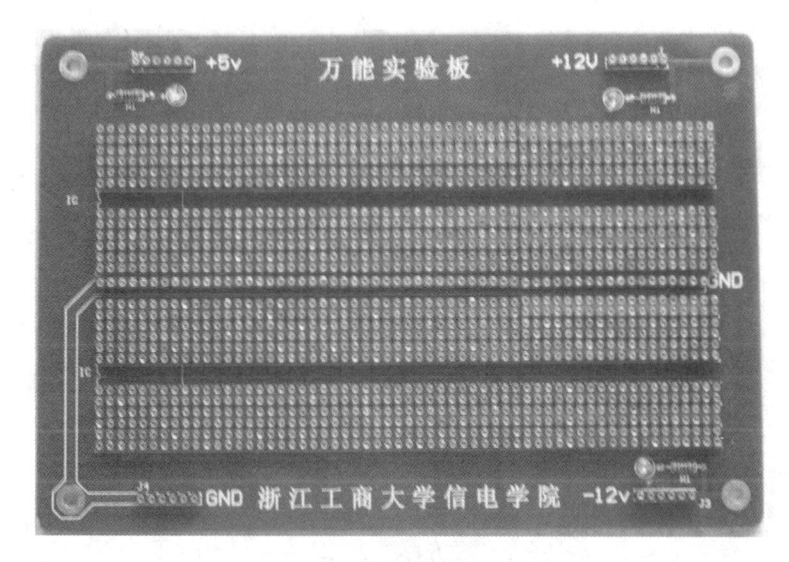

附图 3-1　万能实验板图

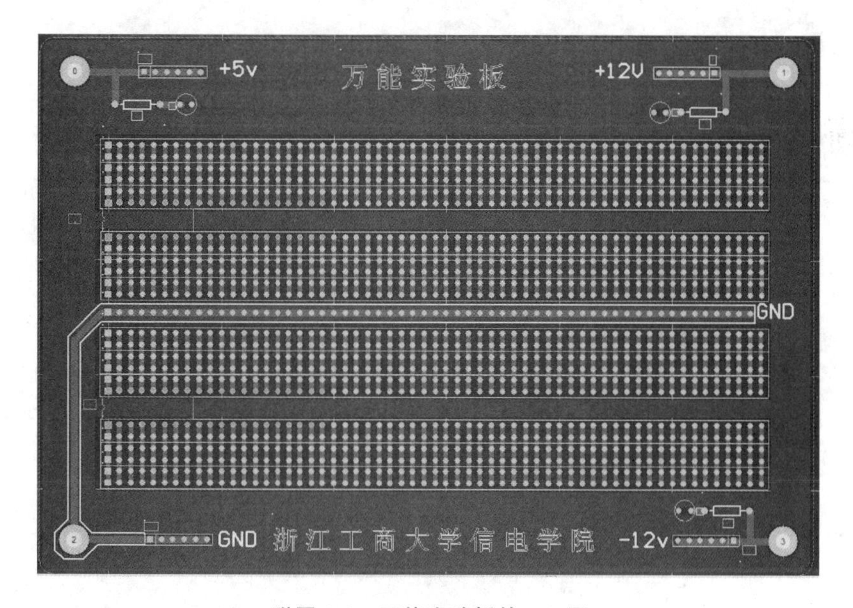

附图 3-2　万能实验板的 pcb 图